谷物杂粮加工技术

GUWU
ZALIANG
JIAGONG
JISHU

杜连启·主编

李香艳·副主编

化学工业出版社

·北京·

内容简介

本书简要介绍了小米、薏米、高粱、燕麦和大麦的营养价值和保健功能，重点介绍了以上述五种谷物杂粮为原料加工生产的焙烤食品、发酵食品、饮料、面制品等240多种食品的加工技术。

本书注重实用性与新颖性，理论和实际相结合，具有较强的可操作性。本书适合我国以谷物杂粮为原料的各种食品加工企业、从事谷物杂粮食品新产品开发研究的科研人员、相关院校食品专业师生及城乡个体户阅读参考。

图书在版编目（CIP）数据

谷物杂粮加工技术/杜连启主编. —北京：化学工业出版社，2023.6

ISBN 978-7-122-43301-5

Ⅰ. ①谷… Ⅱ. ①杜… Ⅲ. ①谷物-粮食加工②杂粮-粮食加工 Ⅳ. ①TS21

中国国家版本馆 CIP 数据核字（2023）第 068872 号

责任编辑：张　彦　彭爱铭　　　　　　文字编辑：张熙然　刘洋洋
责任校对：边　涛　　　　　　　　　　装帧设计：史利平

出版发行：化学工业出版社（北京市东城区青年湖南街 13 号　邮政编码 100011）
印　　装：三河市延风印装有限公司
710mm×1000mm　1/16　印张 17　字数 343 千字　2023 年 8 月北京第 1 版第 1 次印刷

购书咨询：010-64518888　　　　　　售后服务：010-64518899
网　　址：http://www.cip.com.cn
凡购买本书，如有缺损质量问题，本社销售中心负责调换。

定　　价：79.00 元　　　　　　　　　　　　　　　版权所有　违者必究

前·言

　　谷物杂粮主要是指禾本科的小米、薏米、高粱、燕麦和大麦等小宗作物。以这类作物为原料加工而成的食品称为谷物杂粮食品。

　　谷物杂粮食品中含有大量的蛋白质、矿物质、维生素等对人体健康有益的物质，可补充因多食细粮而缺乏的部分营养素；其中含有的粗纤维能促进肠道蠕动，帮助食物消化。经常食用谷物杂粮可以增强体质，延缓衰老，减少因长期食用高脂肪食品和过于精细粮食对人体所造成的危害。

　　随着人民生活水平的提高和健康意识的不断增强，谷物杂粮食品越来越受到人们的青睐，已经成为人们日常饮食中不可缺少的一部分。虽然中国是粮食生产大国，但仍然有大量的杂粮未能被人们很好地利用，这些杂粮大多被加工成饲料，造成了资源的浪费。从食品加工来看，目前我国杂粮的加工规模小，加工程度还处于粗加工阶段，大多数产品都属于初级产品，深加工、精加工不足，鲜少采用现代高新技术对杂粮进行精加工，从而导致加工领域的技术创新能力相对较弱。近年来，我国科研人员对谷物杂粮食品开发进行了多方面的研究，为了充分利用我国谷物杂粮资源，促进谷物杂粮食品加工的发展，满足广大读者了解和合理利用谷物杂粮食品加工技术的需要，特编写此书。

　　本书主要介绍了小米、薏米、高粱、燕麦和大麦的资源情况、营养价值和保健功能，重点介绍了以上述谷物杂粮为原料加工生产各种食品的加工工艺、产品配方及产品质量标准。

　　本书由杜连启主编、李香艳副主编，参加编写工作的还有韩连军、朱凤妹、郭朔、孟军、张文秋、刘德全、何丽玲、姜会，全书由杜连启统稿。

　　本书在编写过程中参考了各种谷物杂粮生产和加工利用的技术专著，尤其是最近几年发表在相关杂志上有关谷物杂粮食品加工的论文，在此对这些专著和论文的作者一并致以衷心的感谢。由于时间仓促，作者水平有限，书中不足之处在所难免，敬请广大读者、专家批评指正。

编　者
2023 年 5 月

目·录

第一章

小米加工技术

第一节 • 小米概述

谷子是我国北方干旱、半干旱地区的重要粮食作物之一。谷粒是主产品,谷草是副产品。其栽培面积和产量均居世界首位。

小米是谷粒去壳后的产品,是我国北方谷区人民一种主要的粮食。研究小米的营养素成分、含量及其作用,进而到深加工技术,对稳步发展谷子生产,调整人民食物营养结构,提高种植谷子的经济效益,具有重要意义。

一、小米的营养分析

1. 小米与几种谷物主要营养成分含量、热量的比较

具体数据可见表 1-1（小米和其他谷物质量以 100g 计）。

表 1-1　小米与几种谷物营养成分含量、热量比较

谷物	蛋白质/g	脂肪/g	碳水化合物/g	矿物质/(mg/100g)							维生素/(mg/100g)			热量/kJ
				钙	磷	铁	锌	镁	铜	硒	维生素B$_1$	维生素B$_2$	维生素B$_3$	
小米	9.7	3.5	72.8	29.0	240	4.7	2.57	93.1	0.55	2.5~8.9	0.57	0.12	1.6	1541.6
稻米	6.9	1.7	76.0	10.0	200	1.5	1.72	39.8	0.22	—	0.24	0.05	1.5	1451.8
小麦粉	9.9	1.8	74.6	38.0	268	4.2	2.28	51.1	0.40	—	0.46	0.06	2.5	1481.1
玉米	8.5	4.3	72.2	22.0	210	1.6	1.87	60.0	0.19	0.8~17.4	0.34	0.10	2.3	1514.6

表 1-1 中的数据表明,小米蛋白质含量比稻米、玉米高;脂肪不及玉米多,但高出稻米、小麦粉 1 倍;碳水化合物相差不大;B 族维生素（维生素 B$_1$、维生素 B$_2$）和锌、铁、镁、铜、硒等的含量都高于其他三种作物;磷和钙的含量也大于稻米和玉米。小米的热量也比稻米、小麦粉、玉米高。

2. 小米营养成分评价

（1）成分齐全、吸收率高　食物的营养价值通常是指食品所含营养成分和热能满足人体营养需要之程度。食物的营养价值高低是相对的，小米营养价值高是指小米所含营养成分齐全、丰富，且易消化吸收，提供热能大；说小米含有较多的蛋白质、脂肪、B族维生素和多种矿物质，是指与几种主要粮食谷类相对比，但如与豆类植物或蛋奶类动物产品相比，其蛋白质价值就较低了，只是热能和碳水化合物的营养价值比较高。据有关资料介绍：小米蛋白质的消化吸收率为83.4%，脂肪为90.8%，碳水化合物为99.4%，这就是小米成为优质营养源的基础。

（2）生热营养成分比例适宜　小米的三种生热营养成分的热比分别为：蛋白质14.2%，脂肪4.5%，碳水化合物81.3%。一般认为这三种生热营养成分在膳食中的适宜热比分别为：12%～14%，17%～25%，60%～70%。小米蛋白质所提供的热量正好符合适宜的比例，而碳水化合物供热较多，脂肪供热较少。三种生热营养成分在人体中虽有特殊生理功能，但又可相互影响，特别是碳水化合物与脂肪之间的转化，它们对蛋白质有节约作用。小米丰富的碳水化合物可免于过多地将蛋白质作为机体的热源而消耗，有利于小米蛋白质被人体吸收利用而构成机体蛋白，并且小米中脂肪的低热比，使得它成为保健（减肥）食品的良好原料。

（3）是人体必需氨基酸的良好来源　小米蛋白质中氨基酸种类齐全，含有人体必需的八种氨基酸。其中除赖氨酸稍低外，其他7种氨基酸含量都超过了稻米、小麦粉和玉米（表1-2）。

表 1-2　小米与其他谷物必需氨基酸含量比较　　单位：mg/100g

谷物	苏氨酸	色氨酸	蛋氨酸	亮氨酸	苯丙氨酸	赖氨酸	异亮氨酸	缬氨酸
小米	474	193	395	1737	707	258	572	668
稻米	280	122	125	610	344	255	257	394
小麦粉	328	122	155	763	487	262	384	454
玉米	370	65	153	1274	416	308	275	415

小米蛋白质是人体必需氨基酸的重要来源，在人体内起重要作用的色氨酸和蛋氨酸含量在谷类中独占鳌头。

（4）必需氨基酸的（模式）比例较合适　蛋白质营养成分的优劣，除取决于蛋白质含量、氨基酸的种类和含量外，更取决于各必需氨基酸之间的比例合适与否。因为人体组合时，八种必需氨基酸是按一定模式值组合的，食物中的必需氨基酸比例越接近成人需要的模式比，营养价值就越高，利用程度就越大。

从表1-3中可以看出，小米蛋白质中八种必需氨基酸除赖氨酸外，其模式值与人的接近。小米蛋白质的生理价值是57，虽然比小麦粉高（52），但8～12岁儿童对小米蛋白质的利用率只有43%，低赖氨酸含量是限制小米蛋白质充分发挥其营养价值的重要因素，如果强化小米中的赖氨酸含量或将小米与富含赖氨酸的食物组合，利用蛋白质互补的道理，就可提高其营养价值和利用率（表1-4）。

表1-3　小米、全（鸡）蛋及成人需要的模式比

项目	苏氨酸	色氨酸	蛋氨酸	亮氨酸	苯丙氨酸	赖氨酸	异亮氨酸	缬氨酸
成人模式	2.0	1.0	4.4	4.4	4.4	3.2	2.8	3.2
小米	2.46	1.0	2.65	9.0	3.67	1.34	2.96	3.46
全蛋（鸡）	3.3	1.0	2.1	5.8	3.5	3.5	3.8	4.1

表1-4　富含赖氨酸食物与小米组合后蛋白质生理价值变化情况

配　　方		组合食物所占份数	生理价值			组合效应
			单独食用	平均值	组合值	
配方（1）	小米	4	57	60	73	13
	大豆	2	64			
	玉米	4	60			
配方（2）	小米	2	57	63	89	26
	小麦	8	67			
	牛肉（干）	5	76			
	大豆	5	64			

　　表1-4中单食小米、玉米、大豆，其生理价值只有57～64；如用40％小米、40％玉米、20％大豆搭配成食品，其生理价值就能提高到73；如用小米、小麦、牛肉（干）和大豆按表1-4中的比例搭配制成食品，生理价值由平均63可提高到89，它接近鸡蛋生理价值的94.6％，可称为高营养食品。

　　（5）维生素和纤维素含量丰富　小米中B族维生素含量很丰富，维生素B_1是保证正常神经系统和碳水化合物新陈代谢不可缺少的物质，维生素B_1的缺乏常常导致神经、消化系统及心脏的炎症和功能衰退。缺乏维生素B_2可导致口腔溃疡和脚气病。

　　小米中的食物纤维含量也很丰富，是大米的5倍，纤维素是人体内不可缺少的碳水化合物，食物纤维对人体消化道中的有害物质（致癌等）具有良好的吸附作用，并能使其随大便排出体外，因而对消化道疾病有预防作用。

3. 小米的营养质量指数分析

　　美国R.G.Hensen等人提出用食物的"营养质量指数"来评价食物的营养价值，他引用了下列术语：

　　热能密度＝一定量食物供给的热能/热能供给量标准；

　　营养素密度＝一定量食物中某种营养素量/该营养素供给标准；

　　营养质量指数（INQ）＝营养素密度/热能密度。

　　营养上比较理想的食物，是指人体在满足热能的同时，营养素也能得到满足。

即 INQ＝1。如 INQ＜1，意味着营养素未满足需要时，热能已满足，这不利于人体健康。所以，INQ＞1 是优质食物；INQ＜1 是劣质食物。表 1-5 是 100g 小米的 INQ 值。

表 1-5　小米的营养质量指数（100g）

热量、营养成分	含量	INQ	占标准比例/％
热能	1541.6kJ	1	13.16
蛋白质	9.7g	1.28	17.00
铁	4.7mg	36.73	48.33
钙	29.0mg	0.30	3.96
磷	240mg	3.50	46.08
维生素 A	81.56IU	0.18	2.45
维生素 B_1	0.57mg	4.59	60.46
维生素 B_2	0.12mg	0.71	9.31
维生素 B_3	1.6mg	0.94	12.31
维生素 C	0	0	0
维生素 E	5.59～22.36mg	4.25～16.99	55.96～223.6

从表 1-5 中可以看出，小米的蛋白质、铁、磷和维生素 B_1、维生素 E 的 INQ＞1，说明能够满足需要。维生素 B_3 的 INQ 虽然是 0.94，但小米的维生素 B_3 被人体吸收利用率高（不像玉米中的维生素 B_3 呈结合型，不利于人体吸收），并且小米中富含的色氨酸在人体也能转化成维生素 B_3。因此，食用小米时维生素 B_3 也能满足需要。维生素 B_2 的 INQ＝0.71，维生素 A 的 INQ＝0.18，虽然不能满足需要，但与其他谷物类相比，小米也并非劣质食物，因为谷类中只有小米和黄玉米才含维生素 A。

表 1-5 中"占标准比例"一项，表示 100g 小米对人标准需要量的满足程度。单食 100g 小米能满足标准人维生素 B_1 需要量的 60.46％，维生素 E 需要量的 55.96％～223.6％，铁需要量的 48.33％和磷需要量的 46.08％。

二、小米的营养强化

（一）小米营养强化的必要性

虽然小米的各种营养成分比较齐全，营养价值比较高，但是单独食用也存在某些缺陷，所以，可利用强化或添加某种营养成分的方法来达到其营养互补，充分发挥小米的营养优势，更好地造福于人类。

1. 氨基酸的缺陷

小米蛋白属于半完全蛋白，其所含的氨基酸种类与人体近似，但比例不适合。

这种蛋白质不能在人体内被充分利用和满足人体合成组织细胞蛋白质的需要，长期食用对人体生长发育有一定的影响。从上述介绍中可以看出，赖氨酸是小米中第一限制性氨基酸。要提高小米蛋白质水平，必须强化赖氨酸，使之接近理想氨基酸模式。

2. 营养物质在烹调过程中的损失

小米在淘洗及烹调中，要损失大量的营养物质。如淘米时可损失维生素 B_1 29%～60%，维生素 B_2 23%～25%，无机盐 70%，蛋白质 15.7%，脂肪 42.6%，碳水化合物 2%。而且小米越精，搓洗越多，浸泡时间越长，水温越高，则各种营养成分损失也越多。在烹调过程中，还会有营养成分的损失，这些损失大大降低了小米的营养价值，对其进行营养强化势在必行。

(二) 小米的营养强化方法

1. 根据蛋白质互补原理进行补偿

一般植物蛋白质营养价值不高（除大豆外），但如果混合食用，一种食物缺少或不足的氨基酸数量可由另一种食物蛋白质补偿，获得较高的营养效果。小米中赖氨酸缺乏，而大豆中赖氨酸丰富，若在小米中适当添加大豆等，其蛋白质生物价将显著提高，满足人们的需要。

2. 营养成分的强化

鉴于小米中营养成分的情况，除对小米氨基酸进行强化外，还需强化目前膳食营养中普遍缺乏的维生素和矿物质。

（1）赖氨酸强化　强化的标准依据 FAO/WHO 的氨基酸构成比例模式，使强化后的赖氨酸水平达到或接近 FAO/WHO 模式规定的数值。强化时应注意：必须使氨基酸强化后与其他氨基酸配比接近平衡，同时应考虑赖氨酸在强化工艺中、贮藏及熬煮过程中的损失。

（2）维生素强化　小米熬煮过程中维生素 B_1 和 B_2 的损失率较大。成年人每日维生素 B_1 和 B_2 的供给量为 1.2～2.1mg，与小米中的含量有一定的差距，再加上加工过程中的损失，小米提供的维生素 B_1 和 B_2 更显不足，因此必须对小米的维生素 B_1 和 B_2 进行强化。根据有关营养学家的建议和强化工艺的可能，维生素 B_1 和 B_2 的强化标准在扣除强化工艺、贮藏和烹饪损失后，可定为日供应量的 50%。

（3）矿物质强化　小米中磷、铁、镁的含量丰富，但钙的含量不足。膳食中磷钙的比例为 1:1.5 较好，磷酸盐含量过多时，可与肠道中钙结合成难溶于水的磷酸钙，从而降低钙的吸收。同时，钙又是当前儿童、青少年、妇女及老年人所普遍缺乏的矿物质，这些都决定了要对钙进行强化。但在小米中强化钙比较困难，另外考虑到强化成本的因素，钙的强化标准为日供应量的 25% 为宜。

3. 强化工艺

小米营养强化的工艺比较多，有单独强化维生素的籽粒预混合工艺、强化维生素和矿物质的粉末预混合工艺以及强化氨基酸和维生素的浸吸、喷涂工艺等。采用这些工艺生产出的强化小米品质优良、淘洗损失少，产品风味、色泽得到改善，保存期也比强化前有所延长。

第二节 · 各种小米加工工艺

一、精制小米

随着社会的发展和进步，我国人民的生活水平得到了显著的提高，特别是居民的口粮和饮食习惯已经发生了很大的变化。因小米的营养价值高，所以，人们越来越喜欢以小米为原料的食品，许多人已经从单食面粉、大米中脱离出来，向粗细粮搭配全面膳食方向转化，使饮食更科学，营养更丰富，摄取更全面。再加上随着全球经济一体化，加入 WTO 后的经贸加强，高精度小米出口在贸易自由化过程中受益，小米的价值也必然会从粗粮地位转变为精粮食品，城市市场和外贸市场对小米的需求会越来越多，小米的开发与利用将会越来越广泛。因此，生产高精度、免淘洗的优质小米已迫在眉睫。对生产高品质小米的加工工艺及设备的研究和开发也已势在必行。

（一）精制小米的加工工艺

精制小米的加工工艺，应根据被加工原粮的特性及将要达到的质量指标来确定。首先要分析小米及相关产品的物理特性（表 1-6），而后要考虑谷子生长、收购特点、杂质种类及含量和环境因素等。

表 1-6　小米及相关产品的物理特性

名称	小麦	大米	小米
粒度/mm			
长	4.4～8.0	5.0～6.0	1.4～1.8
宽	2.2～4.0	2.0～3.2	1.1～1.7
厚	2.1～3.7	1.1～2.0	0.8～1.2
参考值	7×4×3	7×3×2	1.8×1.5×1
密度/(g/cm³)	1.27～1.49	1.4～1.5	1.0
千粒重/g	22～41	16～21	7.0
悬浮速度/(m/s)	9.0～11.5	8.5～11.2	8.5

根据上述情况，工艺设计除针对性地选配了砻谷、选粮和碾米等设备外，重点强调了清理和分级。精制小米的生产工艺如下：

原粮→进料→振动筛→去石机→砻谷机→小米选糙筛→谷糙分离筛→砂辊米机→小米清理筛→铁辊米机→小米分级筛→成品→包装

采用上面的工艺流程就能加工出精制小米，其小米能达到要求的质量标准（表1-7）。

表 1-7　精制小米的质量标准

名称	加工精度	不完善粒/%	碎米/%	杂质/%	水分/%	色泽、气味、口味
一等小米	按标准样品对照检验	≤2.0	≤4.0	≤0.5	≤13.0	正常
精制小米	高于一等小米	≤1.0	≤4.0	≤0.1	≤13.0	正常

经过实际测定，精制小米的精度达到了特制小米的标准，即粒面种皮基本去净的颗粒不少于95%，杂质总量为0.08%，米中未发现砂石，经淘洗煮粥试验，口味纯正，无牙碜感。

(二) 主要设备的配置和参数选择

1. 清理部分

采用了三道风筛结合的清理设备，清除原粮中所含的杂质，效果很好。

(1) 振动清理筛　选用配有垂直吸风道的 TQLZ 型振动清理筛，是根据粟谷（谷子）的特点，使其既不堵塞筛孔，又能有效地清除掉大杂、轻杂、瘪谷、稗等异种杂粮，实际的筛面为：第一层为 8×8 目，净孔尺寸为 2.53mm，第二层为 14×14 目，净孔尺寸为 1.44mm，能留住小米，筛出小杂和砂粒。风道的吸口风速为 7m/s，能清除轻杂及稗等轻质异粮。

(2) 分级去石机　小米中砂石很难淘洗干净，不仅影响人们的食欲，也使小米的评价下降。因此，结合现在的原粮情况，在工艺中安排了 2 道 TQSX 型吸式去石机，选用了有精选功能的双层去石机，去石筛板为 5.5×4.7 目，能有效地使石、粟分级，确保小米中不含砂石。若选用冲板鱼鳞孔去石筛面，则要求鱼鳞孔的凸起高度为 1mm，凸起长度为 12mm 以上。

2. 砻谷部分

采用脱壳→糙碎分离→选糙三步工序来完成。

(1) 脱壳机　采用差动对辊的胶辊砻谷机使粟谷脱壳。脱壳时单位辊长流量不大，且料流很薄，使得粟谷脱壳产量不大，脱壳率低，且胶辊磨损较大，需要外加很大的辊间压力。因此，在砻谷机的选配上采用了并串结合，同时修改了传统砻谷机的运动参数，控制线速在 40m/s 左右，线速差在 5m/s 左右，改变以上参数后，减小了脱壳运动载荷和辊间压力，砻辊胶耗也明显下降，粟谷的脱壳率提高了30％，砻谷机的脱壳率达到95％以上。

（2）糙碎分离　糙米进碾米机前，增加一道糙碎分离，是本工艺的一大特点。由于小米具有粒度小、油性大的特点，进米机前的物料若含有一定量的糙碎和糠皮，则严重影响碾米效果和物料的流动。因此，增加糙碎分离设备后，既能提出糙碎和糠皮，又能二次吸走未清除的谷壳，克服了砻谷机谷壳含粮的问题，同时还能二次去石，除掉前面漏网的砂石，使成品小米纯净、质量高。

（3）选糙机　由于粟谷的粒度不均匀，且粒度太小，绝对偏差值不大，因此必须采用重力式谷糙分离筛，利用粟谷和小米的密度不同，由不同的摩擦力，在双向倾斜、补充振动的分离板上进行谷糙分离。这种重力分离机的效果，受谷糙粒度差别的影响很小，但单位工作面积的产量，比按粒度差别分离的平转分离筛要小得多。因此，必须配备多层分离，且保证进料均匀一致。

3. 碾米和分级部分

小米的碾制与大米完全不同，小米的粒度小，油性大，压力稍大极易形成糠疤或油饼，小米在碾制过程中决不能增高温度，碾米室保持较小压力，电流一般仅上升5～8A。同时，米糠的缝隙稍大，易产生漏米现象；稍小，又极易堵塞筛孔，使排糠不畅，产生闷车和米中含糠过大的问题，因此，采用多机轻碾（3台碾米机）和二道分级的工序，保证了低温碾米和筛出糠粉。

（1）碾米机　碾米机仍然采用砂、铁组合，考虑到高精度的小米粒度更小，米糠的油性很大，有些小粒会穿孔或堵塞筛眼，影响出米率。因此米机的碾白室内要增强翻滚，减少挤压作用，筛孔配备为0.8～0.9mm，同时加强喷风和吸糠，形成低温碾米，尽量避免油性物质结疤成块，影响米机的正常工作和成品米的品质。

（2）分级筛　在碾制的过程中，虽然注意了上面所提到的问题，但还是有很少的糠疤和部分堵塞筛眼现象。对此，增强了分级筛的作用，采用具有风选效果的MJZ型分级筛，第一层筛面清除糠疤，第二层筛面去除碎米，通过垂直风道吸走糠粉。实际的筛面配置为：第一层9×9目，净孔尺寸2.16mm，第二层22×22目（0.1mm不锈钢丝），净孔尺寸1.05mm。在第一道米机的后面，由于糠粉含量大，配置一台分级筛，第二台分级筛安装在最后，确保成品米的质量。

二、精洁免淘小米

（一）生产工艺流程

谷子
↓

原粮→风选→筛理→去石→磁选→砻谷→分离→1碾→2碾→分级→抛光→分

级→包装→成品

（二）操作要点

谷子的加工工艺与稻谷的加工工艺相近，只是在加工设备上对某些参数做相应的调整，即可适合谷子的加工需要，这些加工设备国内有关粮机厂都具备，只要在具体生产中注意和把握几个技术关键，即能生产出高质量的小米制品。

1．调整风量

由于谷子颗粒小，密度也较其他粮食低，在清杂风选时，一定要密切注意风量，按照生产情况调整好风量，切不可麻痹大意，不然将达不到理想的清理效果。

2．去石

精洁免淘小米的质量指标中，不允许有砂石，因此去石工序十分重要。谷子中的砂石，一定要在砻谷前去除干净，一旦砂石混入小米中，将会很难去除干净。

3．砻谷与碾米

谷子颗粒小，胶辊间距相应变小，操作中一定要密切注意两辊间的摩擦力，摩擦力过大会加快胶辊的磨损，因此采用双道砻谷为宜。由于小米不耐碾磨，碾米时米膛压力要适当，操作中宁可压力小些，不然米粒碾削增加，碎米增多，出米率降低。

4．抛光

抛光工序对加工精洁免淘小米非常重要。小米糠粉含蛋白质与脂肪较多，黏性较大，出糠阻力大，容易堵塞筛板孔眼。所以，抛光机的刷辊要有反吹风机构，这样可提高刷米清糠的效果。

小米抛光时所添加的上光剂，对提高小米的光洁度和日后的储存保鲜有着十分重要的作用。生产实践证明，小米抛光时仅仅添加洁净水是不行的。这是因为小米颗粒小，水分很容易渗透到米粒内部，使米粒结构疏松，在抛光时容易产生更多的碎米；再者，仅添加水抛光的小米，当时看起来米粒较光洁，但随着储存期的延长，米粒表面就会起糠粉。陕西省粮油科学研究设计院根据小米的特性，经多次试验，研制了专门用于小米抛光的添加剂，经生产考核，效果很好。这种小米上光剂是以水溶性蛋白为主要成分，配伍一定量的糖类与可溶性淀粉等食用级添加剂。这些添加剂都是水溶性的，用洁净水按配方配制即可使用，方法简单，容易掌握。

上光剂最适宜的添加量为米重的 1％～1.5％（上光剂水溶液）。

上光剂的添加方式可采用打滴、喷雾或打滴与喷雾相结合的方式。一般来讲，采用打滴与喷雾结合的方式较好，它可使上光剂溶液与小米最大限度地混合均匀。

具体操作时，将事先配制好的上光剂液体放入水桶内，水桶置于抛光机上部一定高度处。水桶下部装有一个水龙头，用医用胶管与玻璃滴管相连，滴管上方的胶管上有一个螺旋夹，用以控制上光剂的流量，滴管下方再用胶管与电动喷雾器连接，上光剂借助喷雾器的高速旋转而雾化，均匀地喷洒在米粒上。随后，米粒流入抛光机，借助抛光辊的旋转，上光剂均匀地涂刷在米粒表面，上光剂中的水分因机械运转产生的摩擦热而蒸发（或部分蒸发），上光剂中的蛋白质类等固形物则包裹在米粒表面，晾干后形成一层晶莹透亮的薄膜。这种薄膜对米粒有很好的保护作用，米粒不会受温湿度影响产生糠粉，减少虫霉的侵袭，增加米粒的光洁度。添加了这种蛋白质类上光剂的小米，能有效地提高储藏稳定性，延长保鲜期；同时能改善小米的商品质量。

5. 包装

包装对增加产品的保鲜期也有一定的作用。包装袋采用密封性能优良的 PE/PET 复合膜彩印加工而成，每袋净重 1kg，这种包装主要用于国内零售。用于超市销售和外销的免淘小米，先用真空袋包装，再外加彩印袋，形成双袋包装。

（三）成品质量指标

小米的国家标准为 GB/T 11766—2008。加工精洁免淘小米时，先将谷子加工成符合 GB/T 11766—2008 质量标准的小米，在此基础上再进行深加工。其具体质量标准如下：

加工精度：米皮全部去净的占 95％以上；最大限度杂质：总量 0.01％，其中无糠粉、无砂石，谷粒 1～2 粒/kg；碎米总量≤4.0％，其中无小碎米，色泽、气味、口味均正常，水分≤12％。

三、等级小米

近年来，由于人们生活水平的不断提高，小米作为饮食粗精搭配的载体，愈来愈激起人们的消费需求。小米固有的营养优势被人们重新认识，人们将其在某种程度上作为保健食品的期望也愈发强烈。李世颖借助于日处理谷子 150t 生产线，经过设备和工艺改造，加工出了高、中、低档 14 个品种的小米，且能够实现规模化生产，现就其具体操作要点介绍如下。

1. 工艺改造

（1）原有工艺 初清筛→振动筛→吸风分离器→去石机→去磁→1 次砻谷→2 次砻谷→谷糙分离→去磁→1 碾（4 砂 4 铁组合辊）→2 碾（4 砂 4 铁组合辊）→3 碾（铁辊）→4 碾（铁辊）→米分级筛（成品大、中、小碎）→色选→磁选→打包→成品。

此工艺的优点是体现了当代制米理论——多级轻碾，改变某些参数还可以加工黍子、高粱等；缺点是工艺不灵活，局限性大，难以加工高精度米，而且耗电量高。

（2）碾米工艺改造　清理、砻谷工艺不变，仅对碾米工艺改造如下：1碾（2台米机并联，线速不一，较原设计提高到极限开糙的适宜线速，并采用24号、30号砂斜槽辊）→2碾（2台米机并联，采用四砂四铁辊，线速不变）→3碾（铁辊）→4碾（铁辊，2台米机并联，并且线速不一，较原设计有所提高，对多级轻碾的理论有所发挥，具体表现为反跳线速的大胆采用及碾磨、抛光为一体）→筛分→色选→混合→磁选→打包→成品。

根据产品的不同要求，其工艺流程可有以下几种情形：1碾→2碾→3碾→4碾→筛分→色选→混合→磁选→打包→成品；1碾→2碾→3碾→筛分→色选→混合→磁选→打包→成品；1碾→2碾→3碾→色选→混合→磁选→打包→成品；1碾→3碾→4碾→筛分→色选→混合→磁选→打包→成品；1碾→3碾→4碾→色选→混合→磁选→打包→成品；1碾→4碾→筛分→色选→混合→磁选→打包→成品；1碾→4碾→色选→混合→磁选→打包→成品。为满足用户需求，也可采用混合工序。

（3）设备改造

① 米机的改造　2碾的米刀改为不锈钢材质的双刃米刀，使得碾削力大为提高，由4线变为8线，加大了开糙力度；3碾的辊上增设了喷补风装置，形成了"风绞龙"，降低了米温，使低温化加工成为现实，同时增加了米的翻滚功能；4碾辊上安装了不锈钢螺旋叶片，增加了抛光和调速功能。

② 吸风的改造　原有的8台米机共用一套负压风网，在实践中所做的改造是在米机的出口处和进口处分别增设一道吸风工序，使米的颜色好、含糠粉少，同时也使得米在流化状态下受碾更加流畅；同时受碾压力也降低，从而使得电流也下降了1～3A；副产品细糠的质量得到提高，可以做成附加值更高的产品，管道清理也变得更加简单容易。

2. 改造加工

小米生产线经过上述改造，可以主要生产如下产品：①精制米，精度90％以上，脱壳率95％以上；②免淘米，无霉变、无糠粉、无砂石，杂质低于0.01％；③留胚米，留胚率大于80％以上，指标符合GB/T 11766—2008要求，此米被称为"小米营养之王"；④油香米，利用特殊工艺将米本身的自然油香充分发挥出来；⑤强化米，添加7+1营养元素，使得营养更加均衡化。此处仅以留胚米为例，阐述加工工艺及操作要点。

（1）加工工艺　以辽宁建平朱碌科产的大粒红谷子为原料，工艺流程是：初清筛（筛除掉大杂）→振动筛（除掉中小杂）→吸风分离器（除掉轻杂）→去石机（去掉并肩石）→磁选（除掉金属物）→1次砻谷（脱壳率达到50％左右）→2次砻谷（脱壳率达到96％以上）→谷糙筛（分离出糙米）→1碾2碾开糙→3碾粗碾→4碾精碾（具有抛光作用）→筛分（成品、大碎、中碎、小碎）→色选→磁选→打包→成品。

或者是初清至碾米工段不变。碾磨工段工艺流程是：1碾强开糙→2碾次强开糙兼粗碾磨→3碾精碾成型，后道工序同上。

以上两种工艺各有千秋，第1种工艺米胚完好率较第2种要高一些，第2种工艺节能，但无论哪种工艺都能加工出符合要求的留胚米。

（2）操作要点　本着操作是二次工艺的设计原则，操作要点如下：

① 流量控制　1碾至4碾的流量控制总体上要由大到小，总的流量比值为5：4：3：3。适宜的流量控制要根据碾米室的间隙、糙米的工艺品质、辊转速和动力配备大小等因素综合考用，不可"吊打"。这一过程在小米加工中是至关重要的一环。

② 压力控制　1碾至4碾的压力控制总的原则是由大到小，总的压力比值为3：2：1：1。1碾、2碾要有适当的米刀厚度，以便于有良好的开糙性能，从而控制出机米的精度和留胚率。

③ 米筛筛孔的配备　1碾采用0.65mm宽的长孔，2碾采用0.7mm宽的长孔，3碾、4碾采用0.75mm宽孔的筛板，这样能够保证排糠的畅通性，调节米的颜色、出米率等。除此以外，还有1条不容忽视的是筛板厚度，过厚排糠不畅，过薄出米率降低，厚度以0.9mm左右为宜，以不锈钢材质为佳。

④ 喷补风的控制　只有综合考虑可加工性及米精度、含糠量、温度及翻滚功能等方面，才能发挥喷补风的作用。否则，喷风碾米的优点体现不出来，一般应在120～170m³/h区域内寻找最佳点。

⑤ 电流的控制　对于有经验的操作者来说，在米质量符合要求的条件下，监视操作的控制点在某种程度上来说是控制电流。在其他条件一定时，电流可直观地反映出流量稳定、压力变化、质量波动等状况。一般来说，电流在动力额定值的1/2～2/3时为节能。

（3）产品品质　留胚米65%，大、中、小碎8%，糠26%，异色粒0.01%，电耗34.6(kW·h)/t（毛谷），流量4.7t/h，留胚率84%；其他指标执行GB/T 11766—2008标准；其含胚的检验方法为染色法，按GB/T 11766—2008执行；包装要求为真空包装，保质期6个月，不含任何添加剂。

依据GB/T 11766—2008标准检验，该留胚小米各项质量指标符合二等规定。留胚小米各项质量指标见表1-8。

表1-8　留胚小米各项质量指标

检验项目	标准规定	实测结果
加工精度	粒面种皮基本脱掉的颗粒≥90%（一等），≥70%（二等），≥50%（三等）	79%
不完整粒	≤1.0%（一等），≤2.0%（二等），≤3.0%（三等）	0.3%

检验项目		标准规定	实测结果
杂质	总量	≤0.5%（一等），≤0.7%（二等），≤1.0%（三等）	0.18%
	带壳谷粒	≤0.3%（一等），≤0.5%（二等），≤0.7%（三等）	未检出
	矿物质	≤0.02%	0.004%
碎米		≤4.0%	0.4%
水分		≤13.0%	12.8%
色泽、气味、口味		正常	正常

四、绿色食品小米

1．工艺设计的思路

精制小米厂工艺流程应根据加工谷子的特点（粒小、皮薄、油性大）和对成品质量（绿色食品、精制免淘小米、小包装）的要求设计，其主要产品满足高层次消费，产品定位较高。所以工艺设备要求采用新工艺、新设备、新技术。

生产规模：30t/d 精制免淘小米，也可生产大米。

2．生产原料

原料谷子严格按农业行业标准 NY/T393—2020、NY/T 394—2021 生产，谷子种植基地取得了绿色食品生产认证，原料产品完全符合绿色食品生产要求。在收割、脱粒过程中做到粮不落地，且按所产地块、品种严格检验分类入库保管，做好记录。

3．工艺流程及设备

（1）工艺流程　生产小米的工艺流程：原料→振动清理筛→风选→磁选→去石→第一道砻谷→第二道砻谷→谷糙分离→一级碾白（砂辊）→二级碾白（铁辊）→三级碾白（铁辊）→白米分级→凉米→抛光→白米分级→色选→磁选→米仓→打包→成品。

（2）设备选择　根据设计要求和绿色食品加工技术规范要求，结合目前国内小米生产情况及发展趋势，并充分体现独特的创新精神。选用湖北五丰粮食机械有限公司配套设备。即 TQLZ 振动清理筛、TQSX 去石机、NLGQ（T）25 砻谷机、GCZ100×7 谷糙机、SM18B 型砂辊碾米机、NF16 铁辊碾米机、PM18 抛光机、MJP80×3 白米分级筛、ADM120 色选机及其他配套设备、设施。

（3）工艺操作

① 原料的清理　清理本着"先大后小，先易后难"的原则，设置一筛一风选

一去石，筛选主要清除大小杂，风选主要清除轻杂，去石机是清理工艺中的关键设备，对成品质量影响极大。在谷子生产、收获、入库过程中要做到粮不落地，基本上保证了除石效果。

②砻谷及砻下物整理　砻谷及砻下物分离整理工序的主要任务是脱掉谷壳，并对砻下物整理。砻谷是控制碎米含量的首要环节。在加工谷子时由于谷子粒小、粒圆，所以增碎较少，爆腰率也较低。我们选用两道砻谷机连续砻谷，较以前的传统工艺（用甩谷机、330米机直接脱壳）有了较大的进步，同时配备谷糙分离设备，保证供碾米机碾白的糙米纯净，为生产高精度米提供了可靠的保障。壳分离好坏直接影响谷糙分离和碾米效果，砻谷机所配风机通过调节风门，能完全分离出谷壳。

谷糙分离是提取纯净糙米供碾米的工序，同时将未脱壳的谷子送回砻谷机脱壳。在生产中，由于谷子的流量较小，选用的 GCZ100 谷糙分离机额定产量较大，在生产中将谷糙分离机进口封闭一半，以使料层均匀布满工作面，达到分离效果。由于谷糙分离机工作面是按加工稻谷配备的，所以生产谷子时不如加工稻谷效果好，在以后的生产中应重新配备适合生产小米的工作面。

③碾米及成品整理　对不同品种的产品，质量要求不同，精度不同。碾米及成品整理可保证产品精度，并生产出不同精度等级的产品，满足客户的需求。按目前市场对产品的要求，加工时采用多级轻碾工艺，即采用一砂二铁一抛光的工艺。从生产实践中看完全能生产出不同等级的产品以满足客户要求。

小米抛光时不能加水，否则就不能实现抛光，因为米糠有油性易糊筛。使用了 PM18 型抛光机，达到了良好的抛光效果，经过抛光后小米的表面有光泽无糠，但在操作时应注意调节排糠风机的压力，使之达到最佳压力。实践证明，操作中要注意掌握好流量、压力、风压，尤其是调节抛光机的出口压力，使抛光效果变好，直到增加阻力后，不再增加小米光泽为止，此压力为最佳抛光压力。风压在抛光中也是最重要的，风压大小直接影响抛光效果，一般风压控制在负压 1000～1200Pa。

生产过程中采用了 MJP80 白米分级筛整理小米，通过整理达到了需求的质量标准，在生产中分级筛筛面易堵，每班生产都需要清理一次。使用色选机后，会使米制品质量更上一个档次。

五、营养强化小米

本产品根据谷类与南瓜、红枣等果蔬的营养物质，将不同品种的营养素组合，优势互补，取长补短，很好地发挥了小米和南瓜、红枣的营养功效，并添加适量赖氨酸和硒等营养元素，提高了营养价值，是现代人追求"平衡营养、科学膳食"的理想食品。

该营养强化小米采用涂膜和复合法相结合的制备方法，将南瓜、红枣等营养物质以及赖氨酸、硒等营养元素附着于小米表层，以达到强化小米营养的目的。这种营养强化小米表层附着有营养元素，因此食用时不宜淘洗，直接熬粥食用即可。

1. 生产工艺流程

赖氨酸、硒等强化剂
↓

南瓜、红枣去皮→去瓤（核）→切块→烘干→超微粉碎→混入琼脂溶液→小米表面涂膜→烘干→成品

2. 操作要点

（1）琼脂溶液制备　将琼脂融化成溶液，控制质量分数为 0.1%～0.2%（最佳比例为 0.6g 琼脂加水 400mL 加温融化），在这种配比条件下涂膜效果好，而且小米不会吸湿太多，容易干燥。

（2）南瓜、红枣处理　将南瓜、红枣等果蔬去皮、去瓤（核）、切块、烘干，然后经过超微粉碎制得南瓜粉、红枣粉等。

（3）混入琼脂溶液　将南瓜粉 5%～9%、红枣粉 5%～9%、赖氨酸 0.2%～0.3%、硒 0.010%～0.015% 等强化营养元素溶于琼脂溶液，制成膏状。以上比例均以小米为基料计算，即占小米质量的比例，中间值为最佳比例。

（4）小米表面涂膜　将制备好的营养膏状体涂膜于小米表层，混合搅拌均匀。

（5）烘干　通过 20min 左右的烘干，将小米水分含量控制在 13% 以下，以便于保存。

第三节 · 小米焙烤食品

一、豆渣小米蛋糕

在蛋糕中加入豆渣粉、小米粉制成本品，成品松软不腻口，无豆腥味而有特殊的米香味，可提高豆渣的利用率，并能很好地发挥蛋白质的互补作用。

1. 原料配方

豆渣粉 50g、小米粉 20g、白砂糖 110g、鸡蛋 230g、面粉 90g、泡打粉适量。

2. 生产工艺流程

（1）豆渣粉制备　湿豆渣→烘干→粉碎→过筛→豆渣粉

（2）小米粉制备　小米→粉碎→过筛→小米粉

（3）蛋糕制作

$$面粉＋豆渣粉＋小米粉＋泡打粉$$

$$\downarrow$$

原料预处理→打糊→拌粉→装模→烘烤→冷却→成品

$$\uparrow$$

$$鸡蛋＋白砂糖$$

3．操作要点

（1）豆渣粉制备

① 豆渣原料　以制作豆浆的下脚料湿豆渣为原料，要求豆渣新鲜、色泽微黄、干净无杂质。豆渣中含水量较高，应及时处理防止变质。

② 烘干　将湿豆渣在 80～85℃ 烘大约 8h。在烘制期间要经常搅动使受热均匀，以免烘焦。

③ 粉碎　用粉碎机将烘干的豆渣进行粉碎，然后过 100 目筛即得豆渣粉。所得豆渣粉颜色白而带淡黄色，无腥臭味和异味。

（2）小米粉制备　选择市售新鲜无杂质、无异味、色泽淡黄干燥的小米，用粉碎机粉碎，过 100 目筛即得小米粉，要求颜色淡黄、粉质细腻均匀。

（3）蛋糕制作

① 原料预处理　鸡蛋洗净，用台秤称取适量的面粉、豆渣粉、小米粉，再加入适量泡打粉搅匀备用。

② 打糊　将鸡蛋、白砂糖放入打蛋机内快速搅打 10～15min，使最终蛋浆体积增加至原来体积的 2～3 倍。

③ 拌粉　将面粉、豆渣粉、小米粉和适量泡打粉放入蛋糊内，搅拌均匀至不见生粉止。打好的蛋糕糊不能放置过久，以免豆渣粉、小米粉下沉，使烤制蛋糕组织不均匀，影响质量。

④ 装模　在烤模内壁涂上一层油，将蛋糕糊填充入模具中，不可太满，以达模具体积的 70%～80% 为宜。蛋糊装模后，蛋糕模具不能随意振动以免"走气"造成蛋糕中心下陷。

⑤ 烘烤　温度 180～200℃，烤制时间 15～20min。成品色泽金黄，松软可口。

4．成品质量指标

色泽：色泽均匀，外表呈金黄色，无焦斑，剖面淡黄；组织：松散有弹性，剖面蜂窝状，气孔分布较均匀，无糖粒，无粉块，无杂质；形态：外形完整，块形整齐，底面平整无破损，无粘连，无塌陷，无收缩；滋味气味：甜度适中，有豆渣与小米特有的香味，滋味纯正，无异味，不粗糙不腻。

二、小米饼干

1．原料配方

小米粉 30g、低筋小麦面粉 50g、泡打粉 0.6g、起酥油 10g、鸡蛋 11g、白砂糖 22g、食盐 0.7g、水 20g、全脂乳粉 2.0g、大豆粉 0.8g、芝麻粉 0.5g、香兰素 0.3g/kg。

2. 生产工艺流程

原料预处理→白砂糖、食盐、泡打粉加水溶解→加入起酥油、鸡蛋搅拌均匀→加入低筋小麦面粉、小米粉→面团调制→辊轧成型→焙烤→冷却→成品

3. 操作要点

（1）原料预处理 小米磨成粉并过 80 目筛，按基本配方规定的用量，分别称取各种原料，将白砂糖加水溶解，再加入食盐、小苏打、起酥油，充分混合均匀。

（2）面团调制 将小米粉和低筋小麦面粉混合均匀，然后与鸡蛋液一并加入上述混合料中，充分揉搓 6～12min，调制成面团，并静置 10min。

（3）辊轧 将静置后的面团放在面板上，辊轧几遍，擀成 2～3mm 薄的面片。

（4）成型 用长方形模具在面片上手动成型。

（5）焙烤 将成型后的饼干送入烤炉中，面火烘烤温度为 180℃，底火烘烤温度为 220℃，烘烤时间为 6min，烘烤结束后取出，经冷却即为成品。

4. 成品质量指标

色泽：金黄色，色泽很均匀，没有烤焦或夹生现象；口感气味：口感松脆，甜味适中，味道刚好，有小米特有的香味；组织状态：组织细腻，饼干内部气孔均匀，用手比较容易折断，无杂质；外形：外形完整，厚薄比较均匀，饼干表面花纹清晰，没有缺角、变形的现象。

三、小米粉饼干

1. 原料配方

香草小米饼干：精粉 32kg、小米粉 13kg、大豆粉 5kg、白砂糖粉 15kg、猪板油 4kg、植物油 5kg、小苏打 420g、碳酸氢铵 200g、香兰素 30g、BHT（2,6-二叔丁基对甲酚）5g、柠檬酸 4g。

牛奶小米饼干：精粉 32kg、小米粉 12kg、大豆粉 6kg、白砂糖粉 14kg、猪板油 3kg、植物油 4kg、磷脂 0.5kg、饴糖 2kg、奶粉 2kg、奶油 1kg、食盐 160g、小苏打 320g、碳酸氢铵 160g、BHT4g、柠檬酸 2g。

橘蓉饼干：标准粉 30kg、小米粉 15kg、椰蓉 5kg、植物油 2kg、小苏打 300g、橘子香精油 80mg、白砂糖 18kg、磷脂 0.5kg、碳酸氢铵 150g、饴糖 2kg、精盐 300g。

2. 生产工艺流程

小麦面粉、小米粉、辅料→调粉→静置→辊轧→成型→烘烤→冷却→整理→包装

3．操作要点

（1）调粉　采用冷粉酥性操作法，先将糖、油、乳品和疏松剂等辅料与适量水倒入和面机中搅拌均匀，形成乳浊液，然后，将面粉倒入和面机内进行调制，面团温度为 26～30℃，含水量为 16％～18％，调粉时间为 5～10min。香精要在乳浊液调制好以后再加入。

（2）静置　当面团黏性过大、胀润不足而影响操作时，要采取静置措施，持续5～10min。

（3）辊轧　将面团辊轧成平整的面片，辊轧 4～6 次，单向往复辊轧即可。

（4）成型　用冲印或辊切等成型方法，皮子压延比掌握在 4：1 为宜，比例过大易造成皮子表面不光滑、黏辊或饼干过硬等现象。

（5）烘烤　采用高温，在 300℃条件下烘烤 3.5～4.5min。

（6）冷却　在自然冷却的条件下（室温 25℃左右）经过 10min 以上的冷却，使饼干降温到 35℃以下，便可以进行包装，产品经包装后即为成品。

四、豆渣小米纤维饼干

1．原料配方

豆渣 50g、小米粉 30g、色拉油 40g、鸡蛋 60g、糖 20g、泡打粉适量。

2．生产工艺流程

（1）豆渣粉制备　湿豆渣→烘干→粉碎→过筛→豆渣粉

（2）小米粉制备　小米→粉碎→过筛→小米粉

（3）饼干制作　原辅料预处理→加豆渣粉、鸡蛋、小米粉、泡打粉、色拉油搅拌→挤注→焙烤→冷却→成品

3．操作要点

（1）豆渣粉制备

① 豆渣原料　选择新鲜、色泽均匀、微黄、干净无杂质的湿豆渣为原料。

② 烘干　将湿豆渣在 80～85℃烘大约 8h。在烘干期间要经常搅动使受热均匀，以免烘焦。

③ 粉碎　用粉碎机将烘干的豆渣进行粉碎，并过 100 目筛即得豆渣粉。所得豆渣粉颜色白而带淡黄色，无腥臭味和异味。

（2）小米粉制备　选择市售新鲜无杂质、无异味、色泽淡黄干燥的小米，用粉碎机粉碎，过 100 目筛即得小米粉。

（3）原辅料预处理　新鲜鸡蛋洗净，打蛋；再将适量的面粉、豆渣粉、小米粉、泡打粉混匀备用。

（4）搅拌　向混匀的粉料、鸡蛋中加入大豆色拉油、适量的清水，然后在搅拌机中搅拌成均匀的糊状。

（5）挤注　用花嘴挤成直径5cm厚1cm的圆形饼干，装入烤盘。烤盘应预先刷油。

（6）焙烤、冷却　将烤盘送入烤炉中，底火温度150℃，面火温度200℃，烘烤时间约20min。烘烤结束后，取出，经冷却后即为成品。所得成品色泽金黄、组织均匀、松软，具有特殊的豆香与米香味。

五、红小米酒糟曲奇饼干

本产品是将液态发酵法生产酒得到的红小米酒糟添加到低筋面粉中制作的一种饼干，它既可以提高酒糟的利用率，又为企业丰富了产品种类。

1. 原料配方

低筋面粉40g、鸡蛋10g、泡打粉0.64g，红小米酒糟粉、糖和黄油用量分别为面粉质量的15％、30％和80％。

2. 生产工艺流程

酒糟→烘干→粉碎过筛
　　　　　　　　↓
原辅料处理→调粉→成型→烘烤→冷却→成品

3. 操作要点

（1）酒糟处理　将湿红小米酒糟送入电热鼓风干燥箱中，在25℃的温度下烘干至略湿状态，置于室内自然风干；然后利用粉碎机进行粉碎，分3次粉碎，每次5s，粉碎后用80目不锈钢筛对酒糟粉过筛，得到细腻的酒糟粉。

（2）原辅料处理　将制作饼干所需原料备齐。先将黄油软化至膏状，用40目筛将糖筛入黄油，打发至完全融合、体积稍有膨大。将蛋液分3次加入，每次均需打发至完全混合。

（3）调粉、成型　在上述混合均匀的物料中筛入面粉、酒糟粉、膨松剂，搅拌均匀，然后进行裱花成型。

（4）烘烤　烤箱预热后，上、下火均为170℃，烘烤时间为8min左右。烘烤完成后，自然冷却，避光密封保存，即为成品。

4. 成品质量指标

色泽呈微微的金褐色，易裱花成型，外观完整，无裂痕，口感酥松，酒糟香气适中，甜度适宜。

六、小米黄油曲奇饼干

1. 原料配方（以低筋面粉为基准）

小米粉 15％、黄油 35％、色拉油 35％、糖粉 35％、水 40％。

2. 生产工艺流程

原料→称量→糖粉、黄油、色拉油混合均匀→打发→低筋小麦粉和小米粉过筛→加入混合粉搅拌均匀→造型→烘烤→冷却→成品

3. 操作要点

（1）原料预处理　选择新鲜无杂质、无异味、色泽淡黄干燥的小米，用粉碎机粉碎后过孔径 0.150mm 筛，即得小米粉。低筋粉过 0.150mm 筛备用。

（2）打发　黄油室温软化以后，倒入糖粉、色拉油搅拌均匀。用打蛋器不断搅打油脂和糖粉的混合物，至体积膨大颜色稍变浅即可。

（3）调浆　分 2～3 次加入水，并用打蛋器搅打均匀，每一次都要等黄油和水完全融合再加入下一次。

（4）加入混合粉搅拌均匀　搅打完成后，黄油应该呈现体积蓬松、颜色发白的奶油霜状，加入小米粉和低筋面粉，用长柄刮刀搅拌均匀，面粉糊无颗粒状即可。

（5）造型　将搅拌好的面糊装入裱花袋，挤在不粘烤盘上，直径约 2.5cm，厚度为 0.7cm 即可。

（6）烘烤　将造型好的曲奇放入预热好的烤箱进行烘烤，上下火均为 170℃，烘烤 20min 左右即可。

（7）冷却　从烤箱里取出烘烤好的曲奇，放置在自然条件下冷却。

4. 成品质量指标

色泽：表面呈棕黄色或金黄色，色泽均匀，有光泽，没有过焦、过白现象；造型：外形完整、规则，花纹清晰，薄厚一致，不收缩，不变形，不起泡；滋味：具有该产品应有的滋味和小米特有的酥香，无异味；口感：口感酥松、细腻，不黏牙，较松脆；组织：断面结构有层次状，无大裂缝、大孔洞或不疏松现象。

七、小米豆渣低糖纤维饼干

1. 原料配方

小米粉 15g、豆渣粉 15g、低筋面粉 26g、鸡蛋液 22g、木糖醇 20g、黄油 22g、泡打粉适量。

2. 生产工艺流程

豆渣粉、小米粉、低筋面粉、泡打粉、木糖醇　　鸡蛋、水、融化的黄油

原料预处理→干性辅料预混→加入湿性辅料进行面团调制→辊压成型→烘烤→成品

3. 操作要点

（1）小米粉制备　选择市售新鲜无杂质、色泽淡黄干燥的小米用粉碎机粉碎，过120目筛网即可制得小米粉，要求颜色淡黄、粉质细腻均匀。

（2）豆渣粉制备　选择新鲜、微黄、干净无杂质的黄豆浸泡8h，将浸泡好的黄豆通过胶体磨不断加水制得豆浆，用100目纱布过滤得到豆渣。将豆渣放入烘干箱中于80～85℃下烘烤约8h。在烘干期间经常搅动使其受热均匀，避免烘焦。烘干后的豆渣，使用高速磨碎机进行粉碎后过120目筛，备用。

（3）面团调制　将所有原辅料称好备用。将干性辅料倒入盆中充分混匀，然后加入溶化好的黄油、水和鸡蛋液调制成面团，反复揉数次。

（4）辊压成型　将面团辊压成饼后以模具按压成型，饼坯大小均近似55mm×35mm，厚度以5mm左右为宜。

（5）烘烤　将烤箱先调至上下温度105℃预热5min，然后在烤盘上刷上一层薄油，将压制成型的饼干坯有间隔地平摊在烤盘上，送入烤箱进行烘烤。上火温度105℃，下火温度115℃，烘烤时间为10min。

4. 成品质量指标

外观：外形饱满，花纹清晰；结构：紧密，质地酥脆，无杂质，无颗粒物质；口感：酥脆，入口细腻，无粗糙感；色泽：色泽棕黄色，均匀一致，无焦煳现象；香味：香味纯正，无异味。

八、小米酥脆饼干

小米酥脆饼干色泽金黄，外形整齐，无碎片和碎屑，口感香、酥、甜、脆，具有小米特有的风味。

1. 生产工艺流程

小米→浸泡→粉碎→小米粉→混合搅拌→成型→烘烤→冷却→检验→包装→成品

2. 操作要点

（1）原料　选择无虫蛀、无霉变、色泽良好的小米，用清水淘洗干净，去除杂质。

（2）浸泡、粉碎　先将小米用水浸泡2～3h，晾干后用磨粉机磨成细度达80目以上的粉末。

（3）混合搅拌　在小米粉中添加适量的面粉，以增加面团的弹性，添加比例为1：1，倒入搅拌机后依次加入奶粉、精盐、糖、植物油、鸡蛋，搅拌均匀，再加入糖浆，最后加入少量盐和小苏打，搅拌10min左右。

（4）成型　将搅拌好的面团放入辊印式饼干机上，辊压成型。

（5）烘烤　将成型的生饼干坯放入烤炉内，温度在220℃左右，烘烤5～10min。

（6）冷却　将刚出炉的小米饼干在输送带上鼓风冷却，剔除不符合要求的产品。

（7）包装　选择复合铝箔聚乙烯复合袋包装，每袋80～90g，避免产品吸潮和油脂氧化。

九、小米香酥脆饼干

1. 生产工艺流程

小麦粉、奶粉　各种辅料

小米→浸泡→粉碎→小米粉→混合→面团调制→成型→烘烤→冷却→包装→成品

2. 操作要点

（1）选料　选择色泽良好，没有虫蛀、霉变的小米为原料，利用清水淘洗干净，去掉杂质。

（2）浸泡、粉碎　将小米用水浸泡1～2h取出后晾干，利用粉碎机进行粉碎，细度要求80目以上，晾干备用。由于小米淀粉易回生，且小米粉中不含面筋，小米粉面团的结合力和黏弹性较差，可塑性较大，因此，在小米粉中添加适量的小麦粉，比较适合制作小米酥性饼干。

（3）混合及面团调制　将小米粉、小麦粉、奶粉、精盐、糖粉、植物油、奶油、鸡蛋等按照一定的比例依次倒入搅拌机中，搅拌均匀，再加入糖浆，然后加入碳酸氢铵等辅料，搅拌10～15min。

（4）成型　将搅拌好的面团放入带有奶油裱花嘴的设备，挤压成型。

（5）烘烤　将成型后的饼干坯放入烤炉中，在220℃的温度条件下烘烤5～10min。

（6）冷却　将烘烤成熟的小米饼干从冷却链板的一端传递到末端，剔除不符合要求的制品。

（7）包装　选择铝箔聚乙烯复合包装，每袋80～90g，避免产品吸潮和油脂氧化。

3．成品质量指标

（1）感官指标　金黄色，外形整齐，无碎片和碎屑，口感香、酥、脆，具有小米特有的香味。

（2）理化指标　蛋白质 8.5％，总脂 12％，总糖 65％，水分 3.5％，食品添加剂按国家有关标准规定。

（3）卫生指标　酸价（以脂肪计）0.45mg/g，过氧化值（以脂肪计）0.14％，铅、砷、致病菌及黄曲霉毒素 B_1 不得检出。

十、小米杂粮酥性饼干

1．原料配方

小米粉 40g、大豆油 40g、低筋面粉 37g、白砂糖 30g、鸡蛋 20g、燕麦 10g、糜子粉 8g、麦麸 5g、泡打粉 2g、小苏打 1g、食盐 0.5g。

2．生产工艺流程

原料预选→原料预处理→称量→调粉→成型→焙烤→冷却→成品

3．操作要点

（1）原料预处理

① 麦麸预处理　市售麦麸过筛除杂，清水清洗去尘土，清洗后置于 40℃烘箱恒温干燥，时间为 4h，干燥后采用 95℃预烘烤 20min，改善成品口感；将处理后的样品打碎，过 80 目筛。

② 小米预处理　将谷子去皮、除杂、粉碎、筛分，制成小米粉，并经 120℃烘烤 10min，进行预处理。

（2）调粉　新鲜鸡蛋用打蛋器搅打，加入部分白砂糖，当搅拌至混合物均匀、颜色变浅时，分次加入与其他液体物料（大豆油）混匀，再加入剩余白砂糖及食盐，搅拌至混合液体颜色显著变浅、体积膨大时，加入预先混匀的粉状物料和食品添加剂，用刮刀搅拌均匀，并揉制成面团。

（3）成型　将揉制成团的面团平铺在案板上，擀制成厚度约为 0.5cm 的生坯，最后用模具压制成型，转移至烤盘，表面刷一层全蛋液，用以增加焙烤后饼干的色泽。

（4）焙烤　采取焙烤温度底火 200℃、面火 210℃、焙烤时间 15min 进行烘焙。烤箱预热至既定温度，将饼干放入烤箱内，焙烤过程中，饼干表面呈现微黄色、体积不再膨胀时，时间约为 8min，将烤盘调换方向，继续焙烤至表皮颜色焦黄、均匀，使饼干在烤制过程中受热均匀。

（5）冷却　烘焙结束后，不要立即移动饼干，应将烤盘放置在温度较低处，快速、自然冷却至室温。所得成品饼干外形完整、内部均匀、色泽金黄、口感酥脆、不黏牙、不油腻，杂粮香味浓厚，有纯正麦香味及小米风味。

十一、小米燕麦粗杂粮面包

1. 原料配方

小米粉 30g、燕麦粉 30g、面包粉 340g、即发干酵母 4.0g、面包改良剂 2.2g、白砂糖 80g、烘焙专用粉 16g、鸡蛋 50g、黄油 40g、食盐 2.4g 和水 135g。

2. 生产工艺流程

原辅料预处理→面团调制→静置松弛→分割、搓圆、整形→醒发→烘烤→冷却→成品

3. 操作要点

（1）原辅料预处理　将小米和燕麦经粉碎机进行粉碎，过 100 目筛备用；将面包专用粉过筛备用。

（2）面团调制　将所用食材按需称量好备用，先将过筛的小米粉、燕麦粉和面包粉与即发干酵母混合后放入和面机，再将白砂糖、鸡蛋、烘焙专用粉放入和面机中搅拌混匀，然后将称量好的水慢慢加入和面机中，搅拌 6～7min 后再加入黄油和食盐。搅拌至面团表面光滑、细腻、柔软，有良好的延伸性，面团随搅拌机钩子的转动发出打壁的响声，用手拉面团呈光滑的薄膜状，且断裂时为光滑的圆洞、非锯齿状时，停止搅拌，此时为最佳的搅拌程度。

（3）静置松弛　将调制好的面团取出放在工作台上，用食品级保鲜膜覆盖（防止表皮结壳），静置松弛 10min，环境温度为 25～28℃，湿度为 75% 左右。

（4）分割、搓圆、整形　将面团分割成 70g 左右的小面团，搓圆，使芯子结实、表面光滑、结构均匀，赶出气泡，然后放置在铺有高温布的烤盘上，放入温度 35℃、湿度 75%～85% 的醒发箱中进行中间短时醒发，约 10min，观察到面团表面光亮有返湿感时取出再次搓圆、整形成为面包坯，放入烤盘。

（5）醒发　将盛有面包坯的烤盘放入醒发箱，醒发工艺条件为温度 35℃ 左右、相对湿度 85% 左右、醒发时间 2.5h 左右，待面团醒发到 2 倍大小时取出。

（6）烘烤、冷却　炉温设定上火 180℃、下火 170℃，预热至恒温，将放有面包坯的烤盘从醒发箱中取出，送入烤箱进行烘烤。当面包表面初次上色时，将烤盘掉头继续烘烤，使面包坯中心部分完全成熟，面包产生香气，表皮颜色逐渐加深，最后呈金黄色，总共用时约 14min 即可从烤箱中取出，冷却。

4. 成品质量指标

外形饱满完整，表皮呈金黄色，有独特的小米、燕麦风味，口感松软适口，切面层次清晰，组织细腻，有弹性，包心呈米黄色。

十二、膨化小米粉面包

用膨化小米粉制作的面包体积大，质地蓬松，在弹性和柔软性上都优于纯小麦面包，而且不易老化。

1. 原料配方

膨化小米粉 15kg、小麦面包粉 35kg、食盐 0.75kg。

2. 生产工艺流程

液体酵母制备→调粉→发酵→烘烤→冷却→成品

3. 操作要点

（1）液体酵母制备　冲浆，称取面粉 2.5kg，用沸腾的开水 3.5kg 冲熟，冷却待用；煮酒花水，取 50g 酒花加水 4kg 加热，沸腾后再煮 25～30min，用筛子过滤，将酒花水冷却后使用；兑引子，将浆子和酒花水冷却到 25℃左右，混合均匀，兑引子 1kg 左右，在 25～30℃下发酵 24h，引子成熟即可使用。

（2）调粉与发酵　因使用液体酵母，故采用 3 次发酵法，前 2 次调粉和发酵与用引子制面包的方法相同。前 2 次调粉都是用小麦粉，其用量占面粉总量的 35%，发酵温度为 25～30℃。第 3 次调粉时，将剩余的小麦粉和全部的膨化小米粉混合调匀，使面团的软硬适度。面团发酵后，不要立即整形。这种原料只适宜做槽子面包，不宜做圆形或花样面包。

（3）烘烤　这种面包在烘烤时不易着色，需要长时间地在 115℃低温条件下烘烤。为了使面包上色，可在入炉前在面坯表面涂上一层糖面糊，或在烘烤后期提高炉温。

十三、小米山药桃酥

1. 原料配方

低筋面粉 375g、小米粉 78.5g、山药粉 46.5g、黄奶油 260g、细砂糖 240g、鸡蛋 100g、烘焙奶粉 50g、无铝泡打粉 10g、小苏打 4g、臭粉 1g 和清水 20g。

2. 生产工艺流程

$$鸡蛋液、清水\quad 过筛粉料\quad 刷蛋液$$
$$\downarrow\qquad\qquad \downarrow\qquad\quad \downarrow$$
$$细砂糖、黄奶油→搅拌乳化→拌粉→成型→烘烤→成品$$

3. 操作要点

（1）面团调制　将细砂糖、软化的黄奶油加入打蛋缸内，先慢速搅拌 2min 至糖全部溶化，然后转入快速搅打 4min 至油脂起发（色泽由黄色→乳黄色→乳白色，体积变为原来 1.5 倍），再转入中速加入鸡蛋液和清水搅打 1min 混匀，最后转入慢速加入混合过筛粉料（低筋面粉、小米粉、山药粉、烘焙奶粉、膨松剂）搅拌 1min 至均匀，以防面团起筋，调制小米山药桃酥面团整个过程时间约为 8min。

（2）成型烘烤　将调制好的面团搓成长条，分成每个重约 20g 的剂子，将面剂入桃酥模内压紧实，磕出后放入烤盘并刷上蛋液，以面火 160℃、底火 150℃烘烤 20min 至酥饼表面色泽棕黄，呈裂纹状。烘烤结束后经冷却即为成品。

4. 成品质量指标

色泽：表面为棕黄色，底部为金黄色，裂纹凹处呈米黄色且均匀一致；外观：外形整齐，厚薄一致，饼面裂纹均匀，底部平整且有均匀的气孔，不歪斜，不塌陷；内部结构：切面呈均匀的蜂窝状空隙，无大孔洞、无硬块；口感：酥脆，不油腻，甜度适中，香味纯正，无异味。

第四节 · 小米发酵食品

一、小米悬浮醪糟

本产品是将小米进行预处理与熟化，以蒸制熟化后的小米为原料，经微生物发酵，生产的一种酸甜适中、口感良好、风味独特的小米产品，该产品最大限度地保留小米的营养价值。

1. 生产工艺流程

小米→清洗→浸泡→熟化→摊晾→接种→发酵→初成品→灭菌→调配→灭菌→成品

2. 操作要点

（1）清洗　准确称取小米，利用清水清洗 3 次。

（2）浸泡　按照料水比为 1∶2 的比例加入纯水，在室温下浸泡小米 6h。要控制小米的浸泡时间，浸泡时间太长容易使小米中的水溶性维生素流失，太短会导致蒸出的小米发硬，不利于小米后期发酵。

（3）熟化　将浸泡好的小米放入容器中，按照料水比为 1∶1.5 的比例加入纯净水蒸制 30min，然后取出冷却至 30℃左右备用。蒸制时间不宜过长或过短，小米蒸制时间太长容易使小米蒸制过度，导致小米发黏，而时间太短不能使小米充分吸水，使米粒发硬，不利于小米后期的发酵工艺。

（4）发酵　先称取一定量的干酵母，溶解于比例为 1∶10、温度控制在 39℃左右的水中，静置 10min，使干酵母充分吸收水分。然后在酵母液中加入 2% 的糖在

30℃保温活化1h左右。将冷却的小米装入瓶中，接入1%的酵母液，同时加入2%的糖，放于30℃条件下培养发酵4d。

（5）灭菌　将发酵后的小米初产品置于120℃的高压蒸汽灭菌锅中灭菌15min。

（6）调配　将称好的结冷胶（添加量0.3%）加入到煮沸的水中溶解、搅拌；待水冷却至一定温度再加入称好的柠檬酸（添加量0.12%）和绵白糖（添加量10%）；将灭菌后的小米发酵品加入水中摇匀、搅拌。

（7）灭菌　将上述调配的产品静置1d后均匀搅拌，再灭菌，即为成品。

3.成品质量指标

色泽：整体呈半透明，近似市场醪糟的色泽；口感：味道酸甜可口，酸甜适中；组织状态：米粒悬浮状态很好，持续时间长，有透明果冻状胶体生成。

二、小米黄酒

1.生产工艺流程

酒曲　　酵母
↓　　　↓
小米→浸米→蒸煮→糖化→主发酵→后发酵→酒糟分离→小米黄酒

2.操作要点

（1）浸米、蒸煮　将小米用清水清洗干净，然后添加小米质量150%的水，在20℃浸米36h。沥干水分，在常压下蒸煮50min（考虑小米特性，蒸煮时间较糯米适当延长）。

（2）糖化　将小米蒸后，取出经冷却，添加酒曲，酒曲添加量0.6%，添加50%的水，在30℃温度下糖化60h。

（3）主发酵　糖化结束后，添加0.22%的酵母，在32℃发酵5d。主发酵结束后酒度达11.3%（体积比）。

（4）后发酵、酒糟分离　主发酵结束后，密封后于18℃进行后发酵（陈酿）15d，后发酵结束后，离心分离酒糟（8000r/min，15min）取上清液即为小米黄酒。

三、红小米黄酒

本产品是以南阳盆地特色农作物红小米为主要原料，采用摊饭法酿制的红小米黄酒。

1.生产工艺流程

浸米→蒸煮→摊晾→拌曲（酿酒曲、麦曲）→装罐→前发酵及开耙→后发酵→过滤→煎酒（灭菌）→装坛→陈酿→成品

2．操作要点

（1）浸米　称取经预处理的红小米适量，置于不锈钢锅内，加自来水浸泡，水面超过米层 3cm 左右，室温下浸泡 24h，早晚各换水 1 次。

（2）蒸煮、摊晾、拌曲　将浸好的小米取出，沥干水分，蒸煮 2h，摊晾冷却至 35℃；按比例加入粉碎后的麦曲和酿酒曲，拌和均匀。麦曲用量为 9%，酿酒曲用量为 0.48%。

（3）装罐、发酵　装入已灭菌的发酵罐，加适量煮沸后冷却至室温的蒸馏水，搅拌均匀，封口，进行前发酵。前发酵温度为 26℃，醪液品温升至 37℃，开头耙，头耙后，间隔 4～5h 开耙 1 次，开耙 4 次后，每日捣耙 2 次，前发酵时间为 7d，前发酵结束后醪液酒度可达 16.15%（体积比）。前发酵结束后，密封罐口，进行后发酵。后发酵的最佳温度为 12℃，发酵时间为 75d。

（4）过滤、煎酒、装坛、陈酿　后发酵结束，使用滤布对醪液进行粗滤，滤液再用砂芯漏斗进行精滤，所得澄清酒液煮沸后，趁热装入已灭菌陶坛内，密闭陈酿，得到红小米黄酒。

3．成品质量指标

外观：淡黄色至深褐色，清亮透明，有光泽，允许底部有微量聚集物；香气：具有黄酒特有的浓郁醇香，无异香；口味：醇和，甘顺爽口，余味绵长，酸甜适中，无异味；风格：酒体协调，具有黄酒品种的典型风格。

四、小米红曲酒

1．生产工艺流程

（1）红曲制备

试管菌种→三角瓶培养→曲种

↓

小米→浸米→洗米→沥干→蒸米→摊晾→接种→堆积氧化→摊平培养→成曲

（2）红曲小米酒酿造　小米→粉碎→调浆→液化→冷却→前发酵→后发酵→成品

2．操作要点

（1）红曲制备

① 浸米、洗米　水温 15℃，时间 5～6h。浸米后反复淘洗至洗米水无白浊即可。

② 蒸米　待水沸后装入甑内，圆汽后再蒸 10min，视小米熟透无生心即可。

③ 摊晾与接种　将小米饭在晾床上摊晾至 40℃ 左右，接种，红曲种接种量为小米的 1%。接种前将红曲种粉碎过 40 目筛，将红曲种粉加入 4～5 倍量（对小

米）的无菌水中，静置 30min 然后加入小米量 0.1％的醋酸，搅拌均匀后接种。要边撒种边翻拌，接种要均匀。接种完毕后将曲料装入麻袋中，送入曲房低温培养。

④ 摊平培养　曲室温度要求 30～32℃，湿度 20％～80％，曲料入房时品温在 30～32℃。经 24～30h，待品温升到 50℃时，将麻袋中的曲料倒入曲床，摊平厚度控制在 22～33cm，培养品温为 43～45℃。培养 3d 后米粒全部呈红色并出现干燥现象。这时应进行洒水，洒水量为 20％～25％，要边洒水边翻拌。第一次洒水后，品温控制在 40～42℃，室内湿度 70％～80％，室温 28～30℃。洒水后经 4～5h 翻拌一次，以后根据品温情况可翻拌以调节品温。再经过 24h 培养，米粒又出现干燥现象，可进行第二次洒水，洒水量 20％左右。洒水的品温控制在 40～41℃。再经 24h 左右进行第三次洒水，洒水量约 20％，品温控制在 38～40℃，曲成熟，出房干燥至含水量 12％以下，备用。

（2）红曲小米酒的酿造

① 粉碎　用齿爪式粉碎机将小米粉碎，过 30～40 目筛。

② 调浆　料水比为（1∶1.8）～（1∶2.0）。先往调浆罐内注入 65℃左右的热水，在搅拌下徐徐加入小米粉。用 10％（质量比）的碳酸钠溶液调节粉浆 pH 值为 6.2～6.5，然后加入 α-淀粉酶，搅拌均匀。

③ 液化　液化罐内先加入少量底水，以淹住加热管为度，开蒸汽加热，待底水温度达到 85℃左右时，泵入粉浆。此时调节蒸汽和粉浆的流量，维持罐内浆液温度在 85℃左右。粉浆打完后罐内温度继续保持在 85℃左右，保温时间约 40min。

④ 冷却　将液化液通过换热器进行冷却，调节冷却水或液化液的流量，控制料液出口温度为 26～27℃，注入发酵罐内。

⑤ 前发酵、后发酵　用乳酸调节料液的 pH 值为 5.0～5.5，加入 8％的小米红曲、活化好的黄酒干酵母（黄酒干酵母用量为 1％）。前发酵期间控制品温为 28～30℃，5d 后将发酵液冷却至 18℃以下，入后醇罐进行后发酵，发酵期间控制品温为 15℃左右，后发酵时间约为 10d。

五、保健型小米甜酒酿

甜酒酿是以糯米为原料生产的一种发酵食品，酒度低、糖分高、口感绵甜醇鲜，深受广大消费者喜爱，是我国曾经非常流行的一种传统食品。本产品以小米替代部分糯米，对甜酒酿发酵原料进行改革和创新，将米酒的保健功能与小米的营养功能相结合，开发出新型保健甜酒酿。

1. 生产工艺流程

小米和糯米→浸泡→沥干→蒸煮→淋饭（加入无菌水）→冷却→拌曲（加入甜酒曲）→搭窝→恒温发酵→成熟的甜酒酿

2. 操作要点

（1）浸泡　选择品质较好的糯米、小米（比例为 1:4），用自来水将小米与糯米淘洗干净（无石子、米糠、灰尘等杂质），再加蒸馏水或含钙、镁离子较少的软水，超过原料界面 3mm，室温浸泡 20～24h，使米吸水膨胀，淀粉颗粒软化，浸米程度以米粒完整、用手指掐米粒成粉状但无粒心为宜。浸米时间过长，可导致米粒酥化，造成淀粉损失；浸米时间过短，蒸煮时易出现生米。

（2）蒸煮　将浸泡的小米、糯米取出，沥干后用蒸笼蒸饭，使饭粒疏松、无白心、透而不烂且熟而不黏。米粒不熟，就会有生米，将影响糖化，使糖化率降低；蒸米过度，会形成米团，影响糖化酶的糖化与酵母的发酵。蒸煮的目的是使淀粉糊化，挥发出原料的香味，也可对原料起到灭菌的作用。

（3）淋饭　米饭蒸好后，立即用凉开水冲淋，且放在通风处迅速冷却，使其温度降到 30℃左右，并且使饭粒分离。冷却时间越短越好，冷却时间过长会增加杂菌污染的机会，引起淀粉老化，不利于淀粉水解，进而降低糖化率。

（4）拌曲　将米饭分散、摊匀装入容器中，将酒曲（添加量为 0.8%）均匀地撒在米饭上，轻轻压实，务必要搅拌均匀，并加入一定量的水。将冷却好的米饭放入经灭菌的容器中，加入容器体积 1/3 的凉开水，再淋入用水活化后的甜酒曲溶液，用灭菌的工具将其搅拌均匀。

（5）搭窝、恒温发酵　拌曲之后在中间压出一凹陷窝，有利于通气，便于酒曲的充分发酵，同时也有利于糖化菌的生长，便于观察糖液的情况，然后将容器密封，放入 30℃温度下糖化、发酵，时间为 3d。发酵结束后即得产品。

3. 成品质量指标

（1）感官指标　外观：酒汁清冽，固体颜色为金黄色、奶白色，无杂色；口感：口感柔和，组织均匀，有一定的咀嚼性；风味：香醇四溢，酸甜可口，无异味。

（2）理化指标　糖度 0.275g/mL，酒度 1.1g/100mL。

六、小米酸奶

1. 生产工艺流程

小米＋水→煮沸→冷却→过滤→小米浸提液＋牛乳＋绵白糖→混匀→灭菌→冷却→接种→发酵→冷却、后熟→成品

2. 操作要点

（1）母发酵剂制备　在超净工作台内，将保存的发酵剂，按 1% 接种于脱脂乳培养基中，30℃培养 12h 左右，使之达到凝乳，尽可能将此过程重复 2～3 次，以保持发酵剂的稳定，将凝乳发酵剂保存于 4℃的冰箱内，之后进行工作发酵剂

制备。

（2）工作发酵剂制备　在超净工作台内，按2%的比例将发酵剂（保加利亚乳杆菌：嗜热链球菌＝1：1）接种于已冷却至42℃左右的脱脂乳培养基中，30℃培养12h左右，直至凝固。再在牛奶培养基中，连续活化2～3次。置于冰箱，备用。

发酵剂的培养温度和时间是30℃培养12h，这样有利于乳酸菌最大化繁殖以及风味物质的产生。因为温度高时乳酸菌很快繁殖产酸，而酸性条件不利于乳酸菌生长繁殖。当pH低于5.0时，其生长速率就会下降，而且发生细胞损伤。

（3）小米浸提液制备　小米：水（1：8）→煮沸（18min）→冷却→纱布过滤（四层）→小米浸提液→灭菌→备用。

（4）原料配比　在已灭菌的鲜牛奶中加入15%冷却至42℃的小米浸提液和8%的绵白糖，放入已干燥灭菌的奶瓶中，用已灭菌的勺子轻轻搅动，混匀，并封口。

（5）灭菌冷却　将盛有混合乳液的奶瓶放入高压灭菌锅内105℃，灭菌2～3min，冷却至42℃，待接种。

（6）接种　将活化好的菌种按3%的比例接种于各奶瓶中，充分搅拌均匀，迅速封口。

（7）发酵　将接种好的奶瓶置于42℃恒温培养箱内进行发酵，总发酵时间为6h。

（8）冷却、后熟　将发酵完毕的凝乳放入4℃冰箱中，贮藏12～24h，使之进一步形成风味物质。

3.成品质量指标

组织状态：乳白色或瓷白色凝乳，质地均匀，光洁，无气泡和分层；乳清析出状况：无乳清析出；口感：口味细腻，酸甜适中，无砂感；风味：奶香味浓郁，无异味。

七、小米红枣酸奶

1.生产工艺流程

红枣汁制备　红枣→清洗→去核→浸泡→胶体磨磨浆→过滤→红枣汁

小米浆制备　小米→淘洗→煮沸→胶体磨磨浆→过滤→小米浆

小米红枣酸奶制备　红枣汁、小米浆、白砂糖、鲜牛奶→混合→均质→杀菌→冷却→接种→发酵→冷藏→成品

2.操作要点

（1）红枣汁的制备　选择新鲜、成熟、无腐烂、无病虫害和色泽鲜艳的红枣，清洗后去核，红枣与水按1：8比例混合，浸泡2h后，胶体磨磨浆3遍，过滤，得

到红枣汁。

（2）小米浆的制备　选择优质小米淘洗 2～3 遍，以小米与水 1∶10 煮沸 20min，用胶体磨磨浆 3 遍，过滤，得到小米浆。

（3）混合　将白砂糖加入 65℃鲜牛奶中，再加入红枣汁与小米浆，搅拌均匀。具体各种原料的用量为：小米浆 20%、红枣汁 10%、白砂糖 8%。

（4）均质、杀菌　将混合好的料液经均质机均质，均质机压力 25MPa，杀菌温度为 95℃，保持 20min。

（5）接种、发酵、冷藏　将杀菌后的料液冷却至 42℃，加入 4%菌种（保加利亚乳杆菌∶嗜热链球菌＝1∶1），搅拌均匀，灌装，在 42℃下发酵 5h。冷却后，置于 5℃冷库中冷藏，12～24h。

3. 成品质量指标

色泽：呈均匀的浅黄褐色；气味：具有小米、红枣特有的香味，无异味；口感：口感细腻，酸甜可口；组织状态：组织细腻、均匀，凝固状态好，允许有少量乳清析出。

八、绿豆小米酸乳

1. 生产工艺流程

绿豆→除杂→浸豆→热烫→热磨→离心分离

↓

小米→除杂→浸豆→热烫→热磨→离心分离→按不同比例混合（加白砂糖、蜂蜜、牛乳）→高压均质→灭菌→冷却→接菌种→混匀→装杯→封口→主发酵→冷藏后发酵→检验→出库→包装→成品

2. 操作要点

（1）绿豆小米酸乳发酵剂制备

① 菌种的活化　按无菌操作进行，菌种为液态时，用灭菌吸管取 1～2mL 接种于装灭菌脱脂乳的试管中。菌种为粉状的用药匙取少量接种混合，然后置于恒温箱中根据不同菌种的特性，选择培养温度与时间，培养活化，活化可进行一至数次，依菌种活力确定。

② 乳酸菌纯培养物　原料乳→检验→脱脂乳→分装于灭菌试管→灭菌（115℃，15min）→冷却（40℃）→接种（纯菌种或已活化的菌种 1%）→适温培养（37～45℃，3～6h）→凝固→4℃冷藏备用。

重复上述工艺 4～5 次，接种 3～4h 后凝固，酸度达 90°T 左右。

③ 母发酵剂的制备　原料乳→检验→脱脂乳→分装于灭菌三角瓶（300～400mL）→灭菌（115℃，15min）→冷却（40℃）接种（乳酸菌纯培养物，2%～

3%)→培养（37～45℃，3～6h）→凝固→冷藏（4℃）。

④ 工作发酵剂的制备　原料乳→检验→脱脂或不脱脂→灭菌（85℃，15min）→冷却（40℃）→接种（母发酵剂，2%～3%）→培养（37～45℃，3～6h）→凝固→4℃下冷藏备用。

（2）绿豆预处理　取 1kg 绿豆加 3kg 的水浸泡，在浸泡水中加入 0.25% NaCl＋0.25% NaHCO$_3$ 调 pH8.0 左右，浸泡 12h，以 100℃ 水热烫，灭酶 3min，然后以绿豆与水的质量比为 1:5 进行热磨，水温 80℃，磨浆汁经过离心分离得绿豆汁。

（3）小米预处理　取 1kg 小米加 3kg 的水浸泡 8h，然后以小米与水的质量比为 1:5 进行热磨，水温 80℃，磨浆汁经过离心分离得小米汁。

（4）配料混合、高压均质、灭菌　将绿豆汁、小米汁、牛乳按 4:2:1 的比例混合。蜂蜜与白砂糖比例为 1:1，蜂蜜加入量 5%，白砂糖 5%，其总量为 10%，将混合液在一级 10MPa、二级 20MPa 的压力下均质，然后在 132℃ 灭菌 4s。

（5）接菌种、装杯、发酵　将活力最强的混合发酵剂充分搅拌后，按混合料 7% 的数量加入，此时不应加入粗大的凝块，以免影响成品质量。发酵剂由保加利亚乳杆菌和嗜热链球菌混合组成，其两者的比例为 1:1.5。装杯后放入 42℃ 恒温箱中，恒温发酵 3h，发酵终点产品酸度为 70～75°T。主发酵结束后立即送入冰箱，在 2～8℃ 下保藏并进行后发酵，冷却至 3～8℃ 大约需要 4h。

3. 成品质量指标

（1）感官指标　质地均匀，表面平滑，有一定的弹性，具有酸奶的滋味与气味，色泽淡黄，适口性较好。

（2）理化指标　酸度为 70～75°T。

（3）微生物指标　符合酸乳卫生指标。

（4）保质期　按标准包装，绿豆小米酸乳在冰箱冷藏和常温条件下保质期分别为 15d 和 5d。

九、红茶小米复合型发酵乳

本产品是将小米和红茶应用于发酵乳的加工中，利用混合发酵工艺，开发的一种新型复合型发酵乳，既满足消费者对乳品多种营养的需求，又适应新型功能性发酵乳制品的开发。产品质量符合 GB 19302—2010《食品安全国家标准　发酵乳》对风味发酵乳的要求。

1. 生产工艺流程

牛乳
↓
黄小米→除杂→清洗→浸泡→加红茶包→煮制→红茶小米浆→混合→均质→杀

菌→冷却→加发酵剂→恒温发酵→终止→后熟→红茶小米发酵乳

2．操作要点

（1）红茶小米浆的制备　选择无虫蛀、坏粒小米，清洗干净，置于清水中浸泡40min，小米与水的料液比为1：3，放入红茶包（添加量5g/100g），然后加热至水沸腾，持续加热30min，取出红茶包，保温15min，制成红茶小米浆。

（2）混合　在鲜牛乳中添加小米浆18％、红茶叶5％、糖粉12％、羟丙基甲基纤维素1.5％并搅拌均匀。

（3）均质和杀菌　将混合液置于60℃水浴中，使用乳化机1200r/min进行乳化处理15min，然后将混合液加热至85℃保温5min杀菌。

（4）加发酵剂　杀菌后，将混合液冷却至42℃，加入混合发酵剂（保加利亚乳杆菌：嗜热链球菌=2：1）0.1％，搅拌均匀。

（5）恒温发酵　将混合液置于42℃恒温条件下，发酵9h，待混合液由液态变为固态凝乳，滴定酸度达到70°T即为发酵完成。

（6）后熟　将发酵完成的发酵乳置于4℃温度条件下冷藏14h进行后熟，即得红茶小米发酵乳。

3．成品质量指标

（1）感官指标　外观：凝块完整，颜色均匀、和谐，有光泽；状态：凝乳细腻、黏稠性好，无乳清析出；口味：口感润滑，具有红茶和小米的混合清香。

（2）理化指标　蛋白质2.45g/100g，脂肪2.63g/100g，酸度为78.8°T。

（3）微生物指标　乳酸菌数$1.72×10^6$CFU/g，沙门菌、金黄色葡萄球菌等致病菌未检出。

十、发酵型小米奶

本产品是把小米与全营养牛乳相结合起来发酵生产的新型酸乳制品，是一种纯天然的动植物蛋白质互补的营养更为全面的酸乳制品。

1．生产工艺流程

鲜牛奶→净化→标准化

小米→净化→浸提→过滤→混合→调配→杀菌→冷却（42℃）→均质→接种→发酵（42℃）→冷却→冷藏→成品

2．操作要点

（1）小米浸提液的制备　小米加8倍质量的水煮沸18min，后冷却，然后过滤即得小米浸提液。

（2）小米牛奶的制备　将蔗糖（8g/100g）、稳定剂（卡拉胶0.020g/100g）预先制成糖液，再与鲜牛奶、小米浸提液混合，米奶体积比4:6。然后将其加热至65℃。

（3）杀菌、冷却、均质　杀菌温度95℃，保持5min，冷却至42℃。利用均质机进行均质处理，均质压力为20MPa。

（4）接种发酵　在冷却至42℃的小米牛奶中接入发酵剂，接种量为4.5g/100g，发酵剂中嗜热链球菌和保加利亚乳杆菌的配比为1:1，42℃培养至65°T时终止发酵，并立即进行冷却，总发酵时间为3.5h。

（5）冷却　将冷却后的小米酸奶放入4℃冰箱中保藏12h，即为成品。

3. 成品质量指标

（1）感官指标　色泽呈乳白色或略带微黄色；组织表面光滑，凝块结实均匀，无气泡，无乳清析出；酸甜适口，口感细腻，保持纯正的酸奶发酵香味与小米特有的风味，香味协调。

（2）微生物指标　乳酸菌数$5×10^6$CFU/mL，大肠菌群72MPN/100mL，沙门菌未检出。

十一、小米布扎饮料

布扎是一种盛行于保加利亚、北马其顿等巴尔干国家的低度酒精饮料，其口感酸甜，含少量二氧化碳气体，以小米或黑麦、玉米、燕麦、小麦或者它们的混合物为原料，经乳酸菌及酵母菌混合发酵制成。通常情况下，饮料含有0.5%～1.0%（体积比）的酒精。

小米布扎饮料是以小米为主要原料，经挤压膨化、加水打浆、糖化、乳酸菌和酵母菌混合发酵、过滤、灌装等工艺制成的，具有天然发酵的醇香味及较浓郁的小米风味，其含有氨基酸、有机酸、还原糖、少量乙醇、一定量的维生素和矿物质等，是一种具有异域风情的饮料佳品。

1. 生产工艺流程

小米→筛选→粉碎→调节水分→挤压膨化→加水打浆→糖化→灭菌（灭酶）→冷却→接种→发酵→灭菌→过滤→稀释→调配→充气灌装→小米布扎成品

2. 操作要点

（1）筛选、粉碎、调节水分　筛选出小米中的异杂粒、虫蛀粒、霉变粒及其他杂物等，将筛选合格的小米粉碎并过60目筛，并调整至含水量16%～18%。

（2）挤压膨化　用双螺杆挤压机进行挤压膨化，条件为：挤压机螺杆转速400～450r/min，挤出膨化温度155～165℃。

（3）加水打浆　按膨化小米:水=1:6的质量比加水打浆，打浆后易于形成均匀、流动的浆液，也便于释放营养及后续加工。

（4）糖化　用50％柠檬酸溶液调浆液 pH 至 4.0～4.5，糖化条件为糖化酶添加量为 100～120U/mL，糖化温度 48～50℃，糖化时间 2.5～3h。

（5）灭菌（灭酶）、冷却　糖化结束后，将糖化液进行灭菌（灭酶），条件为 105℃保温 15min，然后冷却至 25℃。

（6）接种、发酵　每吨糖化液接种啤酒活性干酵母 0.4～0.5kg、乳酸菌冻干粉 0.08～0.1kg，在 20～22℃温度下，保温发酵 12～15h；在 8～10℃温度下，静置后酵 20～24h。

（7）灭菌、过滤、调配和充气灌装　发酵结束后，经 105℃灭菌 15min，过滤后稀释至酒精含量≤0.5％vol 或可溶性固形物 3.5％～4％，再添加 6％～7％的蜂蜜、0.05％～0.06％的柠檬酸、0.005％～0.01％的阿斯巴甜，混合均匀，充 CO_2 气体并灌装即为成品。

3. 成品质量指标

（1）感官指标　呈淡黄色至浅黄色，澄清透明，无悬浮物及沉淀物；酸甜适口，具有发酵的醇香、小米的米香味及微带焦香味。

（2）理化指标　可溶性固形物（20℃折光计法）≥8.0％，酒度≤0.5％vol，总酸（以柠檬酸计）0.5～0.8g/L，铅（以 Pb 计）≤0.3mg/L，黄曲霉毒素 B_1≤5.0μg/L。

（3）微生物指标　菌落总数≤100CFU/mL，大肠菌群≤6MPN/100mL，霉菌≤10CFU/mL，酵母数≤10CFU/mL，致病菌（沙门菌、志贺菌、金黄色葡萄球菌）不得检出。

十二、固态法小米醋

1. 生产工艺流程

　　　　　　加水　　　　　　　　添加辅料及酒曲　添加辅料及醋酸菌
　　　　　　↓　　　　　　　　　　↓　　　　　　　　↓
小米→清洗、浸泡→蒸米→冷却→拌料→酒精发酵→醋酸发酵→淋醋→澄清→陈酿→杀菌→成品新醋

2. 操作要点

（1）清洗、浸泡、蒸米　利用清水将小米清洗干净并浸泡，然后进行蒸米，蒸米目的是糊化小米中的淀粉，使之更容易转化为糖类物质。要保证蒸至熟而不黏、内无生心的状态。蒸米所需水米比例为 2∶3，蒸米大约 10min 即可。

（2）冷却、拌料　待小米冷却至 30℃，加入原料 20％的辅料（米糠）及酒曲。酒曲采用生料酒曲和酿酒曲，两者比例为 2∶1，酿酒曲需要活化（10 倍 32～35℃

的温水，活化10min），酒曲总添加量为1.5%。混合后料醅水分含量为69%，搅拌均匀入缸，密封发酵。

（3）酒精发酵　酒精发酵采用低温发酵，放入大缸，入缸初始温度为29℃，在室温25℃进行酒精发酵，在酒精含量达到8%vol的情况下停止酒精发酵。

（4）醋酸发酵　酒精发酵结束后，添加辅料使料醅水分含量达到50%左右后接种醋酸菌，所用菌种为酿醋醋酸菌，接种量为0.15%，入缸初始温度为31℃，在27℃左右室温下进行醋酸发酵。醋酸发酵期间需每天翻醋醅两次，以起到通氧与降温散热的作用，保证品温不超过40℃，醋酸发酵正常进行。

（5）淋醋　用80℃的热水（醋醅质量的1.2倍）将醋醅浸泡24h，用淋醋装置进行淋醋，为提高澄清度需反复多次进行淋醋，待获得比较澄清的醋液时淋醋停止。

（6）澄清、陈酿　将所得的醋液经澄清后置于4℃的温度下进行陈酿。

（7）杀菌　将所得醋液于95℃、保温10min以达到杀菌的目的，杀菌冷却后即得成品新醋。

3．成品质量指标

（1）感官指标　色泽：产品色泽鲜亮，有光泽，为黄色或琥珀色；香气：具有小米香，味道柔和，无刺激味，协调悦人；口味：口感好，进口柔和，香味有层次，爽口，无异味；风格：风格独特，典型完美。

（2）理化指标　总酸（以醋酸计）7.1g/100mL，还原糖（以葡萄糖计）1.24g/100mL，氨基酸态氮0.33g/100mL，可溶性无盐固形物3.94g/100mL，不挥发性酸2.3g/100mL。

十三、陕北风味香菇小米发酵醋

本产品是以香菇和陕北特有的米脂小米为原料进行复合醪发酵，制造出的一款融合两种原料风味和特色的成品保健醋。

1．生产工艺流程

马铃薯液态培养基→接香菇孢子→菌丝体培养→过滤→糖化
　　　　　　　　　　　　　　　　　　　　　　　　　　　↓
小米→烘焙→粉碎→浸渍→液化→蒸煮→糖化→复合糖化醪→酒精发酵→醋酸发酵→澄清→过滤→杀菌→加盐→成品

2．操作要点

（1）香菇糖化醪制备　将马铃薯液态培养基装入发酵罐中，121℃灭菌20min，降至室温（25℃）后接入香菇孢子，于25℃、115r/min搅拌培养3d，将获得的香菇菌丝体液过滤，加糖化酶进行糖化，充分糖化后用测糖仪测得香菇糖化醪的糖度为 6%。

（2）小米糖化醪制备　选择优质陕北米脂小米，电烤箱 150℃烘焙 1.5h。用粉碎机将烘焙过的小米粉碎，加水放入恒温培养箱，再加液化酶 60℃保持 1h，充分液化后放入 120℃、111.4kPa 条件下的高压锅内蒸煮 30min，冷却至室温（25℃）后加糖化酶进行糖化，糖化充分后用测糖仪测得小米糖化醪的糖度为 39%。小米经过烘焙最后得到的产品醋会带有淡淡的焦香。

（3）复合糖化醪　按照酒精发酵所需的最适糖浓度范围 13%～19%，将香菇糖化醪和小米糖化醪按质量比 1∶1 进行配比，然后加水稀释至混合液糖浓度 16%，这样可以使产品醋兼具香菇和小米的营养成分，二者营养价值得到充分利用。

（4）酒精发酵　将干酵母预先在 2%糖浓度下活化 1h 后，按酵母液 7%的用量加入上述稀释好的复合糖化醪中，在 30℃的温度下进行酒精发酵 72h，发酵结束后酒精浓度可达 7.91%vol。

（5）醋酸发酵　将醋酸菌于 32℃活化 20h 后，转入盛醋酸菌活化培养基三角烧瓶中，用纱布封口，于 32℃、转速 180r/min 条件下活化培养 24h（总酸度＞1%）。活化后的醋酸菌液按 9%的用量接入酒精发酵液中，并用通气泵持续通入气体，保持空气流量为 1∶0.2（发酵液与空气的体积比），在起始 pH 值 6.0、温度 32℃条件下进行醋酸发酵 7d 左右，发酵结束后醋酸浓度可达 5.45%。

（6）加盐　为提高发酵醋的风味及色泽，在醋酸发酵完全的发酵液中加入质量分数 1.0%食盐以抑制醋酸菌活性和防止其他细菌滋生，静置 1d 澄清后过滤，将上清液用巴氏杀菌法进行杀菌后，即制得香菇小米发酵醋成品。

3. 成品质量指标

（1）感官指标　色泽：棕褐色；气味：有小米和香菇特有的香味及浓郁的醋香；口感：酸味柔和、微甜、味美质鲜；体态：晶莹透明、有光泽、无悬浮、无浑浊、无沉淀。

（2）理化指标　还原糖 1.4g/100mL，总酸 5.9g/100mL，氨基酸态氮 0.15g/100mL。

（3）微生物指标　菌落总数 42CFU/g，大肠菌群 2.1MPN/g，未检出沙门菌、志贺菌、葡萄球菌等致病菌。

十四、小米发酵茶

本产品是以小米为主要原料，通过对其进行发酵加工，研制出营养丰富、方便饮用、易吸收的小米发酵茶，可以充分发挥小米的醇香味及发酵香味。同时，发酵工艺可使小米发酵茶兼有谷物和所接种菌种的营养物质和生物活性成分，具有保健功能，更易于被大众接受。

1. 生产工艺流程

茶叶→浸泡→加入添加物→装管→灭菌→冷却

小米挑选→清洗→浸泡→蒸制→磨浆→糊化→酶解→灭酶→混合→均质→灭菌→接种→培养→灭菌→烘焙→摊晾→包装→成品

2. 操作要点

（1）小米挑选　选择成熟、优质的小米，去除杂质，清洗备用。

（2）茶叶处理　选择有清香味道、颗粒分明、大小均一的安吉白茶茶叶，在水中浸泡清洗之后，加入3%的白砂糖，经灭菌后备用。

（3）浸泡、蒸制和磨浆　将浸泡60min之后的小米放入蒸锅蒸制15min，用打浆机按照小米与水质量比1∶10进行磨浆处理。

（4）糊化、酶解和灭酶　将磨浆后的小米pH调节至6.4，温度调节至55℃后糊化30min，然后升温至85℃加入α-淀粉酶进行酶解，酶解时间20min，酶添加量为18.0U/g（按小米质量计）。酶解后煮沸10min灭酶。

（5）混合　经处理后的小米放入装有茶叶的容器中，小米与茶叶质量比1∶3，摇动使其混合均匀。

（6）均质、灭菌　采用蒸发或稀释的方法调节可溶性固形物含量，将其在40℃、20MPa条件下均质15min，最后在130℃下高温高压灭菌10min。

（7）接种培养　将灭菌后的混合液利用益生菌菌种进行发酵，接种量为6%，在40℃的温度下进行发酵，发酵时间为8h。将发酵后的小米茶在120℃下灭菌20min。

（8）烘焙摊晾　根据发酵情况及产品形成情况，将发酵后的小米茶放入烘烤箱中，烘烤至七成干，即茶条不黏手时就可包揉，最后低温摊晾即可。

3. 成品质量指标

（1）感官指标　汤色：色泽明亮且均匀，呈淡黄色，富有光泽、明亮，无焦煳现象；组织形态：细腻澄清，无杂质，表面光滑，无气泡，黏稠性好不分层；口感：口感清淡，有淡淡小米味感；气味及滋味：香味纯正，香气较强，香气清高，具有馥郁悠长、酸甜可口的独特风味，滋味醇厚，醇而带爽，厚而不涩。

（2）微生物指标　菌落总数≤100CFU/g，大肠菌群≤3MPN/100mL，未检出致病菌，符合GB 7101—2022《食品安全国家标准　饮料》中微生物指标要求。

十五、小米红曲

红曲不仅用于酿酒，而且在腐乳、食醋、食品色素及中药等方面也有着广泛应用，对食品工业具有重要价值。我国传统红曲是以籼米为原料，这给东北、西北和华北等地推广红曲生产带来了困难，而小米红曲的生产则很好地解决了这个问题。

1．生产工艺流程

小米→浸米→洗米→沥干→蒸米→冷却→接种→堆积→养花→培养→成曲

2．操作要点

（1）原料及浸米　选用粳性（不黏）小米为原料，放入15℃的水中浸泡5～6h。

（2）蒸米　待锅水煮沸后，再将小米倒入木甑内，圆汽后再蒸10min，视小米熟透无生心即可。

（3）冷却与接种　将小米在晾床上冷却至40℃左右，将优良巨红3号红曲霉菌种经试管菌种→三角瓶培养→曲种→堆积养花处理后进行接种。接种前将红曲种粉碎，过40目筛，要求越细越好，目的是增加接种接触面，达到均匀。红曲接种量为小米的1%，在粉碎好的红曲种粉中加无菌水（1∶4）～（1∶5）（米∶水），然后静置30min后，加0.1%的醋酸（相对小米量而言），搅拌均匀后进行接种，2人操作，1人翻拌，1人撒种，要求动作快速，接种均匀。接种操作完备后，再用麻袋包扎好，送入曲房保温培养。

（4）培养　曲房室温要求在30～32℃。麻袋中间插一支温度计，以观察品温增长情况。经24～30h，待品温升至50℃时，可曲床培养。倒包时，米粒已长有斑点菌落，同时有芬芳的曲香。

控制曲料厚度22～30cm，培养品温43～45℃，使红曲霉大量繁殖，在这个阶段要经常检查品温升温情况，视品温情况采用翻拌操作，以达到合适的繁殖品温，促使红曲霉菌丝体布满整个小米。根据米粒菌丝生长情况降低曲坯厚度，品温从最高45℃降到42～43℃，继续养花培养，直至米粒全部呈红色，干燥。一般3d后可进行第1次洒水，洒水量一般为5%～20%，洒水操作由2人完成，1人洒水，1人翻拌，动作要迅速，使曲粒吸水均匀。第1次洒水后，控制培养温度40～42℃，室内湿度70%～80%，室温28～30℃。洒水4～5h后，翻拌1次，根据品温情况经5～6h翻拌1次，目的是调节品温，使四周曲粒均匀繁殖。第1次洒水后，曲粒明显增红。经24h左右的繁殖，曲粒已干燥，可进行第2次洒水，其操作方法与第1次洒水相同，洒水量20%左右，洒水后控制品温在40～41℃，曲粒开始呈紫红。再经24h后，进行第3次洒水，洒水量20%，每次洒水后，曲粒厚度逐渐减薄，控制品温在38～40℃。再经24h进行第4次洒水，洒水量为15%左右，控制品温在35～38℃。再经24h，进行第5次洒水，洒水量约为15%，控制品温在33～35℃，此后每天洒水1次，约经8d，曲粒已呈紫黑色，曲中心呈紫红，即可干燥为成曲。色素红曲出曲率在30%～35%。酿酒红曲培养时间可缩短为6d左右，出曲率约60%。红曲干燥采取烘干方式，酿酒红曲烘干室温45℃，夏天可风干后再晒几小时。色素红曲可用烘干机干燥。红曲水分在12%以下，并用有塑料薄膜内层的编织袋包装储藏于干燥处。

第五节 · 小米饮料

一、小米大豆饮料

1. 生产工艺流程

大豆→浸泡→磨浆→离心→豆乳
↓
小米→炒制→浸泡→磨浆→离心→小米汁→混合调配→加热杀菌→灌装→冷却→成品

2. 操作要点

（1）小米汁的制备　选用籽粒饱满、色泽均匀、不含杂质的优质小米，将小米放入炒锅中炒制大约 10min，以产生很好的香气和色泽为标准，注意在炒制过程中要不断搅拌，以免烧焦影响品质，然后浸泡 30min，再磨浆，离心取汁，备用。

（2）豆乳的制备　精选大豆，去除发霉、杂质及颗粒不完整的大豆，用 3 倍大豆质量的水在室温下浸泡 20h，清洗后用 5 倍大豆的水进行磨浆，然后过滤取浆，最后加热到 100℃，保温 20min 杀菌，备用。

（3）白砂糖的处理　取适量的白砂糖溶于温水中，然后煮沸 8min 进行杀菌，冷却后过滤取其滤液，备用。

（4）阿拉伯胶的处理　将阿拉伯胶用 70℃左右热水不断搅拌溶解，制成溶液，备用。

（5）小米大豆饮料的制备　将上述准备好的溶液按不同的比例混合调配，具体各种原料的配比为：150mL 饮料中豆乳 60mL、小米汁 40mL、白砂糖 2.5g、阿拉伯胶 0.7g。调配后的混合液加热至 62～65℃，杀菌 30min，然后灌装，冷藏避光放置即为成品。

3. 成品质量指标

色泽：乳白色稍有黄色；香味：具有小米特殊香气，无豆腥味；口感：口感爽滑、舒适、饱满，无颗粒感；组织状态：均匀一致，底部无沉淀，上层无油析。

二、大豆小米复合乳

1. 生产工艺流程

（1）豆浆制备的工艺流程　大豆筛选、清洗→浸泡→脱皮→热烫→磨浆→煮浆

（2）大豆小米复合乳的制备工艺流程　豆浆＋小米＋适量水→煮浆→过滤→酶解→调配→均质→杀菌→冷却→成品

2．操作要点

（1）豆浆制备

① 大豆筛选、清洗、浸泡、脱皮　挑选皮色淡黄、整齐饱满、无虫蛀、无霉变的新鲜大豆为原料，用清水洗净后浸泡在 20℃0.5％的碳酸氢钠溶液中 12h，其间换水两次，然后搓去豆皮。

② 热烫　将去皮大豆迅速投入到 80～85℃热水中热烫一定时间，以除去胰蛋白酶抑制剂和血凝素等热不稳定的抗营养素因子和部分豆腥味。

③ 磨浆　用胶体磨将热烫后的大豆和水一起磨浆。

（2）大豆小米复合乳的制备

① 小米的准备　挑出小米中的杂质等异物，用清水清洗干净备用。

② 煮浆、过滤　在磨好的豆浆中加入一定量的清洗干净的小米，具体比例为：小米用量为 60g，豆浆用量为 250mL。小火煮沸 30min，然后趁热用 4 层纱布过滤，以除去小米颗粒，得到兼豆香与小米香的乳液。

③ 酶解　乳液稍凉，加入 0.07％的 α-淀粉酶，在 40℃温度下酶解 30min。

④ 调配、均质　在上述酶解后的浆液中加入 5％的白砂糖、10％的新鲜牛奶进行调配，然后送入均质机中均质，以防止乳相发生分离，出现沉淀。

⑤ 杀菌、冷却　采用高温瞬时杀菌，即在 121℃，杀菌 20s。杀菌后经冷却即为成品。

3．成品质量指标

（1）感官指标　产品的颜色为淡黄色，色泽均匀一致；组织状态稳定、口感细腻，无分层、无沉淀等现象；具有豆香、米香、奶香的复合香味；清甜醇厚，无豆腥味。

（2）理化指标　可溶性固形物含量≥12.0％，蛋白质≥4.0％，碳水化合物≥8.0％。

（3）微生物指标　细菌总数≤100CFU/mL，大肠菌群≤3MPN/100mL，致病菌不得检出。

三、小米谷物饮料

1．生产工艺流程

小米→清洗→浸泡→加水打浆→加热酶解→冷却→离心→调配→灌装灭菌→冷却

2. 操作要点

（1）清洗、浸泡　将小米用清水清洗干净，然后用60℃左右热水浸泡小米30min，使小米充分软化。

（2）加水打浆　准确称取浸泡好的小米于容器中，按1:12的料液比送入破碎机中进行破碎打浆得到小米原浆。

（3）加热酶解、冷却、离心　在上述制得的小米浆中加入耐高温淀粉酶，其酶的用量为60U/mL，酶解时间为40min，酶解后DE值为35.22。将酶解液用离心机于3000r/min离心5min，得上清液。

（4）调配、灌装灭菌　按小米汁93%、红枣浓缩汁4%、苹果脱酸脱色浓缩汁3%的比例进行混合，混合均匀后进行灌装，然后于121℃灭菌10min。灭菌后经冷却即为成品。

3. 成品质量指标

色泽：淡枣红色，色泽纯正；气味：具有天然浓郁的小米、红枣香味；组织状态：体态均匀，有微量沉淀；口感：口感舒适，酸甜适中，谷物醇厚浓香。

四、小米黑芝麻黑木耳复合饮料

1. 生产工艺流程

小米→清洗→蒸煮
↓
黑木耳→清洗→浸泡→组织破碎→磨浆→调配→定容→均质→装瓶→杀菌→成品
↑
黑芝麻→焙烤→粉碎

2. 操作要点

（1）小米浆制备　选择颗粒饱满的龙江小米，用适量水清洗干净后，倒入锅中，加入10倍的水，蒸煮10min，取出后倒入胶体磨中进行磨浆，磨浆2次，用100目筛过滤备用。

（2）黑芝麻浆制备　将颗粒充盈、饱满的芝麻放入烤箱中，150℃焙烤10min。然后将其放入粉碎机中打碎成黑芝麻粉，然后将黑芝麻粉和蒸馏水按照料液比1:100倒入胶体磨中，磨浆数次，用100目筛过滤备用。

（3）黑木耳汁制备　选择饱满、厚实的黑木耳，置于一定质量的水中，1h左右，至黑木耳吸水膨胀后，清除木耳表面的木屑和杂质并摘掉木耳的根部。接着将黑木耳放入组织捣碎匀浆机中进行破碎，然后将黑木耳和蒸馏水按照料液比1:100倒入胶体磨中，磨浆1次，用100目筛过滤备用。

（4）复合饮料的制备　将小米浆、黑芝麻浆和黑木耳汁按比例混合，最优配方为：小米浆 60mL、黑芝麻浆 40mL、黑木耳汁 20mL，然后再添加蔗糖 15％、柠檬酸 0.01％、羧甲基纤维素钠 0.1％、黄原胶 0.3％。将上述各种原辅料进行混匀，调制口感，调配好的饮料用高压均质机均质，然后采用高温杀菌法，在一定条件下对复合饮料进行杀菌，将复合饮料冷却到室温 25℃，即得小米黑芝麻黑木耳复合饮料。

3．成品质量指标

口感：口感适宜，酸甜可口，无异味；色泽：灰白色，色泽均匀，无沉淀；风味：有米香和芝麻香，无木耳腥味；稳定性：无沉淀，无分层，不黏稠。

五、小米奶饮料

1．生产工艺流程

鲜牛奶→预处理

↓

小米→净化→加热→打浆→混合→调配→均质→杀菌→冷却→保存

2．操作要点

（1）小米净化　加水洗去米糠皮、尘土等杂质。

（2）加热　将小米与水按 1∶10 的比例混合，加热至沸腾后，93℃左右恒温水浴保持 30～40min。小米含淀粉，因淀粉为增稠剂，故小米不可煮沸时间过长，否则易结块。

（3）打浆　加热后的小米稍冷却加入打浆机中，打浆 3～5min。

（4）鲜牛奶预处理　新鲜牛奶入锅加热至刚刚沸腾，冷却，去奶皮。

（5）混合、调配　打浆后的小米与鲜奶 1∶1 混合，搅匀。将 0.03％稳定剂与 5％白砂糖称量后混匀，待米奶温度 40℃左右时，搅拌中徐徐加入，在 80℃水浴中保持 5～10min，使稳定剂溶解充分。因稳定剂不易溶解，需先与白砂糖混合均匀后再一同缓缓加入，否则会有结块现象。

（6）均质　将上述混合液冷却至 65～70℃，送入均质机中在压力为 15～18MPa 条件下进行均质。

（7）杀菌　均质后将料液升温至 85～90℃，保持 5～10min。然后冷却密封于 4℃保存。

3．成品质量指标

色泽：略带微黄，均匀一致；香气：气味醇香，既有鲜奶香气，又有小米香气；风味：细腻绵长，入口爽滑，甜度适中，味道纯正，有鲜奶及小米香；外形：均匀稳定，无分层，无沉淀，无结块现象。

六、小米汽奶

本产品是以小米与奶粉为原料研制的一款新型碳酸饮料，解决了小米汽奶在加工过程中由淀粉、蛋白质引起的沉淀问题，最终得到具有良好色泽和组织状态、风味独特及营养丰富的小米汽奶。

1. 生产工艺流程

小米→浸泡→加热→打浆→小米浆汁　蔗糖、柠檬酸、稳定剂
↓　　↓

奶粉＋单甘酯→预处理（混匀）→溶解→还原奶→混合→调配→均质→充气→杀菌→灌装→成品

2. 操作要点

（1）小米浆汁的加工　先将小米洗净，并按小米与水质量比约1∶8加水，加热至沸腾且保持30min，冷却后用组织捣碎机打浆5min。

（2）还原奶的加工　先将奶粉与乳化剂单甘酯（用量为0.15%）预混均匀，加质量比约1∶8的热水充分溶解。

（3）小米汽奶的加工　将小米浆汁与还原奶以1∶1混合，搅匀，然后进行调配。将0.04%的复合稳定剂（海藻酸钠∶卡拉胶＝1.5∶1）与适量的柠檬酸和蔗糖混匀，在搅拌过程中缓缓加入。搅拌均匀后进行均质，冷却到60℃左右，均质压力为16MPa。随后进行充气、杀菌，再经冷却即可灌装得到成品。

3. 成品质量指标

（1）感官指标　色泽：淡黄色，均匀一致；组织状态：均匀稳定，无悬浮物和肉眼可见沉淀、杂质；气味与滋味：具有浓郁的小米和奶特有的混合协调香气，香气柔和醇香，入口细腻爽滑，酸甜可口，并有着愉快的杀口感。

（2）理化指标　可溶性固形物≥10.0%，总酸≥0.10%。

（3）微生物指标　细菌总数≤300CFU/L，霉菌总数≤300CFU/L，大肠菌群≤30MPN/L，致病菌不得检出。

七、小米酸浆果乳饮料

酸浆，别名王母草、锦灯笼等，在我国的栽培历史较久。因其对气候的适应性很强，所以又被称为"南北通吃"的野果。相关研究表明，酸浆对多种疾病均有一定的治疗效果，因此，酸浆是理想的疗效食品之一。本产品是将小米、牛奶、酸浆果这些物质结合在一起，并辅以燕麦、核桃等营养物质，研制出的一种营养丰富的新型杂粮乳饮料。

1. 生产工艺流程

① 核桃→筛选→去壳→烘烤→去皮→清洗→打浆→过筛→核桃浆

② 小米→预处理→浸泡→打浆→过筛→煮沸→小米浆

③ 酸浆果→选果→清洗→榨汁→过滤→酸浆果汁

$$果葡糖浆＋食盐＋燕麦$$
$$\downarrow$$

①＋②＋③＋牛奶→均质→调配→装罐→杀菌→成品

2. 操作要点

(1) 小米浆的制备　将小米按照料液比 1∶25，浸泡 4～6h 后，以小米浸泡前的质量为准，加入 2～3 倍的水，用豆浆机进行打浆，过筛，除去残渣，煮沸小米浆，煮沸时间约 15min。

(2) 酸浆果汁的制备　选取色泽鲜艳、果实饱满、无腐烂霉变的酸浆果，用清水洗净后，利用榨汁机榨汁，得到酸浆果汁。

(3) 核桃浆的制备　将核桃去壳后，放入 160℃ 的烤箱中烘烤 20min，冷却后，除去核桃表皮，以料液比 1∶6，加入 85℃ 的水，用豆浆机进行打浆，得到核桃浆。

(4) 均质、调配　将上述三种汁液进行混合，然后加入牛奶并进行均质处理，然后进行调配。各种原辅料的配比为：牛奶、小米浆和酸浆果汁体积比 5∶4∶1，核桃浆 5%、燕麦（即食燕麦片）6%、果葡糖浆 6%、食盐 0.05%。

(5) 装罐、杀菌　将上述调配好并混合均匀的饮料经灌装后进行杀菌，杀菌条件：温度 90℃、时间 10min。杀菌后经冷却即为成品。

3. 成品质量指标

(1) 感官指标　色泽呈乳黄色，质地均匀且具有小米特有的香味及酸浆果的果香，口感舒适，酸甜可口。

(2) 理化指标　蛋白质 0.53%，脂肪 2%，灰分 1.04%，可溶性固形物为 12.5%，pH 为 5.60 左右。

第六节 · 其他小米食品

一、小米挂面

本产品是以纯小米粉为主要原料，通过添加复合增筋剂使小米面团中形成稳定的网络结构，强化面团筋力，研制出的增筋纯小米挂面。其产品组织性状优良，表面光滑，有嚼劲，基本上无断条，不浑汤。

1．原料配方

小米粉100%、复合磷酸盐0.2%、海藻酸钠0.4%、谷朊粉10%、加水量30%。

2．生产工艺流程

小米→粉碎→筛分→原、辅料混合→和面→熟化→压延→切条→干燥→计量→包装→成品

3．操作要点

（1）原料处理　剔除小米中的霉烂粒和杂质，以保证小米面条成品的色泽。利用粉碎机将小米进行粉碎，并过100目筛。

（2）和面　将原、辅料准确称量，混合均匀后加水和制，最后形成干湿均匀，呈松散豆腐渣状面团，且用手握成团，轻轻揉搓仍为松散小颗粒结构。水温控制30～40℃，和面时间15min。

（3）熟化　将和好的面团静置，以消除面团内部由和面形成的内应力，使面团内水分分布均匀，增筋剂与小米组分相互作用并充分吸水形成网络结构，一般熟化时间为15～20min。

（4）压延、切条　由于小米挂面的筋性主要来自于增筋剂与小米的相互作用，因此需要进行反复压延，令松散颗粒状面团形成组织细密、互相粘连、厚薄均匀、光滑平整的面片。达到一定强度后切成3mm宽的面条。

（5）干燥、计量、包装　采用自然干燥，干燥温度25～30℃，湿度60%～65%，干燥时间15～18h。干燥后经计量、包装后即为成品。

二、小米豇豆营养挂面

本产品是以小米粉为主要原料，添加谷朊粉、豇豆粉、食盐、食碱制作的小米豇豆营养挂面。

1．原料配方

小米粉79%、谷朊粉14%、豇豆粉7%，食盐为混合粉质量的2%，食碱为混合粉质量的0.3%。

2．生产工艺流程

原料→粉碎→混合→和面→熟化→压片→切条→干燥→切断→包装→成品

3．操作要点

（1）粉碎　将小米、豇豆去杂，分别经磨粉机粉碎成粉，备用。

（2）和面　按比例称取小米粉、谷朊粉、豇豆粉、食盐、食碱，将小米粉、谷朊粉、豇豆粉混合均匀，食盐、食碱溶于适量的水后，加入混合粉中，用和面机搅

拌 10min。

（3）熟化　将和好的面团，用湿纱布盖好，室温静置熟化 20min，使面团充分吸水，进一步形成面筋网络结构。

（4）压片、切条　将熟化好的面团，在压面机上反复辊压后，经面刀切成 2mm 宽的面条。

（5）干燥　将压好的面条，悬挂，自然干燥。

（6）切断、包装　将干面条切断成 20cm，经过包装即为成品。

4. 成品质量指标

（1）感官指标　米黄色，表面结构细密、光滑，有嚼劲，富有弹性，咀嚼时爽口、不粘牙，具有小米清香味。

（2）理化指标　落杆率为 5.4%，熟断条率为 2%，蒸煮损失率为 8.6%。

三、小米酒糟鲜湿面条

本产品是以小米酒糟为原料研制生产的小米酒糟鲜湿面条，它丰富了酒糟产品种类，开辟了酒糟综合利用新途径。

1. 生产工艺流程

高筋小麦粉、小米酒糟粉混匀→和面→熟化→碾压成型→成品鲜湿面条

2. 操作要点

（1）小米酒糟粉的制备　将小米酒糟置于鼓风干燥箱中烘干，再放入粉碎机中粉碎，通过 80 目筛，得到 80 目小米酒糟粉。

（2）和面　称取高筋小麦粉，然后加入占面粉 5% 的过筛小米酒糟粉、1.6% 食盐、60% 的水，混合均匀，置于和面机中和面 9~10min，形成不含生粉的面坯。

（3）熟化　将和好的面团放入密封袋中，于室温下静置一段时间。在合适的范围内，增加时间能使面团自动改变其内部结构，进一步吸收水分，形成致密的网络。熟化时间 15min。

（4）碾压成型　将熟化后的面团放入小型压面机中，经多级辊道反复压片，形成组织细密、薄厚均匀、表面光滑平整的面带，再由压面机制成面条，即得成品鲜湿面条。

四、南瓜小米营养粥

1. 原料配方

小米：糯米：南瓜：水：木糖醇＝80：20：200：3000：280，黄原胶、琼脂、

卡拉胶和 CMC-Na（羧甲基纤维素钠）的添加量分别为营养粥总质量的 0.20％、0.20％、0.10％和 0.05％。

2. 生产工艺流程

南瓜块→稳定剂→水

原料→选择→清洗→浸泡软化→煮制→装罐→封盖→杀菌→成品

3. 操作要点

（1）原料选择清洗　去除虫咬、腐败等不可食的南瓜后，将南瓜在消毒池中浸泡 20min。再用清水冲洗干净，人工去皮、去籽，切成 1cm³ 的小块。小米、糯米要求无霉变、虫蛀现象，存放期不超过 1 年、大小均匀、色泽鲜亮、有光泽、无杂质。

（2）原料的预处理　小米、糯米等应当进行浸泡处理，处理时间为 60min 左右。

（3）煮制　量取一定量的水倒入锅中加热，当水温达到 60℃时，将小米等原料（含浸泡的水）一起加入锅中加热，使其迅速烧开，烧开后煮约 15min 加入木糖醇，然后用文火慢慢煮制，加入调配好的稳定剂，最后在 1h 左右加入南瓜块。总煮制时间大约为 1.5h，这时粥汁即成稳定的溶胶状态。

（4）装罐、封盖　将成品趁热装罐、密封，以保证罐内能形成较好的真空度。罐中心的温度约为 80℃。

（5）杀菌　若采用一次性塑料罐包装则不适合高温杀菌，早餐粥的保存期大约为 1～2d。若采用铁罐包装则可进行杀菌，由于该食品酸度低，pH 值为 7 左右，并含有丰富的蛋白质，因此应以高温方式杀菌。杀菌公式为 10min—20min—10min/121℃。杀菌时应将罐倒放，冷却后再将罐正放，这是因为杀菌时罐头顶隙充满蒸汽，冷却后蒸汽冷凝在食品上层（影响感官品质），而倒放杀菌则可以避免这种现象的发生。

4. 成品质量指标

（1）感官指标　外观色泽呈金黄色；具有南瓜的清香味及小米香；口感滑润柔和，香甜细腻、无异味；组织形态呈糯软粥状，黏性适度，内容物分布均匀，无硬粒及回生现象；无肉眼可见的杂质。

（2）理化指标　总固形物 18％～20％，总糖 7％～10％，pH 值为 7 左右，砷≤0.3mg/kg，铅≤0.5mg/kg，铜≤5.0mg/kg，锡≤150mg/kg。

（3）微生物指标　细菌总数≤100CFU/g，大肠菌群≤20MPN/100g，致病菌不得检出。

五、南瓜小米快餐粥

1. 生产工艺流程

<pre>
                            软玉米糁
                              ↓
南瓜→清洗→去皮去瓤→切块→干燥→混合膨化→粉碎→过筛→软玉米南瓜粉
                                                          ↓
        小米→淘洗→浸泡→脱水→熟化→脱油→α-小米→混合调配→成品
</pre>

2. 操作要点

（1）α-小米的制备　以色泽均匀、颗粒饱满、无虫害、无霉变、无杂质的小米为原料。用清水淘洗干净后，放入 60～70℃ 的温水中浸泡 24h，加水量不宜太多，以水面浸没小米 1～2cm 为宜，以免损失小米中的营养成分，使小米的含水量达到 40% 左右时为止。这样脱水后米粒酥松，复水性好。将浸泡好的小米利用筛网沥干水分，然后用起酥油对小米进行油炸，使小米脱水、熟化。脱水温度以 180℃ 左右为宜，在此温度下脱水，米质酥脆，无焦味，复水性好。然后对小米进行脱油，得到 α-小米。小米脱油后，含油量降低，易于保存，而且符合传统风味。

（2）软玉米南瓜粉的制备　选择内部呈金黄色，味较浓，无虫蛀、无霉变的南瓜为原料。利用清水将表皮清洗干净后，用刀去皮去瓤，切成 5mm³ 左右的小块，然后利用热风干燥机对其进行干燥，干燥温度为 65～85℃，若温度太低，干燥速度太慢，易腐烂变色。若温度过高，易产生焦味，破坏南瓜的色香味。

将预先进行软化的玉米糁和干燥后的南瓜块按 5：1 的比例进行混合，然后送入膨化机中进行膨化，为达到较好的膨化效果，膨化温度控制在 180℃ 左右。将膨化好的混合料，利用粉碎机进行粉碎，并过 40 目筛，即得软玉米南瓜粉。

（3）混合调配　将上述制得的软玉米南瓜粉和 α-小米按照一定的比例充分混合后，即得成品南瓜小米快餐粥。食用时用热水冲调即可食用。

六、小米杂粮快餐粥

1. 生产工艺流程

　　原辅料→预处理→煮制（蒸制）→冷冻→干燥→混合→包装→成品

2. 操作要点

（1）原辅料　小米、绿豆、豇豆、黄原胶和羧甲基纤维素钠。

（2）速食米制备　将洗净的小米迅速倒入锅内，保持 95℃ 左右加热 4～6min。

煮米时加水量以米重的 4~8 倍为宜，煮米时间控制在 5min 左右；小米煮后取出放入蒸锅中用 100℃ 蒸汽蒸 30min，然后用室温水（最好 17℃ 以下）浸渍 1~2min，在 −20℃ 条件下冷冻，解冻 10min 后再鼓风干燥 10min 即得速食米。

（3）速食绿豆制备　除去杂物，凉水浸泡 12h，用 100℃ 蒸汽猛蒸 30min，至绿豆彻底熟化，大部分裂口为止。取出在 −20℃ 条件下冷冻，最后鼓风干燥 2~3h，至绿豆含水量达 5%~7% 为止。干燥后绿豆应有 90% 以上的开花率。

（4）速食豇豆制备　同速食绿豆，只是在蒸制前应煮制 5min。

（5）混合　将上述制得的速食米、速食绿豆和速食豇豆按一定比例进行混合，为了使产品组织形态稳定均一，在产品中加入适量的黄原胶、羧甲基纤维素钠复合增稠剂。

（6）包装　将已配比好的产品真空包装即为成品。

七、无糖小米南瓜即食营养糊

1．生产工艺流程

木糖醇、南瓜粉、稳定剂（麦芽糊精）

↓

原料小米→筛选→清洗→干燥→磨粉→烤制→包装→成品（冲调）

2．操作要点

（1）筛选、清洗　除去杂质，选出优质小米。利用清水将小米清洗干净。

（2）干燥　将经过清洗的小米放入恒温 100℃ 干燥箱中干燥 40min（用小米粉把烤盘铺满，厚度约 1cm）。

（3）磨粉　将经过干燥的小米利用粉碎机进行粉碎，并过 120 目筛。

（4）烤制　将占小米粉 6% 的南瓜粉、4% 的木糖醇、8% 的麦芽糊精和小米粉混合，然后将混合物进行烤制，烤制温度 240℃，烤制时间 15min（用小米粉把烤盘铺满，厚度约 1cm）。

（5）成品（冲调）　粉水比 1:3，建议水温 90℃。

3．成品质量指标

色泽：糊体为正常黄色，颜色均一，无异色；组织形态：糊体均匀，组织细腻，无结块，无分层；香味：香味纯正浓厚，滋味悠长；口感：浓郁的香味，口感纯正，甜度适宜；复水性：易溶解，有极少量的结块。

八、小米方便米饭

1．生产工艺流程

小米→清理→清洗→浸泡→蒸制→烘干→包装

2．操作要点

（1）清理及清洗 包括清除掉砂石、霉变粒、异种粮粒等杂质，以免影响最终产品的感官状态和质量。若不进行清洗而直接浸泡，由于粉状杂质多，浸泡水浑浊，在米粒的表面附着一层粉状物，堵塞了米粒的毛细孔，水分子难以进入米粒内部，降低了米粒的吸水速度。另外，大量粉状物的存在增加了液体的浓度，降低了浸泡水的渗透性，延长了浸泡时间。为了减轻清洗对产品品质的影响，本产品生产采用 10 倍的水清洗 2 次。

（2）浸泡 浸泡的目的是提高小米的含水量，以利于糊化，改善成品质量。浸泡的温度、时间和加水量都对小米浸泡后的含水量有直接影响，浸泡后的小米含水量会直接影响糊化的程度。本产品生产中小米浸泡的温度为 40℃，浸泡时间为 40min。

（3）蒸制 蒸制是小米方便米饭制作工艺中关键的环节之一。在这一阶段，淀粉逐渐完成糊化过程。用于制作方便米饭的蒸制方式有多种，如加压蒸制、常压蒸制等。本产品采用常压蒸制方式，即选用普通蒸锅在 100℃进行蒸制糊化，蒸制时间为 20min。

（4）烘干、包装 在烘干过程中能否保持米的糊化状态，关系到小米方便米饭的品质。一般来说干燥后 α-化程度越大，复水后品质越好。方便米饭的干燥方式有多种：常压干燥、减压干燥、对流干燥、冷冻干燥等。本产品采用常压鼓风干燥，烘干温度为 100℃，烘干时间为 25min。产品烘干后经包装即为成品。

九、小米馒头

馒头是我国北方人们的主食之一，本产品是将小米粉添加到面粉中制成的小米馒头，其开发对改善人们的膳食结构，增加农业附加值具有重要意义。

1．生产工艺流程

酵母→活化→加入其他辅料→和面→发酵→整形→蒸制→成品

2．操作要点

（1）酵母活化、和面 先用温水活化酵母，然后在面粉中加入小米粉和其他辅料，面粉用量 80％、小米粉用量为 20％，加水量占粉料的 49％，单甘酯占粉料4％，谷朊粉占粉料 1.5％，其中酵母的添加量是原料质量的 1.0％。和面时间控制在 15min 以内，要求面团调和均匀，无生粉夹杂其中，以免影响面团品质。

（2）发酵 将上述调制好的面团在相对湿度 85％、温度 38℃的恒温发酵箱中发酵至成熟。

（3）整形 采用手工成型的方法，将面团搓成 50g 的圆形馒头坯。

（4）蒸制 按照常规馒头的蒸制方法进行即可，蒸制结束后取出经冷却即为成品。

3．成品质量指标

自然淡黄色，表面光滑，形状对称，纵剖面气孔小而均匀，咀嚼时有嚼劲，爽口不黏牙，有小米清香味。

十、小米全粉婴儿面片

本产品是一种小米全粉复配高筋面粉的婴儿面片，可提供婴儿生长需要的大量蛋白质和矿物质；它还具有短、小、薄的优势，可以适应婴儿还不健全的咀嚼、吞咽和消化吸收系统。

1．生产工艺流程

小米→粉碎→加面粉混合→调制面团→醒发→压片→干燥→成品

2．操作要点

（1）小米粉碎　采用粉碎机对小米进行粉碎，粉碎后小米粉过 80 目筛。

（2）调制面团　取一定量的高筋面粉，在其中添加 10％的小米粉，混合均匀后放入和面机进行面团调制，搅拌至豆腐渣状颗粒但手捏成团时，再放入和面机中继续搅拌，至面团圆润光滑时为止。

（3）醒发　将上述调制好的面团装入塑料袋中，室温下醒发 25min。

（4）压片、干燥　面团醒发后用擀面杖压成厚片状，用压面机压制，在此过程中依次调整压面机辊间距至 1mm，最终压出厚度约 1.0mm±0.1mm、直径为 30.0mm±0.1mm 的面片。最后将制作的面片干燥 40min，得到干面片。

十一、小米甜沫粉

甜沫是泉城济南的一种特色早餐，通常是将小米粉倒入开水锅中，放入适量的青菜叶、盐、花生、赤豆、豆腐泡、粉条等，再调入花椒粉、胡椒粉等辅料熬煮而成。成品爽滑适口，鲜香微辣，但其制作程序繁杂，用料多。采用现代工艺生产可快速冲调的甜沫粉，具有良好的市场前景。按照此工艺生产的小米甜沫粉可冲调性好，具有纯正的小米香味，色泽淡黄，口感细腻，既可以制作甜沫，也是各种营养食品、固体饮料、特色饼干、饮料和休闲食品的优质原料。

1．原料配方

小米 60％～70％、玉米 10％～20％、大米 15％。

2．生产工艺流程

小米等原料→精选→粉碎→混匀→加水调质→挤压膨化→粗粉碎→微细粉碎→

包装→成品

3．操作要点

（1）粉碎　将主要原料分别粉碎至 30 目左右，玉米去皮后再进行粉碎。

（2）混匀　将粉碎好的各种原料混匀，加入 0.5％～0.7％的分子蒸馏单甘酯，以增进产品的可冲调性。

（3）加水调质　将混匀后的粉放入拌粉机，加入适量水，使混合料中的水分含量达到 16％左右，搅拌 10min，成为预膨料。

（4）挤压膨化　开机预热 30min 后，将预膨料加入膨化机中膨化，膨化出的物料经风冷后备用。

（5）粗粉碎　将风冷后的物料尽快进行粗粉碎，粉碎细度为 40 目左右，注意控制水分，避免水分过高。

（6）微细粉碎　粗粉碎后的物料直接进入微粉机，粉碎至 100 目左右，其水分含量应该在 6％以下，然后直接包装即可。

食用时直接把开水倒进盛有甜沫粉的容器里，搅拌均匀即可。然后放入青菜叶、花生粒、豆腐、粉条等，配以花椒粉、胡椒粉煮 5min，一碗地道的甜沫就制作成功了。如果再进一步开发，可以制作各种风味的调料袋，直接放入甜沫粉中，则更省去了熬煮的麻烦，并且便于携带，食用方便，是发展小米食品的一种重要形式。

十二、麦丽素

麦丽素是由小米、玉米、大米混合后经膨化形成的膨化球，再涂裹一层均匀的巧克力，经上光精制而成。麦丽素具有光亮的外表、宜人的巧克力奶香味，入口酥脆，甜而不腻，备受消费者特别是儿童的喜爱。

1．原料配方

（1）心料配方　小米 40％、玉米粒 30％、大米 30％。

（2）巧克力酱料配方　可可块料 12％、可可脂 30％、全脂奶粉 13％、糖粉 45％，另加占上述原料 0.5％的卵磷脂及适量香兰素。

（3）糖液配方　白砂糖 1kg、蜂蜜 0.1kg、牛奶 0.5kg。

2．生产工艺流程

原料→膨化→球形心料→分次涂裹巧克力酱→成圆→静置→抛光→包装→成品

3．操作要点

（1）膨化原料制备　玉米经清选，去除发霉粒、瘪粒、石子等杂质，经润水处理后破碎成玉米渣，同时除去玉米胚和皮。大米、小米经清选除去沙子等杂质。

（2）心料制备　将玉米渣、大米、小米充分混合，用膨化机膨化成直径为 1cm 左右的小球。

（3）巧克力酱制备　预先将白砂糖粉碎后过 100 目筛，可可脂在 42℃左右的温度下熔化，然后加入可可液块、全脂奶粉、糖粉、卵磷脂搅拌均匀。酱料的温度控制在 60℃以内。巧克力酱用精磨机连续精磨 18～20h，温度应控制在 40～45℃。在精磨将要结束时，加入香兰素。酱料的含水量不超过 1%，平均细度达到 20μm。

（4）糖液制备　1kg 白砂糖加入 1kg 水、0.1kg 蜂蜜、0.5kg 牛奶（也可用奶粉冲调成相当浓度的奶），搅拌均匀，使糖溶解。

（5）浇糖液　先将心料按糖衣锅生产能力的 1/3 量倒入锅内，开动糖衣锅的同时开动冷风，将糖液以细流浇在膨化球上，使膨化球表面均匀地裹一层糖液。

（6）分次涂裹巧克力酱　待心料表面的糖液干燥后，加入巧克力酱，每次加入量不宜太多，待第 1 次加入的巧克力酱冷却而且结晶后，再加入下 1 次料。如此反复循环，心料表面的巧克力酱一层层加厚，直至所需厚度，一般为 2mm 左右，心料与巧克力酱的质量比为 1∶3 左右。

（7）成圆、抛光　成圆是在抛光机中进行的，通过摩擦作用对麦丽素表面凹凸不平处进行修整，直至圆整为止。然后从抛光机内取出，静置几个小时，以使巧克力内部结构稳定。抛光时注意锅内的温度并不断搅动，必要时开启热风，以加快抛光剂的挥发。上光时需要加入抛光剂，抛光剂的组成为 40g 树胶溶解在 100mL 水中，紫胶与无水乙醇按 1∶8 的比例配制。一般先倒入紫胶，后倒入树胶。

（8）包装　当麦丽素球体外壳达到工艺要求的亮度时即可取出，剔除不合格产品后立即进行密封包装。

十三、膨化小米锅巴

1．原料配方

（1）膨化锅巴配方　小米粉 90%、淀粉 8%、奶粉 2%，调味料适量。

（2）调味料配方　海鲜味：干虾仁粉 10%、食盐 50%、无水葡萄糖 10%、虾干香精 10%、葱粉 5%、味精 10%、姜 3%、酱油粉 2%；鸡香味：食盐 55%、味精 10%、无水葡萄糖 19.5%、鸡香精 15%、白胡椒 0.5%；麻辣味：辣椒粉 30%、胡椒粉 4%、精盐 50%、味精 3%、五香粉 13%。

2．生产工艺流程

小米→精选除杂→清洗→混合→加水搅拌→膨化→冷却→切段→油炸→调味→包装→成品

3．操作要点

（1）精选除杂、清洗　精选小米除去砂石等杂物，然后用清水清洗干净。

（2）混合　将原料按配方充分混合，然后边进行搅拌边掺水，用水量约为总量的 30%。

（3）膨化　开机膨化前先将水分较多的小米放入机器中，然后开动机器，使湿料不膨化，而容易通过喷口。运转正常后再加入 30% 水分的半干粉出条，若条太膨松，说明加水量少；出条软、无弹性、不膨化，说明含水量过多。这 2 种情况都应避免，要求出条后半膨化、有弹性、有均匀小孔。如果出来的条子不合格，可放回料斗重新混合挤压，但一次不能放入太多。

（4）冷却　出来的条子冷却几分钟，然后用刀切成小段。

（5）油炸　当油温为 130～140℃ 时，放入切好的半成品，料层约厚 3cm。下锅后将料打散几分钟后，打料时有声响便可出锅。出锅前为白色，放一段时间变黄白色。

（6）调味、包装　炸好的锅巴出锅后应趁热一边搅拌一边加入各种调味料，使其均匀地撒在锅巴表面上，并尽快计量包装。

4．成品质量指标

外观整齐、颜色浅黄色、膨松均匀，无焦煳状和炸不透的产品；香脆、不粘牙，调味料喷撒均匀，符合国家相关卫生质量标准。

第二章

薏米加工技术

第一节 · 薏米概述

薏苡是一年生或多年生的禾本科药食兼用作物，又称药玉米、天谷等，其种仁叫薏米。在我国有着悠久的栽培和应用历史，现代营养化学及药理学研究表明，薏苡营养成分含量高，不含有重金属等有害物质，具有保健、美容等功效，并对某些疾病有良好的治疗作用，是一种十分有开发前景的功能性谷类作物。

一、薏苡的种类及栽培简史

薏苡属禾本科草本植物，共有 3 个种 4 个变种，分为总苞骨质和总苞壳质两大类。由于种间易杂交，形成一系列栽培品种。栽培品种又有粳、糯之分。目前，世界上薏苡栽培品种有 6 大系列，即：白壳高、矮秆，黑壳高、矮秆，花壳高、矮秆。各品种系列生育期也不相同，矮秆早熟，生育期 120d 左右，适宜北方栽培；高秆生育期 170～230d，主要在南方栽培。

薏苡原产于我国南方沿海各地，早在周代以前即有栽培，东汉《神农本草经》记载"薏苡仁，味甘微寒……久服轻身益气。"自此以后历代各家本草均有记载。日本 1716—1745 年开始从我国引种栽培，目前，越南、菲律宾、印度等国也有栽培。我国大部分地区都有零星种植，而辽宁、河北、江苏、福建等省为主产区。

薏苡在我国的栽培历史悠久，不仅作为药用，也可作为食品，是我国最早开发利用的禾本科植物之一。后汉书记载，伏波将军马援征战交趾，军士食薏苡以胜瘴气；宋代诗人陆游也曾以诗赞誉："初游唐安饭薏米……滑欲流匙香满屋。"自宋朝到清朝，薏米长期被作为宫廷珍贵食品。目前，我国开发的薏米食品有饮料、挂面、饼干、糕点等几十种产品。在日本薏米主要作为营养保健、健美食品应用，因其国内产量不足，每年都会从我国进口，80％作薏米茶，年销售额达数百亿日元。

薏米还被日本政府列为"21世纪的功能食品"而广泛推广。据《中国食品报》报道，在美国琳琅满目的保健食品中，薏米食品是最畅销的品种之一。

二、薏苡的生育特性

我国薏苡的生育特性因分布纬度而有较大的差异，突出地表现在抽穗和成熟的特性上。在北京种植南方生态区种质多半不能抽穗，而种植长江中下游生态区种质一般都能正常成熟，但生育期比北方生态区的种质长 50d 左右，说明南方的种质（特别是野生种）对光照十分敏感，北方的长日照是花器形成发育的障碍。而在南方种植（5 月下旬至 6 月下旬播种），南方种质均能成熟，北方种质（7 月 8 日播种）的生育期则比原产地缩短 30～70d，长江中下游生态区的种质在南宁种植，与在北京种植相比，生育期也缩短 60～70d。

有人曾做过薏苡短日照处理的田间试验：供试薏苡种质 14 个，在幼苗处于三叶期左右时，于 6 月 1 日至 6 月 30 日期间，每天限制 8h（10：00～18：00）光照。结果表明，经短日照处理后，江苏、四川、湖北、江西等长江中下游生态区的种质均在 7 月中上旬抽穗，而且南方生态区（包括海南、广西、云南、贵州等）的种质也能在 7 月中下旬抽穗，但在正常光照下则南方生态区的种质多数不能成熟。由此充分证明薏苡是短日性作物，对光周期敏感。尤其是南方的野生种质对短日照要求更为严格，表现出原始特性。

对异地试验的结果进行分析，不同生态区种质的结实状况有一定的规律。即低纬度产区的种质到高纬度地区种植，如海南的种质在南宁种植，百粒重增加 2～4g；长江中下游产区的种质到北京种植，百粒重也普遍增加 0.5～1g；相反从高纬度到低纬度地区种植，则百粒重普遍下降，纬度相差越大则百粒重降低越多。同纬度地区的种质则与海拔高度有关，海拔高处的种质在低海拔地区种植，则百粒重下降，如贵州种质到广西南宁种植，百粒重下降 2～3g，山西山区的栽培品种平定五谷到北京种植，百粒重也下降 0.8g。由此可见，灌浆与结实状况主要决定于开花与灌浆期间的气温状况，在气温适宜的情况下，昼夜温差大、气温凉爽、生育期延长，则有利于籽粒的结实与饱满。

三、薏苡的分布、生态型与多样性

据有关资料介绍，薏苡在我国苏、皖、赣、闽、湘、鄂、鲁、京、冀、豫、吉、辽、内蒙古、川、陕、粤、桂、滇等地均有种植。

通过试验观察，我国各地的薏苡在形态、生育特性上具有明显的多样性，从花序和籽粒的形成与发育的变化来看，主要与光照长度和后期的气温相关，即主要与地理纬度密切相关，其次是与垂直分布的海拔高度相关。据此我国薏苡初步可分为南方、长江中下游和北方三大生态型。

（1）南方晚熟生态型　包括海南、广东、广西、福建、台湾、云贵高原、湖南南部与西藏南部（即 N28°以南，全年日平均气温≥10℃的积温 5000℃以上，年日照时数 2000h 以下）的种质。在北京长日照下多数不能抽穗或成熟，在南宁出苗到成熟的生育时间为 175d 左右。植株高大，秆粗叶宽，在南宁和北京株高分别为 2m 和 3m 以上。这里野生种广为分布，除旱生型野生种外，在广西还分布有只开花不结实靠根茎繁衍的水生型野生种。这些种质对日长反应敏感，特别是野生种更为敏感，在北京要经过 40d 以上短日处理，才能在育种上应用。

（2）长江中下游中熟生态型　包括苏、浙、皖、赣、川、鄂、陕西南部、湖北北部等地（即 N28°～33°，全年日平均气温≥10℃的积温在 4500℃左右，年日照时数为 2000～2400h）的种质，野生种也分布很广。在北京和南宁种植，株高分别为 2.2m 和 1m 左右，出苗到成熟的生育时间分别为 200d 和 140d 左右。这一生态区种质引到北京种植，生育期比原产地延长，籽粒灌浆期及昼夜温差较大，因此，百粒重比原产地增加，产量较高。

（3）北方早熟生态型　包括北京、河北、河南、山东、山西、辽宁、吉林、黑龙江、内蒙古、新疆等地（即 N33°以北，全年日平均气温 10℃的积温 4400℃以下，年日照时数为 2400h 以上）的种质。植株中矮，在北京和南宁的株高分别为 1.6m 和 0.8m 左右，秆细叶窄，主茎节数较少。出苗到成熟的生育时间分别为 150d 和 80d 左右。对日长反应敏感，引到南方种植，生育加速不能满足经济产量。东北与内蒙古的种质引到北京，也提前成熟，产量很低。同纬度或海拔相近的山东、山西的栽培品种，在北京地区种植，每公顷的产量可达 3000kg 左右，可直接利用。

我国薏苡丰富多样，除在生态类型上可分为相对独立的三大类型外，在生长习性上可分为水生、旱生两类，在形态上如株型、花序稀密、果实大小、粒色、茎色、苗色和分蘖习性上均有较大差异。例如广西的多年生水生野生种株型瘦高，叶片窄长，花序稀疏，是一种开花不结实的类型。薏苡雌花柱头可分为紫色、白色两种，果实大似樱桃。如北方野生种果形为扁球形，百粒重可达 50g 以上，而海南的白沙川谷，粒小如高粱，百粒重仅 6.7g；栽培品种中，大粒的滇二百粒重达 16g，而安徽的石英薏苡百粒重才 5.9g，粒重相差一倍以上。此外，同省不同海拔高度的种质，粒重差异也大，如贵州盘州市的五谷子（海拔 1520m）百粒重达 10.7g，而海拔 640m 的望谟县大观镇的五谷子百粒重仅 6.9g。

四、薏米的营养价值和药用价值

（一）薏米的营养价值

随着科学技术的发展，对薏米营养成分的研究不断深入。据测定，日本产薏米中粗蛋白含量 17.6%，脂肪含量 7.2%，淀粉含量 51.9%，灰分 2.3%；我国山西产薏米蛋白质含量 16.2%，脂肪含量 4.65%，淀粉含量 70.15%。李明河发现，我国南方产薏米每百克含蛋白质 13.7g，脂肪 5.4g，淀粉 64.9g，钙 72mg，磷 242mg，铁 5.8mg，维生素 B_1 0.41mg，维生素 B_2 0.16mg，维生素 B_3 2.3mg。中国农科院特产研究所种植的薏米经成分测定，其蛋白质含量 15.92%，脂肪 6.083%，总磷 6.628%，钙 178.64mg/kg，铁 76.14mg/kg，锌 23.52mg/kg，锰 2.22mg/kg，镁 19.49mg/kg，铜 2.94mg/kg，并含有 17 种氨基酸，其中 8 种为人体必需氨基酸。

从薏米营养成分含量测定结果可以看出，薏米的蛋白质含量比大米、玉米高（大米 7.0% 左右，玉米 9.9% 左右），脂肪含量也比玉米（4.4%）高。同时，有关专家分析发现，薏米内重金属及有毒物质残留量极低，是典型的"绿色食品"。而薏米中所含有的各种微量元素大多是人体必需的，基本上符合世界卫生组织公布的人体必需微量元素要求。

经研究发现，薏米含有许多活性成分，如：薏苡仁酯、薏米素、阿魏酰豆甾醇、薏米多糖等。经现代研究表明，薏米还具有美容养颜的功效，在日常生活中长期食用不仅能够使皮肤变得更加细腻有光泽，同时，还能够消除粉刺以及雀斑等，改善皮肤肤质和皮肤弹性等。薏米对于消化不良、便秘等问题也有着一定的缓解效果。薏米在肠胃中易于消化，对于病后恢复阶段的病人而言，有着较高的滋补疗效。

（二）薏米的药用价值

在药用价值方面，薏米在我国民间被作为一味中药成分使用。在《本草纲目》中，对薏米的药用价值进行了全方位的概括，其健脾益胃、清热祛湿，同时，长期食用还能够养颜驻容、延年益寿。薏米的药理作用在我国古代医药书中有许多记载，《神农本草经》《名医别录》等列薏米为上品，性味甘，主治湿气，可消除水肿、久风湿痹，常服轻身益气。薏米作中药，具有利尿、健脾、补肺、祛湿热、排脓的功效。

对薏米的药理研究表明，薏米还有如下功效：可促进新陈代谢，久服可促使皮肤润滑光泽，防止皮肤干燥和鱼鳞状皮肤发生；有祛除溃疡组织的作用，可阻止癌细胞的增殖和转移；是消痔的特效药，对雀斑也有显著的疗效；此外对胃病、糖尿病、前列腺肥大等疾病也有一定的治疗作用。

近代早期研究证明，薏米有解热、镇静、镇痛作用，对离体心脏、肠道有兴奋作用。现代研究证明，薏米提取物阿魏酰豆甾醇和阿魏酰菜子甾醇是具有诱发和促进排卵作用的活性物质；薏米乙醇提取物可抑制艾氏腹水癌，丙酮提取物可抑制肝腹水。临床证明，晚期癌病患者服用薏米有延长生命的效果。我国学者的研究还证明，薏米水提取物中的中性多糖葡聚糖混合物及酸性多糖，均有生物活性。薏米种仁中所含的薏苡仁酯、薏米素、顺十八烯酸、β-豆甾醇、γ-谷甾醇、微量的α-谷甾醇和硬脂酸等对子宫癌、直肠癌、乳腺癌有抑制作用。

现代医学领域的进一步研究表明，薏米本身富含膳食纤维，长期食用薏米能够平衡人体血液中的胆固醇含量，能够预防心梗以及动脉硬化等疾病的发生。而当前人们对身体亚健康状态的关注度较高，加上心脑血管类疾病发生率高，且发病年龄逐渐低龄化，促使人们对薏米的营养保健功能给予了更多关注；同时，薏米中所富含的薏苡仁酯成分，能够抑制癌细胞（如胃癌等）生长。

第二节 · 薏米焙烤食品

一、菠菜薏米保健面包

1. 生产工艺流程

面粉→预混
↓
新鲜菠菜叶→破碎→榨汁→过滤→菠菜汁→面团调制→发酵→分割搓圆→整形→醒发→烘烤→冷却→成品

2. 操作要点

（1）原料预处理　选取新鲜的菠菜叶，经过清洗破碎后，用榨汁机将其制成浆液，过滤取汁备用。选取色泽白、完整、杂质少的薏米，去除杂质后用清水洗净，干燥完全后碾磨成粉状。酵母粉需用30℃水活化。

（2）面团调制　将所需材料（黄油除外）按一定比例搅拌均匀后，投入和面机中（500g高筋面粉中需加入蛋液40g、奶粉24g、面包改良剂2.5g、盐5g、温水250g）。先慢速和面3～5min至添加料成糊状后，以中速和面5～10min，至材料基本成团状。再加入所需量的黄油（500g高筋面粉中需加入黄油50g），中速和面8～10min，至面筋完全扩展、面团可以两手轻拉出薄膜状时停止。面团理想温度为26℃。在调制面团过程中加入菠菜汁、薏米粉和白砂糖，以面粉为基准，菠菜汁、薏米粉和白砂糖的最佳添加量分别为12％、6％和16％。

（3）发酵　将醒发室温度控制在36～40℃，相对湿度为80％～85％，pH值控制在5～6，发酵90～100min。

（4）整形　将发酵后的面包坯揉成直径为6～8cm的长条形，然后分割成若干约100g的小面团，揉搓成光滑细腻的球形，静置5min。

（5）醒发　醒发温度为38～40℃，相对湿度为80％～90％，醒发60min左右。

（6）烘烤　将烤箱顶火调为120℃，底火调为160℃进行预热。预热完成后放入面包坯，顶火调为 160℃，底火 200℃，烘烤约 5min，待面包变为淡黄色后取出，在其表层刷蛋液，再进行烘烤，至面包有光泽变为焦黄色即可。面包烤熟后立即取出、冷却。

3. 成品质量指标

（1）感官指标　呈淡绿色，细腻松软、香气浓郁，具有独特的风味和口感。

（2）理化指标　水分 11.82％，蛋白质 7.91％，脂肪 0.53％，酸度＜40°T。

（3）微生物指标　大肠菌群＜0.3MPN/g，无致病菌。

二、苦瓜薏米保健面包

1. 原料配方

面粉 500g、苦瓜汁 30mL、薏米粉 20g、白砂糖 45g，油脂、酵母和水适量。

2. 生产工艺流程

面团调制→发酵（中间翻面一次）→整形→醒发→烘烤→冷却→包装→成品

3. 操作要点

（1）原料预处理　面粉过筛，备用；酵母用 7 倍水（30℃）活化。

（2）面团调制　将全部面粉投入和面机中，再将油脂以外的其他辅料一起加入和面机中，搅拌均匀后，加入活化的酵母溶液、苦瓜汁和适量的水，慢速搅打 2～3min，使所有材料成为黏糊的状态后，以中速搅打 3min 至面团成胶黏状后放入油脂，慢速搅打 1min 油脂均匀后，再以中速搅打 8min。此时为面筋的扩展阶段，再快速搅打 1～2min，至面团具有良好的扩展性及弹性即可。此时面团理想温度为 27℃左右。

（3）发酵　搅拌好的面团放入容器内发酵。发酵室工艺参数为 28℃，相对湿度 70％～75％，时间为 80～100min。

（4）整形　发酵成熟的面团用不锈钢刀切成 150g 左右的生坯，用 5 个手指捏住小面块，手心向下，在台板上做旋转运动，直至将面块搓成表面光洁的球形面团。整形后装入涂有一层油的烤盘中。

（5）醒发　成型后的面包坯放到已刷上油的烤盘上，送入醒发箱内醒发。醒发温度为 38～40℃，相对湿度为 80％～90％，时间为 45～60min。生坯发起的最高点略高出烤模上口或者面包坯膨胀到原体积的 2 倍左右时，即发酵成熟。立即取出，入炉前在面包坯上刷一层蛋液或葡萄糖浆。

（6）烘烤　烘烤温度可定为入炉上火 180℃、下火 190℃，后同时升至 210～220℃，时间为 10～15min，至面包表面金黄色即可。

（7）冷却包装　出炉后面包自然冷却一段时间。温度达到 32℃左右即可包装。

三、苦荞薏米保健面包

1. 原料配方 (占面粉比例)

苦荞粉 10％、薏米粉 15％、糖 14％、盐 1.2％。

2. 生产工艺流程

原料预处理→调粉→发酵→整形→装盘→醒发→烘烤→冷却→成品

3. 操作要点

（1）原料预处理　薏米、苦荞磨粉、过筛，备用；面粉过筛，备用；酵母用水（30℃）进行活化。

（2）调粉　按照配方的比例，将各种原辅料按照一定的顺序放入和面机中进行面团调制即调粉，调至面团表面光滑，具有良好的扩展性及弹性。

（3）发酵　将调制好的面团放入发酵箱内发酵。发酵室温度 28℃，相对湿度 70％～80％，发酵时间 90min。

（4）整形　将发酵成熟的面团，用压片机反复碾压，至面片光滑，细腻为止。将压好片的面片进行分块、称量，然后制作各种花样。

（5）醒发　设定醒发箱温度为 38～40℃，相对湿度为 80％～90％，醒发 60min 左右。

（6）烘烤　将烤箱预热，面火 120℃，底火 180℃，放入醒发好的面包坯，烤制 3～4min；之后调面火温度 210℃，底火温度 210℃，烤制 2～3min；最后设置面火约 220℃、底火约 140℃再烤制 2～3min，使表面色泽焦黄，取出后在表面刷油。

（7）冷却　面包经烘烤成熟后，从烤箱中取出，经冷却至常温即为成品。

四、薏米蛋糕（一）

1. 原料配方 (占面粉比例)

鸡蛋液 220％、白砂糖 100％、水 75％、色拉油 40％、薏米粉 25％、双效泡打粉 3％、食盐 2％。

2. 生产工艺流程

面粉、薏米粉、双效泡打粉

↓

鸡蛋、白砂糖、水、色拉油、食盐→搅拌打蛋→面糊调制→注模→烘烤→冷却→成品

3. 操作要点

（1）原料处理　把薏米粉、面粉分别过筛，达到去除杂质和受潮粉的目的。

（2）搅拌打蛋　将新鲜鸡蛋、白砂糖、水、色拉油、食盐放入打蛋器中，先低速搅拌约60s，待各成分混合均匀后，再转用高速搅拌，搅拌时间10～15min。当混合物泡沫均匀、细腻，且体积膨胀至原体积的2～3倍时即可。

（3）面糊调制　将过筛后的面粉、薏米粉、双效泡打粉拌匀，将混合粉料缓慢倒入搅拌好的蛋液中搅拌，搅拌速度要适中，调制面糊时间要短，以防止面粉起筋，影响蛋糕的起发性与口感，且混合时间不超过3min。

（4）注模　将面糊立即注入直径7.0cm、高5.5cm的纸杯，至约2/3处，适当振荡，使面糊更加均匀。

（5）烘烤　烘烤温度为上下火180℃，烘烤前，先将烤箱提前预热至需要的烘烤温度，然后再把蛋糕放入烤盘烘烤，当蛋糕表面呈红黄色，且观察到中间已熟透，即可出炉。总的烘烤时间为17min，烘烤结束后取出经冷却即为成品。

4. 成品质量指标

色泽：色泽均匀鲜明饱满，富有光泽，无焦煳；外观：表面丰满平整不开裂，大小一致，厚薄均匀，无破碎；口感：松软爽口，细腻、不粘牙，不干燥，不湿润；内部结构：有弹性、膨松、组织结构细密均匀无空洞；滋味与香气：甜香、松软可口，有薏米的纯正香味。

五、薏米蛋糕（二）

1. 原料配方

面粉100g、鲜鸡蛋150g、白砂糖40g、薏米4g、蛋糕油18g、泡打粉3g、水20g。

2. 生产工艺流程

（1）薏米粉制备　薏米→浸泡→湿磨→离心→烘干→粉碎→过筛

（2）蛋糕生产

　　　　　　　　　　蛋糕油　　　　　面粉、泡打粉、薏米粉
　　　　　　　　　　　↓　　　　　　　　　↓
鸡蛋、白砂糖、水→搅打→搅打成泡沫液→过筛→混料→注模→烘烤→脱模→成品

3. 操作要点

（1）制备薏米粉　将薏米洗净，浸泡24h，称取适量浸泡后的薏米湿磨5min，离心倒掉上清液，将沉淀物于50℃烘箱中干燥24h，再用高速粉碎机粉碎，过100

目筛，即得薏米粉。

（2）搅打　把鸡蛋、白砂糖放入打蛋机中，搅拌使其完全溶解后加入蛋糕油，高速搅打，使蛋液体积增加到原体积的 2～3 倍，可根据蛋液的黏度加入适量的水。

（3）过筛、混料　将面粉、薏米粉和泡打粉经网筛过筛后进行预混合，并加入到打发的蛋液中，边加边搅拌至不见生粉为止。投入混合粉时，搅拌的时间不能过长，以防止形成过量的面筋，降低蛋糕糊的可塑性，从而影响注模及成品的体积。

（4）注模　成型模具使用前事先涂上一层调和油，以方便蛋糕脱模。混合结束后，应立即注模成型。将调好的面糊灌入到模具中，入模体积约为模具体积的 2/3 即可。灌模后，可以轻轻振荡一下，使蛋糕面糊表面平整均匀。

（5）烘烤　可按常规蛋糕烘烤的规程进行，烘烤时应注意面火及底火的使用方法，一般先用底火加热数分钟后再开启面火同时加热。最后阶段关闭底火，用面火上色。

4. 成品质量指标

色泽：表面油润，顶和底部呈金黄色，色泽鲜艳明亮，富有光泽，无焦煳；外观形状：块形丰满、周正、大小一致、薄厚均匀，不黏边、无破碎、无崩顶；内部结构：切面呈细密的蜂窝状，无大空洞，无硬块；气味与滋味：甜香、松软可口，有薏米纯正香味，不粘牙。

六、红豆薏米蛋糕

1. 原料配方

红豆 25g、薏米粉 15g、低筋面粉 60g、鸡蛋 110g、白砂糖 80g、蛋糕油 3g、泡打粉 0.8g。

2. 生产工艺流程

低筋面粉＋红豆粉＋薏米粉＋泡打粉

↓

鸡蛋、白砂糖、蛋糕油→搅打→混合→注模→焙烤→脱模→成品

3. 操作要点

（1）薏米粉制备　选取品质优良的薏米为原料，将薏米清理后放入烘箱中，低温干燥使水分降低至 8% 以下，取出冷却 24h，用旋风磨粉碎后过 100 目筛，得到薏米粉备用。

（2）红豆粉制备　选取品质优良的红豆为原料，将红豆清理后放入烘箱中，低温干燥使水分降低至 8% 以下，取出冷却 24h，用旋风磨粉碎后过 100 目筛，得到

红豆粉备用。

（3）原料处理　将薏米粉、红豆粉和低筋面粉分别过筛、备用。

（4）搅打　按配方的比例将鸡蛋、白砂糖、蛋糕油放入打蛋机中低速搅打 1～2min，待混匀后改用高速搅拌，搅拌时间 10～15min，打至蛋液表面微白，泡沫细腻，体积膨胀到原体积的 2～3 倍即可。

（5）混合　按照配方将过筛后的低筋面粉、薏米粉、红豆粉及泡打粉加入到蛋液中，混合均匀。

（6）注模　先用少量食用油涂抹蛋糕烤盘，然后将面糊倒入到烤盘中，高度不超过烤盘高度的 2/3。

（7）焙烤　将蛋糕在 180℃下焙烤 20min，在焙烤过程中调整烤盘方向，防止受热不均。

（8）脱模　将蛋糕在自然条件下冷却至室温，脱模后即为成品。

4.成品质量指标

色泽：顶部及侧面暗红色，底部稍深色，色泽均匀，富有光泽；外观形状：形状良好，大小一致，外观蓬松；内部结构：内部结构细腻，呈细密的蜂窝状且蜂窝孔大小均匀；柔软度：弹韧性良好；气味滋味：香味纯正、口感松软，不粘牙，有红豆、薏米香味。

七、超微红豆薏米戚风蛋糕

1.原料配方

低筋粉 100％、红豆超微粉 25％、薏米超微粉 25％、木糖醇 40％、白砂糖 70％、蛋清 200％、蛋黄 120％、牛奶 75％、色拉油 75％。

2.生产工艺流程

原辅料处理→蛋黄糊调制→蛋清糊调制→调制面糊→注模→烘烤→冷却→包装→成品

3.操作要点

（1）红豆、薏米超微粉制备　新鲜红豆、薏米→浸泡→水洗→过滤→烘干→粗粉碎（原料粒度 10～100mm，成品粒度 5～10mm）→过筛→烘干→超微粉碎（原料粒度 0.5～5mm，成品粒度 10～25μm）→筛分→成品

（2）原料处理　将红豆超微粉、薏米超微粉、低筋粉分别过筛，鸡蛋蛋清和蛋黄分开，备用。

（3）蛋黄糊调制　将牛奶、油、糖搅拌均匀，加低筋粉混匀，再加入蛋黄进行"8"字形搅拌至均匀即可。

（4）蛋清糊调制　先将蛋清液搅打至粗白泡沫状，分 3 次加入白砂糖、木糖醇

中速搅拌，后高速打发至泡沫细腻、湿性发泡即可。

（5）调制面糊　将三分之一蛋清加入蛋黄糊中拌匀，后将蛋黄糊轻轻倒入剩余的蛋清糊中搅拌均匀。

（6）注模　将面糊立即注入烘烤模具纸杯中，送入烤箱中进行烘烤。

（7）烘烤　先将烤箱进行预热，烘烤时，上火温度170℃，下火温度145℃，烘烤时间为15～20min。

（8）冷却　出炉后的蛋糕立刻翻转倒置，使表面向下，待完全冷却即可脱模。

4．成品质量指标

色泽：均匀一致，呈红黄色，无焦煳；组织结构：组织细密，呈均匀蜂窝状；弹韧性：柔软有弹性；外形：外形饱满，无塌陷、无粘边破边；滋味及气味：有纯正蛋香味、红豆薏米的醇香，松软可口。

八、薏米发酵型饼干

发酵型饼干具有油脂含量低、糖量少、口感酥脆的特点，是一种健康低糖型饼干。本产品是以小麦粉和薏米粉为主要原料，研制出的薏米发酵型饼干。该产品薏米风味浓郁，口感酥脆，色泽金黄、均匀且微生物指标符合标准。

1．原料配方

以小麦粉质量为基准，薏米粉40％、食盐1.3％、海藻糖4％、起酥油20％、鸡蛋20％、全脂乳粉3％、小苏打0.4％、高活性干酵母1.5％。

2．生产工艺流程

原料、辅料选择与预处理→部分配料与面团调制→醒发→加入剩余配料、面团调制→第二次醒发→压延、成型→摆盘、刷油→烘烤→冷却→重金属检测→包装→成品

3．操作要点

（1）第一次面团调制　先在高活性干酵母中加入海藻糖和水活化，再与60％的小麦粉、50％的薏米粉、40％食盐、适量水混合，调制10min，揉成面团。

（2）醒发　将上述调制好的面团用保鲜膜密封，在30℃、相对湿度70％的条件下，醒发80min。

（3）第二次面团调制、第二次醒发　在醒发后的面团中加入剩余的小麦粉、薏米粉和食盐以及全脂乳粉、鸡蛋、软化后的起酥油、小苏打，揉至面团表面光滑、质地柔软，放入醒发箱中进行第二次醒发，时间为30min。

（4）压延、成型、烘烤　将醒发后的面团使用压面机连续压延8～15次，使厚度为1～3mm，然后进行印花、针刺，在200℃下烘烤10min，冷却，检测完重金

属含量后进行包装。

九、薏米曲奇饼干

1．原料配方

以低筋小麦粉添加量作为基本标准，薏米粉 35％、起酥油 55％、白砂糖 35％、鸡蛋 30％、单甘酯 0.5％、食盐 1％、小苏打 0.5％。

2．生产工艺流程

低筋小麦粉、薏米粉、小苏打、食盐、单甘酯
↓
起酥油→软化→搅打→加蛋液、白砂糖二次搅打→混合→裱花成型→焙烤→冷却→包装→成品

3．操作要点

（1）薏米预处理　选择市售符合食品卫生要求的优质薏米，将其粉碎，过 100 目筛，备用。

（2）白砂糖预处理　选择市售符合食品卫生要求的优质白砂糖，将其粉碎，过 100 目筛，得糖粉备用。糖的粒度对曲奇饼干的扩展度有很大的影响。

（3）称量　按配方要求准确称取低筋小麦粉、薏米粉、白砂糖、起酥油、蛋液、小苏打、单甘酯等各种原料。

（4）面团调制　将放在微波炉中软化后的起酥油放至搅拌机中进行第一次搅打，将起酥油打发至乳白色、细腻顺滑且颜色均一；再将白砂糖、蛋液加入打发好的起酥油里进行第二次搅打，将其打发蓬松呈糊状，颜色表现出略白，为霜状物质；之后将粉状混合物（低筋小麦粉、薏米粉、食盐、小苏打、单甘酯）混合在一起，使劲搅拌均匀，然后加入搅拌机中进行调糊，搅拌机慢速搅拌，将面团打发，至面团蓬松、柔软、富有光泽，即可取出准备制作薏米曲奇饼干。

（5）裱花成型　将搅拌好的面团装入裱花袋中，挤压至烤盘中，要求花纹清晰漂亮，外形完整干净，厚薄均匀、大小适宜。

（6）焙烤　将烤盘放入预热好的烤炉内，上火温度为 180℃，下火温度为 180℃，烤制 15min，直至薏米曲奇饼干完全成熟上色，表面呈现金黄色，富有浓郁的薏米香味，即可出炉。

（7）冷却、包装　焙烤后，薏米曲奇饼干温度很高，容易变形，需要进行冷却处理，薏米曲奇饼干不宜冷却过久，会失去酥松的口感。因曲奇饼干酥松、易碎，需要选择有防潮性能的材料进行包装，且常温避光保存。

4．成品质量指标

色泽：呈金黄色，均匀一致，表面有光泽；形状：波纹清晰，厚薄均匀；风

味：薏米味突出；口感：口感酥松，细腻，不黏牙；组织状态：质地疏松，内部结构呈细密多孔形组织。

十、紫薯薏米无糖曲奇饼干

1. 原料配方

低筋面粉 40g、紫薯 32.5g、薏米粉 15g、双效泡打粉 0.6g、黄油 17.5g、植物油 15g、麦芽糖醇 22.5g、鸡蛋 15g。

2. 生产工艺流程

黄油、植物油、麦芽糖醇→混合搅打→加入鸡蛋→搅打→紫薯、薏米粉、低筋面粉、双效泡打粉混合均匀→搅拌均匀→静置醒发→模具成型→焙烤→冷却→包装

3. 操作要点

（1）原料预处理　将紫薯洗净，去皮切成片蒸熟，随后充分捣成泥备用。

（2）称量、搅拌均匀　按照配方的要求称取各种原辅料，按顺序依次加入，使其充分混合，不能搅拌过度，以免起筋，进而影响饼干在烘烤过程中的膨胀。

（3）静置醒发　面团经稍微揉搓后，在室温下静置 12min。

（4）模具成型　在烤盘上入模成型，大小均匀，间隔适当。

（5）焙烤　将成型的饼干送入烤箱中进行焙烤，上火 190℃，下火 145℃，焙烤时间 13min。

（6）冷却　焙烤结束后，取出饼干放置于室温进行冷却，产品冷却后经包装即为成品。

4. 成品质量指标

形态：外形很完整，花纹非常清晰，厚薄很均匀，不收缩，不变形，不起泡；色泽：呈紫色，色泽非常均匀，有光泽；滋味与口感：香味强，有明显紫薯和薏米滋味，无异味，口感酥脆，不粘牙；组织结构：断面结构呈多孔状，细密，无孔洞。

十一、薏米紫薯复合营养饼干

1. 原料配方

面粉 85g、绵白糖 25g、盐 1g、淀粉 15g、柠檬酸 0.5g、奶粉 5g、鸡蛋 5g、水 10g、薏米粉 15g、紫薯泥 20g、植物油 30g、小苏打 0.8g。

2. 生产工艺流程

原料预处理→面团调制→辊压成型→摆盘→烘烤→冷却与包装→成品

3.操作要点

（1）原料预处理　选择无病虫害、无腐烂的紫薯原料，去除发芽、发绿部分，清洗、切片、蒸熟，冷却去皮后捣成泥状备用。

（2）面团调制　将称量好的水、植物油、鸡蛋、盐、绵白糖搅拌均匀，然后将混匀的面粉、薏米粉、奶粉、小苏打、淀粉、柠檬酸倒入其中，加入紫薯泥后调制面团，温度控制在 20～26℃，静置 30min。

（3）辊压成型　将调制好的面团擀成厚度为 1cm 的薄片，然后按压模具，使饼干成型，且边缘整齐。

（4）摆盘、烘烤　将成型的饼干均匀摆放于烤盘中，送入烤箱进行烘烤。上火调为 200℃，下火调为 160℃，烤制 15～20min，即可出炉。

（5）冷却与包装　取出饼干，在室温下自然冷却后，挑选色泽均匀、外形完整的饼干进行包装。

十二、薏米山药曲奇饼干

1.原料配方

低筋面粉 84.5g、薏米粉和山药粉占总粉量（130g）的 35%（薏米粉：山药粉＝2:1）、绵白糖 40g、黄油 100g、食盐 0.5g、淡奶油 30g。

2.生产工艺流程

黄油、绵白糖、食盐搅拌至混匀→加入淡奶油→搅拌至混匀→加入过筛的粉→按压至混匀→裱花成型→焙烤→出炉→冷却→成品

3.操作要点

（1）调粉　按照生产工艺的顺序依次将各种原辅料加入，进行调粉。过筛的粉包括低筋面粉、薏米粉、山药粉。操作频繁且添加量小，需要耐心。在搅拌黄油、绵白糖和食盐时要搅拌至黄油颜色变淡、绵白糖和食盐均溶化，方可结束搅拌。加入淡奶油时要分 3～4 次加入，边加淡奶油边搅拌至淡奶油与黄油混匀，方可结束搅拌。加入过筛后的粉时，要充分按压，使面粉充分揉入黄油中。

（2）裱花成型　将上述调制好的面团装入裱花袋中，挤压至烤盘中，做到花纹清晰漂亮，外形完整干净，厚薄均匀、大小适宜。

（3）焙烤　将放有裱花成型后的曲奇饼干的烤盘送入烤箱中进行焙烤，上火和下火均控制在 155℃，烘烤时间为 15min。在烘烤过程中切忌频繁打开烤箱门，以免影响曲奇饼干的质量。烘烤结束后，取出烤盘经冷却后即为成品。

4.成品质量指标

色泽：表面呈浅黄色至浅褐色，色泽很均匀，表面有光泽；酥脆度：细腻松

脆，甜并且不腻；香气：薏米和山药的香气纯正，无异味；组织形态：外表花纹完整，厚薄一致，断面结构细腻，有层次。

第三节·薏米发酵食品

一、红豆薏米酸乳

本产品是将红豆、薏米制成酶解液，辅以酸乳，研制出的一种更有利于人体健康的发酵型酸乳。成品颜色自然纯正，呈淡豆沙色，口感酸甜适中，组织状态均一细腻，具有红豆薏米香气的典型香味。

1. 生产工艺流程

红豆→浸泡→打浆→酶解→灭酶→红豆酶解液┐
薏米→浸泡→打浆→酶解→灭酶→薏米酶解液├→调配→均质→杀菌→冷却灌装→
脱脂乳粉→溶解→杀菌→接种→发酵→酸乳┘
成品

2. 操作要点

（1）红豆酶解液制备　红豆经挑选后清洗浸泡，加入适量水打成匀浆，加入蛋白酶水解，水解完成后灭酶，制得红豆酶解液。具体酶解条件：蛋白酶添加量4000U/g，酶解 pH 值为 7.0，酶解温度 55℃，酶解时间 4h。

（2）薏米酶解液制备　薏米经挑选后清洗浸泡，加适量水制成匀浆，加入淀粉酶水解，水解完成后灭酶，制得薏米酶解液。具体酶解条件：淀粉酶添加量 200U/g，酶解 pH 值为 6.0，酶解温度 50℃，酶解时间 3h。

（3）酸乳制备　将脱脂乳粉与水以 1∶9 比例溶解制成复原乳，在 95℃下杀菌10min，待冷却至 30℃时接入嗜热链球菌和保加利亚乳杆菌，接种量 3%，在 42℃下发酵 6h。发酵完成后将酸奶放入冰箱中后熟 24h。

（4）调配　将红豆酶解液、薏米酶解液、酸乳按照 1∶1∶2 比例调配成混合原料，将预先溶解好的果胶、琼脂、羟丙基二淀粉磷酸酯及白砂糖加入原料中。具体比例为：红豆酶解液 18.75%、薏米酶解液 18.75%、酸乳 37.5%、白砂糖 12%、果胶 0.15%、琼脂 0.2%、羟丙基二淀粉磷酸酯 0.1%，其余为纯净水（均为质量分数）。

（5）均质　将调配好的物料在 20～25MPa 下进行均质。

（6）杀菌　将均质好的物料在 95℃下水浴杀菌 10min。

（7）冷却灌装　饮料杀菌后经冷却、灌装后即为成品。

二、百香果薏米酸乳

百香果又名鸡蛋果，其浓郁甘美、酸甜可口，含有丰富的矿物质、维生素、蛋白质和膳食纤维等对人体有益的营养素，具有生津止渴、提神健脑、助消化的功效。本产品是将薏米与百香果干混合之后添加到牛乳中，发酵制备的一种酸乳，将两者独特的口感和味道完美巧妙地融合在一起。

1. 生产工艺流程

薏米→分选→清洗→浸泡→煮制→冷却┐
　　　　　百香果干→挑选→切块┼→混合→发酵→搅拌→灌装→冷藏→
牛乳→前处理→均质→杀菌→冷却┘
成品

2. 操作要点

（1）百香果干预处理　选择饱满、质地均匀、颜色鲜红明亮的百香果干，切为长宽高均为 0.5cm 的块。

（2）薏米预处理　对薏米进行分选，去除其中的杂质，分离发霉腐烂、机械损伤、受到虫害的米仁，用流动的自来水清洗、浸泡、煮制，待米仁晶莹剔透、颗粒饱满、有一定的弹性后，捞出冷却备用。

（3）牛乳预处理　牛乳在 72～75℃、18～20MPa 条件下均质，然后进行杀菌，杀菌温度为 120～135℃，杀菌时间为 5～10s，杀菌结束后冷却备用。

（4）混合、发酵、冷藏　向经预处理后的牛乳中添加 5% 的百香果干和 6% 的薏米，搅拌均匀，再添加由保加利亚乳杆菌和嗜热链球菌按 1∶2 组成的混合发酵剂进行发酵，发酵剂添加量 4%，发酵温度 40～41℃、发酵时间 6h。发酵结束后搅拌均匀进行灌装，再在 0～7℃冰箱中冷藏 24h，可有效促进百香果薏米酸乳芳香物质的产生，并改善产品的组织状态。

三、薏米酸奶

1. 生产工艺流程

鲜奶＋蔗糖→溶解→过滤→乳液
↓
薏米→预处理→粉碎→糊化→酶解→煮沸→过滤→薏米汁→调配→均质→杀菌→接种→混匀→分装→密封→发酵→冷藏→成品

2. 操作要点

（1）薏米汁制备

① 粉碎　用粉碎机粉碎薏米，并过 50～60 目筛，避免因粉碎过细造成过滤困难。

② 糊化、酶解　称取一定量的薏米，加 10 倍的水，在 90℃下糊化 30min 后，将糊化液降温至 70℃，边搅拌边加淀粉酶，保温 40min 后，加热煮沸 10min，冷却。

③ 过滤　用 200 目筛过滤除去粗渣，即得到薏米汁。

（2）乳液制备　选用市售的合格鲜奶，加入 7% 的蔗糖，充分溶解，过滤，备用。注意尽量缩短该工序的时间。

（3）生产发酵剂制备

① 母发酵剂　所用菌种为嗜热链球菌和保加利亚乳杆菌（两者比例为 1：1）。用 100mL 大试管在实验室内制备母发酵剂，菌种培养基与制酸奶的原料乳一致。鲜乳→灭菌→冷却至 43℃左右→接种（接种 6% 的活化菌种）→培养（43℃，3h）

② 生产发酵剂　将上述母发酵剂接种到牛乳中，进行扩大培养，制备生产（工作）发酵剂。在接种扩大阶段，对所有器具进行灭菌操作，严格避免污染杂菌，接种量为 6%。

（4）调配、均质　将薏米汁和乳液混合调配，薏米汁用量为 4%。将调配好的料液在均质机中均质，均质温度保持在 85℃左右，均质压力为 15～20MPa。

（5）杀菌　将上述均匀体系在 85～90℃条件下杀菌 10～15min，杀死混合液中的有害微生物，并使大部分乳清蛋白变性及各成分混合均匀，杀菌后冷却至 43℃。

（6）接种　将生产发酵剂以 5% 接种量在无菌条件下接种到冷却后的料液中，混合均匀后立即分装于酸奶瓶中并密封。

（7）发酵　于 45℃恒温条件下进行乳酸发酵，培养 4h，间隔 0.5h 检测 pH 值，待 pH 至 4.3、酸度为 70°T 时停止发酵。

（8）冷藏　将发酵凝固的薏米酸奶置于 4℃以下的冷库中保藏 12h，促使风味进一步形成。

3. 成品质量指标

色泽：呈酸奶特有的乳白色泽；气味：乳香突出，有清淡的薏米香气；口味：口感细腻，酸甜适口；组织状态：状态稳定，均匀黏稠，无沉淀分层现象。

四、薏米银耳复合酸奶

1. 生产工艺流程

薏米→清洗→浸泡→水煮→磨浆→薏米浆 ┐

银耳→清洗→浸泡→切碎→熬煮→过滤→银耳胶 ├→ 调配（白砂糖、稳定剂）→

脱脂奶粉→脱脂乳 ┘

均质→灭菌→冷却→接种→保温发酵→冷却→后熟→成品

2. 操作要点

（1）菌种制备

① 培养基制备　称取脱脂奶粉20g于锥形瓶中，加入已冷却至常温的开水200mL，混合均匀后得到适于菌种生长的液态脱脂乳培养基。将锥形瓶用报纸包扎好，置于高压灭菌锅中于115℃下灭菌15min，经冷却置于0～5℃冰箱中保存备用。

② 菌种活化　将贮藏于冰箱中的液态脱脂乳培养基取出，加热至43℃左右，在无菌条件下挑取一个接种环的量进行接种，再于43℃下培养6h，培养完成后取出冷却，置于0～5℃冰箱中储存。为满足试验过程中对充足菌种的需求，必须使菌种保持活力。因此实际操作中需反复接种3～4次，直至菌种活力稳定。

③ 发酵剂扩大培养　在无菌条件下，移取5%的纯培养物于已灭菌（115℃，15min）的脱脂乳中，再置于恒温培养箱中在43℃下培养，待凝固后转移至其他的灭菌脱脂乳中，反复接种3～4次，使菌种活力稳定。然后用移液枪移取3%的母发酵剂于已灭菌（95℃，5min）的脱脂乳中，再冷却至43℃，并于此温度下恒温培养3h，待凝固后，凝乳无分层现象、质地均匀、组织细腻、具有典型的乳香味，再将其置于0～5℃冰箱中保存备用。

（2）薏米浆制备　将薏米清洗干净后，以1∶3的料液比加入沸水浸泡8h，使薏米吸水软化，更易煮熟，同时可以促进薏米中植酸的分解，减少植酸对体内蛋白质、镁等营养成分吸收的影响。然后高温水煮1.5h，直至汤汁呈黏稠状，再进行磨浆，即可得到黏稠细腻无颗粒感的薏米浆。

（3）银耳胶制备　将银耳清洗干净后，去除杂质、耳蒂，以1∶5的料液比加入沸水浸泡8h，使银耳充分吸水膨胀，便于熬煮。将泡发充分的银耳切成2cm×2cm大小的碎片，高温熬煮2.5h，使之呈黏稠状，再用100目的纱布滤去银耳碎片，即可获得银耳胶。

（4）调配　准确称取一定量的CMC-明胶，少量多次慢慢加入水中直至完全溶解，使溶液呈黏稠状且不结块，再与薏米浆、银耳胶、脱脂乳、白砂糖混合，充分搅拌，使之均匀。具体各种原料用量为：薏米银耳混合浆40%（薏米浆与银耳胶的比例9∶3）、脱脂奶粉10%、CMC-明胶0.4%、白砂糖8%，其余为纯净水。

（5）均质　将上述调配好的混合原料液加热至60～70℃，在20MPa、5000r/min的条件下均质3min，即可获得混匀的溶液。

（6）灭菌、冷却　密封均质好的料液，置于灭菌锅中于115℃灭菌15min，再迅速冷却至40～45℃。

（7）接种　在无菌条件下，按4%的比例进行接种，轻微搅动，使接种均匀。

（8）保温发酵　将接种后的均匀混合物料置于43℃的恒温条件下，发酵4.5h。

在发酵过程中避免振动，以免影响最终成品的组织状态。

（9）冷却、后熟　将发酵好的酸奶，移至0~5℃的条件下进行后熟24h，以促进风味物质的产生并改善成品的口感。

3．成品质量指标

色泽乳白，无乳清析出，具有典型的酸乳风味和独特的薏米银耳香气，凝乳稳固细腻，均匀一致，酸甜适中，乳酸味浓厚且柔爽。

五、薏米牛乳混合基料发酵酸奶

1．生产工艺流程

薏米→分选→清洗→浸泡→沥干→焙烤→粉碎→调浆→糊化→冷却→酶解→薏米醪→过滤（浓缩）→薏米液→加生鲜牛乳混配→均质→巴氏杀菌→冷却→接种→发酵→降温、冷藏

2．操作要点

（1）薏米提取液制备

① 薏米分选、浸泡、焙烤、粉碎　经过分选清洗的薏米，用4~5倍清水浸泡4~6h，沥干水分后放入烘箱中焙烤，焙烤至薏米呈浅黄色，有明显的薏米香味，用粉碎机将经过焙烤的薏米粉碎至能过60~80目筛。

② 调浆、糊化、酶解　粉碎的薏米加入10倍左右的水，升温至80℃，保温1.5h，然后冷却至70℃加入α-淀粉酶和糖化酶，酶解1h后煮沸3min灭酶，趁热过滤，滤除悬浮物、残渣等，过滤液即为薏米液。要求薏米液中干物质的浓度大于20g/100mL，干物质浓度过低时可浓缩。

（2）加生鲜牛乳混配　将薏米液与生鲜牛乳按照1:1的比例混合，混匀后加热至50℃进行均质。

（3）均质、巴氏杀菌　均质压力20MPa，然后在90℃左右的温度下杀菌10min。

（4）接种、发酵　嗜热乳酸链球菌和保加利亚乳杆菌两种菌种按照1:1混合作为发酵剂，在无菌条件下接种到薏米与牛乳的混合料液中，接种量为1%，混合均匀后立即发酵，发酵温度42℃，发酵约16h后，发酵基质的pH接近4.0时即可。

（5）降温、冷藏　产品的pH值接近4.0时，立即停止发酵送入4℃冷藏柜降温，4℃保藏10h即为成品。

3．成品质量指标

（1）感官指标　凝固状态：凝块颜色乳白、无分层、无沉淀；风味：具有较浓郁的酸奶味及明显的薏米焙烤香味；口感：口感较细腻、爽滑；乳清析出：有少量乳清析出。

（2）理化和微生物指标　pH值4.2，乳酸3.4g/L，残糖1.3%，乳酸菌数6.5×10⁸CFU/mL。

六、山药薏米芡实褐色酸奶

山药、薏米、芡实都是药食同源之物，三者共同熬粥的方法自古有之，不仅口感软绵，谷香浓郁，更可以使山药、薏米、芡实等原料的滋补功效相互促进，增强其食疗效果。本产品是将山药薏米芡实浆的酶解液与复原乳混合后，经褐变处理，共同发酵制成的一种酸奶。

1. 生产工艺流程

2. 操作要点

（1）山药薏米芡实浆前处理

① 山药预处理　将新鲜山药清洗干净、去除表皮，切成小块后，按照料水比1:3加水，用组织捣碎机打成匀浆，90℃下糊化15min。

② 薏米预处理　称量一定量的薏米，粉碎后，按照料水比1:10加水，90℃糊化30min。

③ 芡实预处理　选择优质芡实用清水洗净，加入7倍的水，40℃浸泡4h，用组织捣碎机打成匀浆，85℃糊化12min。

（2）山药薏米芡实浆液化处理　将制备好的山药浆、薏米浆、芡实浆按照1:1:1混合并搅拌均匀。用小苏打调pH至6.5，加入总体积0.3%的中温α-淀粉酶（10000U/g），在55℃下液化60min。

（3）山药薏米芡实浆糖化处理　液化完成的山药薏米芡实浆用柠檬酸调节至合适pH 4.0，加入0.5%的糖化酶，在58℃的温度下，经过50min完成糖化过程。

（4）复原乳褐变处理　按照1:7的比例加水把奶粉调配成复原乳，加入8%的白砂糖，然后加入山药薏米芡实酶解液，酶解液与复原乳按1:13的比例混合。在高压灭菌锅中，121℃下加热25min，进行褐变处理。

（5）冷却　将经褐变处理的液体冷却至43~45℃，准备接种。

（6）均匀混合　将添加酶解液的褐变复原乳与添加酶解液的未褐变复原乳充分混合均匀。

（7）接种、发酵　将菌种混合到料液中。将容器密封好之后，放入温度为42℃的恒温条件下发酵12h。

（8）后熟、冷藏　将恒温发酵的酸奶置于4℃，冷藏12h后即为成品。

3. 成品质量指标

（1）感官指标　褐色且色泽均匀一致；口感细腻，爽滑，酸甜合适，发酵乳香味适中，并带有浓郁独特的美拉德反应产物的芳香，部分有奶皮，并且有奶皮的特殊口感；没有或只有少量乳清析出，组织均匀，不分层，质地柔软但不松散，黏稠度适宜。

（2）理化和微生物指标　pH值4.50，酸度84.0°T，乳酸菌数 $1.31 \times 10^8 CFU/mL$。

七、红豆薏米复合保健酸奶

1. 原料配方

牛乳8％、薏米浆10％、红豆浆20％、白砂糖6％、稳定剂0.4％、发酵剂4％、纯净水51.6％。

2. 生产工艺流程

配料（牛乳、红豆浆、薏米浆、白砂糖、水、稳定剂）→预热与均质→加热杀菌→冷却→接种→发酵→搅拌→灌装→后发酵→检验→成品

3. 操作要点

（1）红豆浆制备　红豆→拣选→清洗→浸泡（4h）→修整→打浆→红豆浆

（2）薏米浆制备　薏米→拣选→清洗→浸泡（4h）→修整→打浆→薏米浆

（3）原料乳验收　根据乳品生鲜乳有关国家安全标准对原料牛乳进行检验，按乳品企业《原料牛乳验收规程》进行验收，过滤。

（4）配料　用部分加热的牛乳溶解各种辅料。

（5）预热与均质　将各种混合料加热至65℃，然后在18～20MPa压力下进行均质。

（6）加热杀菌、冷却　将混合料加热至95℃左右煮沸，保温5min。将加热后的混合物冷却至45℃左右。

（7）接种、发酵　取4％的发酵剂接种于冷却后的混合物中。将接种后的混合物搅拌均匀后在恒温条件下进行发酵（42℃左右，3～4h），当pH达到4.6左右时，终止发酵。

（8）搅拌　将酸乳冷却至20℃左右，搅拌破乳。

（9）灌装　灌装要尽可能地迅速进行，确保每批产品质量，做到计量准确、封合严密。

（10）后发酵　短时间内使乳温从 20℃降到 10℃以下，将酸乳于 0～4℃冰箱内冷藏 12～24h 完成后发酵。

4. 成品质量指标

（1）感官指标　色泽：色泽均匀，有红豆特有的颜色；滋味：乳酸发酵的酸奶味强烈，无异味，红豆与薏米的味道协调；组织：凝乳较均匀，无气泡，不分层，无或少量乳清析出。

（2）理化指标　总固形物 14.6％，可溶性固形物 13.1％，蛋白质 2.5％，脂肪 5.1％，pH4.7。

（3）微生物指标　细菌总数≤30CFU/g，大肠菌群≤30MPN/g，致病菌不得检出。

八、发酵型薏米酸豆奶

1. 生产工艺流程

原料精选→发酵液制备与调配（薏米提取液、去腥豆浆、全脂乳液、白砂糖、乳化剂）→胶磨、均质→杀菌→冷却、接种→发酵→冷藏

2. 操作要点

（1）薏米提取液制备　将精选薏米用水清洗沥干，在恒温烘箱中，于 100℃烘烤 60min，继续加入 85℃纯净水浸泡 20min，趁热打浆，浆液置于恒温水浴中（75℃），加入适量淀粉酶，60min 后煮沸 3～4min。经离心、过滤除去残渣及悬浮物，滤液即为薏米提取液，其质量浓度为 20％左右，冷藏备用。

（2）豆浆制备　将一定量籽粒饱满、光亮无霉变的大豆置于 100℃烘箱中烘烤 60min，转入 0.45％的 NaHCO$_3$ 溶液中，90℃恒温水浴 70min，自来水清洗去皮，趁热打浆，离心，去渣取浆液，冷藏备用。

（3）发酵液制备与调配　按照大豆：薏米：全脂奶粉＝10：2.5：1.0（质量比）的比例进行混合，再加入 8％的白砂糖，选择 0.15％的 PGA（海藻酸丙二醇酯）与单甘酯（配比 1：0.5）作乳化稳定剂，在 85℃水浴中搅拌溶解，趁热利用胶体磨处理 10min，然后在 85℃进行均质（25MPa），巴氏杀菌（85℃、20min），冷却至 42℃左右。

（4）接种发酵　将制好的发酵液在无菌条件下接种（接种量为 4％，保加利亚杆菌：嗜热链球菌＝1：1），接种后在 43℃温度条件下发酵 5h，凝乳形成，于 2～4℃冰柜中冷藏。

3. 成品质量指标

（1）感官指标　凝乳状态：凝块稠密，均匀；香味：薏米豆奶香较浓，口感：细腻柔和。

(2) 理化指标　pH 值 4.25，酸度 78°T，活菌数 $18 \times 10^7 \text{CFU/mL}$。

九、Viili 薏米酸奶

Viili 是芬兰传统的乳制品，又叫 Filia，具有丝状或线状的组织，具有极其宜人的口味和较好的双乙酰风味。Viili 菌种在菌种构成上与我国的酸奶有许多不同的地方。本产品以薏米提取液代替一部分牛奶，加工成凝乳型酸奶，不仅使薏米得到有效的利用，而且使薏米的营养得到较大改善，加工成的酸奶不仅具有 Viili 酸奶的香气，而且具备薏米独特的香气，发酵后不像其他谷类一样具有发酵后的馊味，而是像乳制品一样具有发酵的芳香，适合中国人的口味。

1. 生产工艺流程

$$白砂糖 \rightarrow 溶解 \rightarrow 过滤$$

薏米→预处理→粉碎→糊化→酶解→煮沸→过滤→薏米汁→调配→均质→灭菌→接种→混匀→前发酵→后发酵→冷藏→成品

2. 操作要点

(1) 薏米汁的制备

① 粉碎　用粉碎机粉碎，过 40 目筛。

② 浸提　按料液比为 (1∶20)～(1∶30) 加入到 pH5.2 的蒸馏水中，水浴条件下浸提，得浸提液；浸提液 3000r/min 离心 10min 取上清。

③ 酶解　冷却后加 20U/g 淀粉酶到浸提液中，水浴温度 55～65℃，pH7.0，去淀粉直到碘检不变色；然后加 300U/g 糖化酶，在水浴温度 50～60℃、pH6.5 条件下处理 0.5～2h；90～110℃水浴条件下灭活 5～15min，过滤得滤液。

(2) 生产发酵剂的制备

① 生产母发酵剂　用 250mL 锥形瓶在实验室制备母发酵剂。菌种的培养基与做酸奶的培养基一致。12% 的鲜乳灭菌后冷却至室温接种（5% 的接种量），37℃培养 16h，4℃保藏。

② 发酵剂的扩大培养　将上述母发酵剂进行扩大培养，制备工作生产用发酵剂。发酵过程中严格控制无菌，防止杂菌污染。

(3) 调配　将市售的脱脂奶粉溶于调配好的料液（含 20% 的薏米汁）中，并加入 8% 的白砂糖，充分溶解，过滤。

(4) 均质　将调配好的酸奶在均质机中均质，均质温度为 80℃，压力为 80～90MPa。

(5) 灭菌　设定灭菌锅温度 115℃，灭菌时间 15min，拉下排气阀，开始灭菌。灭菌结束后，等灭菌锅中的压力降为 0 时，可打开灭菌锅，将锥形瓶从灭菌锅中取出，冷却至室温。

（6）接种　将 Viili 菌种和灭菌好的牛奶置于超净工作台中，用灭菌过的移液管以 5% 的接种量向牛奶中接种 Viili 菌种，稍微搅动，使牛奶与 Viili 菌种混合均匀。

（7）发酵　将已接种的 Viili 薏米酸奶保持半厌氧的条件放入恒温培养箱中，在 28℃下，培养 16h 左右，凝乳，然后从培养箱中拿出，放入 4℃的冰箱中保存。发酵好的酸奶挑起后成丝线状，上面有一层薄薄的天鹅绒般的白色状奶油，下面是半流体状半固体。制作好的酸奶可在冰箱中保存 7d。

十、薏米沙棘醋口服液

1．生产工艺流程

薏米→炒制→粉碎→酶解→糊化→液化→制浆→糖化→液态酒精发酵→制醋醅→醋酸发酵→醋醅加盐→增香淋醋→灭菌陈酿→调浆复配→成品

2．操作要点

（1）原料预处理　取薏米洗净晾干，炒至香味浓郁，冷却后粉碎，过 60～80 目筛，按 1∶5 料水比加水。

（2）酶解　添加 0.20% 酸性蛋白酶，于 pH 2.50、32℃恒温条件下酶解 3h。

（3）液化　将蛋白酶处理液置于沸水浴中加热糊化，加入 α-淀粉酶，于 pH2.50、80℃条件下液化 2.5h，备用。

（4）糖化　将液化后样品与沙棘浸提液 1∶1 复配，按 2.0% 的比例加入糖化酶，于 60℃下糖化 1.0h，备用。

（5）液态酒精发酵　选用活化后干酵母（0.2%）制成活化液，加至制备好的糖化醪中进行发酵，用保鲜膜封口后，29～32℃条件下发酵。发酵 2～3d 开始检测酒度，当酒度达到 6°～8°后，取出备用。

（6）醋酸发酵　在酒精发酵结束后的酒醪中（酒精含量 8%），接入 9% 新鲜培养的醋酸菌种子液（固态平板培养后接种到液态培养基摇床培养，待醋酸菌大量繁殖后接入），32℃恒温发酵，发酵时间为 6d。

（7）醋醅加盐　总酸含量达到预期指标，及时加盐，终止发酵，加盐量为薏米质量的 5%。

（8）增香淋醋　采用二次循环淋醋法，在成熟醋醅中加入灭菌后浓度约 20% 薏米水（薏米水是指薏米熬出的汁水），并浸泡 24h 得到一轮醋，过滤后浸泡 16h 复淋醋醅，过滤均质后高压灭菌，即制得薏米沙棘原醋。在淋醋阶段采用薏米水，是考虑薏米作为原料，其原有香气在发酵过程中被醋酸味覆盖削弱。为凸显原料风味，在"淋醋"步骤中用薏米水代替传统工艺中的蒸馏水进行淋醋，薏米水需过滤均质到清澈透亮（透光率 50%），不含杂质。

（9）调浆复配　在薏米原醋中加入赤藓糖醇等调味以提升口感，中和原醋的酸涩味。原醋沙棘汁经上述方式复配调浆后，产品酸度适中，口感酸甜宜人，呈淡金色，透亮有光泽。

（10）灭菌及罐装　将复配调浆后产品灭菌后装瓶即制得薏米沙棘醋口服液。

3. 成品质量指标

（1）感官指标　色泽：色泽均匀自然，半透明金黄色，有光泽；状态：状态均匀流动性好，黏稠度适中；滋味与气味：滋味柔和，酸甜适度，有发酵香气；外观：无分层，组织状态均匀。

（2）理化指标　酸度5.29g/100mL，不挥发酸＜0.5g/100mL。

十一、薏米红曲酒

薏米红曲酒是以薏米为主要原料发酵而成的营养保健酒，它最大限度地保留了薏米的营养与保健成分，还具有降血糖、防癌的功效。

1. 生产工艺流程

薏米→清洗→浸泡→煮制→蒸制→冷却、拌曲→糖化→酒精发酵→过滤、澄清→成品

2. 操作要点

（1）原料准备　选取颗粒饱满、色白、新鲜无虫蛀、无霉变的优质薏米。

（2）清洗、浸泡　将选好的薏米淋洗干净，放入温水中浸泡，水没过薏米5cm，浸泡至薏米软化。

（3）煮制和蒸制　将浸泡好的薏米煮制30min。将煮好的薏米再蒸30min，要求薏米熟而不黏，出饭率在150%～200%，含水量50%～60%。

（4）冷却、拌曲　将红曲米进行研磨，使研磨后的红曲米颗粒直径在20μm左右，待蒸煮后的薏米冷却到30～35℃后，将研磨后的红曲米均匀地拌到薏米中，保证每粒薏米颗粒都接触到粉碎后的红曲。红曲添加量为1.42%。

（5）糖化　将拌曲均匀的薏米快速分装到容器中，并用纱布封装，在30℃的温度下进行糖化，糖化时间为24h。

（6）酒精发酵　将糖化过后的糖化醪的糖度调整到16%～17%，加入0.1%～0.2%的活化后的活性干酵母（酵母活化：取20～25倍自来水，加温至35～40℃，加入2%的白砂糖，搅匀，复水活化40～50min即可使用）。改用塑料薄膜封装容器，在30℃下发酵72h，发酵结束。

（7）过滤、澄清　用纱布过滤发酵后的酒，分离出酒糟，得到成品酒。

3. 成品质量指标

（1）感官指标　色泽红润，淡雅，酒香纯正浓郁，具有薏米特有的芳香，酒体

醇和、爽适、酸甜，入口醇滑。

（2）理化指标　糖度2%，酒度4.8%vol，还原糖（以葡萄糖计）0.015mg/mL，总酸度（以琥珀酸计）0.07g/mL。

十二、薏米醪糟酒

本产品以薏米和糯米为主料，甜酒曲和白砂糖为辅料，采用半固态发酵工艺酿制薏米醪糟酒。

1. 生产工艺流程

薏米和糯米→浸泡→煮制→蒸制→冷却拌曲→发酵→薏米醪糟酒

2. 操作要点

（1）原料准备　选新鲜无虫蛀、无霉变的薏米和糯米。薏米与糯米质量比为1.4:1。

（2）浸泡　将称好的薏米和糯米淋洗干净且在33℃的水中分别浸泡24h和12h。泡胀适度，用凉开水淋洗干净。

（3）煮制和蒸制　将浸泡好的薏米煮制25min，将煮好的薏米再蒸35min，要求薏米粒熟而不黏，出饭率150%～200%，含水量50%～60%。将泡好的糯米煮15min，要求米粒熟而不黏。

（4）冷却拌曲　将经煮制即蒸制处理的薏米和糯米冷却到30℃。按1:2.5的料水比加入冷却水，加1%的甜酒曲和12%的白砂糖。

（5）发酵　用杀菌后的纱布封口，在33℃的恒温条件下发酵48h。为了使酒曲菌活力持久，发酵温度不宜过高，发酵温度过高降低了酒曲的生命力，导致异常发酵，使有机酸和醛类等物质超出正常需要量而成异味。发酵温度也不能过低，过低会延长发酵的时间，而且不能很快分解米粒的蛋白质。

3. 成品质量指标

（1）感官指标　外观：澄清透明、无悬浮物；颜色：白色；气味及滋味：醇和、酸甜，入口醇滑，具有甜米酒特有的芳香。

（2）理化指标　糖度14%～15%，pH值3.3～3.5。

十三、营养保健型香菇薏米烹调醋

1. 生产工艺流程

带壳薏米→烘焙→粉碎→液化→糖化

香菇→清洗→烘干粉碎→过筛→糖化→复合糖化醪→酒精发酵→醋酸发酵→澄清→过滤→杀菌→加盐→成品

2. 操作要点

（1）薏米糖化醪制备　选择干净的带壳薏米，因薏米质地坚硬且其淀粉不易被α化，用150℃电烤箱烘焙2～3h。用高速万能粉碎机将薏米粉碎，放入70℃恒温条件下后加水，再加液化酶保持30min，充分液化后放入高压锅中120℃、111.4kPa条件下蒸煮30min，冷却到25℃后加糖化酶进行糖化，充分糖化后用测糖仪测得薏米糖化醪的糖度为31%。此法得到的薏米醋Ca、Mg、K含量高，还有烘焙香味。

（2）香菇糖化醪制备　选择无霉变的香菇清洗干净后用恒温干燥箱烘干。用高速万能粉碎机粉碎成粉末状后加水。在底物浓度为5%、温度为50℃、pH值为5.0的条件下加入一定量的糖化酶，水解2d，使其充分糖化。香菇糖化后其糖度为9%。

（3）复合糖化醪制备　香菇糖化醪和薏米糖化醪的糖浓度分别为9%和31%，按照酒精发酵所需的最适糖浓度范围（13%～19%）对两者按1:1进行配比，然后加水稀释至糖浓度15%，这样可以使香菇和薏米的营养价值得到充分利用。

（4）酒精发酵　将干酵母预先在2%糖浓度下活化1h后加入稀释后的复合糖化醪中，酵母液用量为8%，发酵温度为28℃。发酵结束后的酒精浓度为9.6%。

（5）醋酸发酵　酒精发酵完成后，以发酵所得的酒精浓度9.6%为基础，接入醋酸菌液，用量为8%，并用通气泵通入气体在一定条件下进行醋酸发酵，发酵起始pH值为6.0，发酵温度为33℃，发酵结束后醋酸浓度为5.48%。

（6）加盐　将醋酸发酵完全的发酵液静置1d澄清后过滤，将上清液在90℃下杀菌15min，然后加盐防止细菌滋生，即为成品。

3. 成品质量指标

（1）感官指标　色泽：深褐色；香味：香菇和薏米特有的香味，浓郁的醋香，无不良气味；口感：酸味柔和，口感绵长，醇香不涩，无异味；组织状态：澄清，无悬浮，无沉淀。

（2）理化指标　总酸（以乙酸计）≥5.0%，氨基酸态氮≥0.12%，还原糖≥1.5%，游离矿酸未检出。

（3）微生物指标　菌落总数≤100CFU/mL，大肠菌群≤3MPN/mL，致病菌不得检出。

十四、薏米保健面酱

1. 生产工艺流程

制曲工艺流程：面料加水→搅拌→蒸熟→冷却→接种（加入种曲）→厚层通风

培养→面粉曲

制酱工艺流程：面粉曲→置发酵容器，加入食盐和水→酱醪保温发酵→成熟酱醪

2．操作要点

（1）酱曲种的制备　面粉由标准小麦粉、薏米粉和黑米粉组成，其中薏米粉和黑米粉分别占标准小麦粉的20％。将麸皮、面粉、水按8∶2∶7的配比充分搅拌。常压蒸煮1h，焖30min，快速冷却至40℃左右，加入种曲，接种量为总料的0.5％～1.0％，扩大纯培养，温度控制在28～30℃，培养16h左右，曲料上呈现出白色菌丝，同时产生一股曲香味（似枣子味），此时即可翻曲。经10h左右，曲料上已呈现淡黄绿色，再维持70h左右，孢子大量繁殖，呈黄绿色，外观成块状，内部较松散，用手指一触，孢子即能飞扬出来，即成为酱曲种。

（2）制面粉曲　面粉（其组成同种曲制备）与水按10∶3的比例充分搅拌，使其成为蚕豆般大小的颗粒和面块碎片，放入常压蒸锅中蒸5min。蒸熟的标准是面块呈玉白色，咀嚼时不黏牙齿而稍有甜味为好。将蒸熟的碎面块出锅后立即冷却至40℃左右，接种酱曲种（接种量为0.05％）拌匀后置于28～32℃恒温培养箱中培养12h。在培养过程中要对面料进行两次翻拌，第一次翻拌在培养16h后，过4～6h后再进行第二次翻拌，直至面料串白、发绿，有黄烟。

（3）面酱发酵　制酱发酵采用一次加足盐水法。将培养好的面粉曲置于发酵容器中，表面耙平，让其自然升温至40℃左右，一次注入14°Bé的60℃左右的盐水，压实、加盖。面粉曲与14°Bé盐水的比例为10∶7。置于53～55℃的条件下保温发酵，每天搅拌2次，4～5d后面粉曲吸足盐水而糖化，总发酵时间为17d，酱醪发酵成熟后变成浓稠带甜的酱醪。

3．成品质量指标

（1）感官指标　黄褐色或红褐色、深褐色，鲜艳，有光泽；有较浓的酱香和酯香味，无霉味及其他不良气味；味甜而鲜，咸淡适口，无酸、苦、焦煳、霉或其他异味；干稀合适，黏稠适度，无霉花，无杂质。

（2）理化指标　还原糖含量为33.6％，氨基酸态氮含量为0.35％。

（3）微生物指标　大肠菌群≤30MPN/100g，致病菌未检出。

第四节 · 薏米饮料

一、大麦芽酶解薏米饮料

本产品是以薏米为原料，利用大麦芽中丰富的酶系对其进行酶解，并以此为基

础研制出的一种薏米饮料。

1. 生产工艺流程

薏米→筛选→清洗→烘烤→粉碎

大麦芽→挑选→粉碎→调浆→活化→过滤→大麦芽汁→调浆→酶解→离心→过滤→调配→均质→灌装→灭菌→成品

2. 操作要点

（1）大麦芽汁制备

① 挑选、粉碎　挑选无病害的大麦芽，并去除杂质。将挑选的大麦芽进行粉碎，粉碎后的颗粒不宜过细。

② 调浆、活化　将粉碎后的大麦芽与纯净水按1∶8调配。将调配好的大麦芽浆液放入水浴恒温振荡器（50℃）中，活化60min。

③ 过滤　用3层纱布过滤活化好的大麦芽浆液，得到大麦芽汁。

（2）大麦芽酶解薏米饮料制备

① 筛选、清洗　筛选籽粒饱满、无病害的薏米，并除去残留的砂粒和谷壳等杂质。将筛选后的薏米进行水洗，以进一步去除灰尘及微小杂质，并沥干水分。

② 烘烤、粉碎　把清洗干净的薏米放入烤箱中150℃，烘烤30min，烘烤过程中要不时翻动，以使其受热均匀。将烘烤后的薏米进行粉碎，并过40目筛。

③ 调浆、酶解　把过筛得到的薏米与大麦芽汁按一定比例进行调配，具体比例为液料比20∶1。用柠檬酸将按比例调配的浆液pH调至5.6，然后放入恒温水浴中，在50℃下，酶解80min，酶解后将浆液加热至沸以达到灭酶的目的。

④ 离心、过滤　将酶解后得到浆液放入离心瓶中5000r/min离心10min，取上清液。将离心得到的上清液进行过滤。

⑤ 调配　将甜味剂（砂糖）、稳定剂（黄原胶和CMC-Na）按一定比例加入大麦芽酶解薏米汁中，充分搅拌使完全溶解。最佳配比为：大麦芽酶解薏米汁50%、砂糖6%、黄原胶0.10%、CMC-Na 0.15%。

⑥ 均质　把调配好的大麦芽酶解薏米汁放入高压均质机，100MPa条件下均质3次。

⑦ 灌装、灭菌　把高压均质处理过的汁液定量注入玻璃饮料瓶中。将封盖罐装的大麦芽酶解薏米汁在121℃条件下灭菌15min。灭菌后经冷却即为成品。

3. 成品质量指标

（1）感官指标　饮料色泽呈现均一的淡乳黄色，口感顺滑，清甜适口，兼有大麦芽和焙烤薏米的浓香味，流动性良好，无沉淀，然而久置会略有絮状物沉淀析出。

（2）理化指标　pH为5.5～5.7，可溶性固形物9.25%～10.18%。

（3）卫生标准　细菌总数≤100CFU/mL，大肠菌群≤3MPN/100mL。

二、大豆薏米复合饮料

1．生产工艺流程

（1）薏米糖化液制备　薏米→清洗、除杂→浸泡→沥干→烘烤→粉碎→调浆→糊化→液化→糖化→过滤→薏米糖化液

（2）豆浆制备　大豆→浸泡→去皮→煮熟→粗磨→细磨→过滤→豆浆

（3）复合饮料生产　薏米糖化液、豆浆、稳定剂、乳化剂→调配混匀→均质→灌装→杀菌→冷却→成品

2．操作要点

（1）豆浆的制备

① 原料验收　选取无霉变、颗粒饱满、无机械损伤的大豆并清洗干净。

② 浸泡　大豆的最佳浸泡条件为豆水比1∶3，温度25℃，时间6h。

③ 去皮磨浆　除去大豆表皮，目的是除去集中在大豆皮组织中的苦味物质，煮熟后添加3倍水进行磨浆，浆液过滤后备用。

（2）薏米糖化液的制备

① 原料清洗、除杂、浸泡　选取无霉变、颗粒饱满、无机械损伤的薏米并清洗干净。在常温下，用清水浸泡6h。

② 烘烤　将浸泡完成的薏米于烘盘上摊薄后放烤箱中160℃烘烤60min，并不时翻动，使其受热均匀。至薏米呈浅黄色，有很好香味时取出冷却后粉碎备用。

③ 糊化　称取一定量的薏米粉，料水比1∶10，在90℃下糊化1h。

④ 液化　将糊化液冷却至70℃，然后在此温度下加入α-淀粉酶，加入量为12U/g（淀粉），液化至碘液加入不变蓝色为止。

⑤ 糖化　将液化液温度降至65℃，加入糖化酶0.75g/500g（干粉）和1％麸皮，60min后过滤得到薏米糖化液。

（3）调配混匀　将薏米与豆浆以1∶3的比例混合，加入0.02％黄原胶、0.015％果胶和0.06％单硬脂酸甘油酯复配组合的稳定剂，得到复合饮料。

（4）均质　为使饮料中的薏米和大豆浆充分混合，细化颗粒，改善饮料的口感和感官性状，在常温常压下将混合均匀的饮料通过均质机均质两次，可生产出品质优良、口感细腻、组织状态良好的产品。

（5）杀菌　将封罐后的饮料在80℃高温下杀菌30min，然后用冷水迅速冷却到室温。

3．成品质量指标

（1）感官指标　色泽：呈豆乳的浅黄色，又带有淡淡的白色；滋味与气味：具

有淡淡的薏米及大豆的混合滋味，无异味；组织状态：均匀的液体，无水析、无沉淀、不分层。

（2）理化指标　可溶性固形物≥10%，蛋白质≥1.0%，脂肪≥0.5%，砷≤0.2mg/kg，铅≤0.3mg/kg，铜≤5.0mg/kg。

（3）微生物指标　菌落总数≤100CFU/mL，大肠菌群≤3MPN/100mL，致病菌不得检出。

三、红枣薏米蒲公英复合饮料

1. 原料配方

蒲公英汁 20mL、红枣汁 6.7mL、煮沸后薏米汁 3.3mL、甜味剂 6g、酸味剂 0.07g、黄原胶 0.02g、山梨酸钾 0.6g，加水至 100mL。

2. 生产工艺流程

（1）红枣汁制备　原料→挑选→清洗→烘烤→去核→榨汁→浸提→加果胶酶→澄清→过滤→红枣汁

（2）薏米汁制备　薏米→挑选→清洗→干燥→烘焙→熬汁→去油→再熬汁→过滤→薏米汁

（3）蒲公英汁制备　蒲公英→分选→清洗→切碎→护色→熬汁→过滤→蒲公英汁

（4）复合饮料制作　蒲公英汁、薏米汁、红枣汁→加甜味剂、酸味剂、稳定剂→灌装→高压灭菌→成品

3. 操作要点

（1）红枣汁制备

① 清洗、烘烤　将挑选好的红枣用清水洗净，沥干水分进行烘烤，温度控制在 64～67℃，能提高酶的生物活性，红枣内部糖分转化效果最佳。

② 去核、榨汁　烘烤结束后将红枣去核，将果肉放进榨汁机中榨汁，并将榨汁后的果汁和果肉放进容器中。

③ 浸提　向容器中添加果汁和果肉 7 倍质量的蒸馏水，加果胶酶（0.03%），再将其放置水浴中（温度为 50～55℃）浸提 2～3h。

④ 过滤　用双层纱布过滤，二次过滤得到的滤液为粗红枣汁。

（2）薏米汁制备

① 烘焙　将薏米平铺到烤盘中，放入烘焙箱。上下火温度控制在 135℃左右，时间为 1h 之内。烘焙过程中应不时翻动薏米，直至薏米呈现浅黄色、有香味散出时取出并冷却。

② 熬汁　将烘焙冷却后的薏米放入不锈钢锅中熬汁，料液比为 1:4。温度控

制在80℃左右，熬煮3～5min后表面会出现一层油，去除油后继续熬汁。第2次熬汁时间为30min。熬汁后经过滤即得薏米汁。

（3）蒲公英汁制备

① 护色　将挑选好、切好的蒲公英小碎段（1～3cm）浸泡在质量分数为1%的氯化钠溶液中，时间5～7min。

② 熬汁　加入蒲公英15倍质量的蒸馏水进行熬制，时间15～20min，温度85℃上下。

③ 过滤　将蒲公英汁通过双层纱布过滤2次以上。制得的蒲公英汁冷藏保存，备用。

（4）复合饮料制作

① 各种辅料添加　每100mL溶液加入甜味剂6g，酸味剂0.07g，黄原胶0.02g、山梨酸钾0.6g。将各种原辅料混合均匀后进行灌装。

② 高压灭菌　将灌装好的复合饮料放入高压灭菌锅中，瓶盖轻拧，温度控制在121℃，时间为20～35min。待冷却后，取出拧紧瓶盖。

四、花生薏米保健饮料

1. 生产工艺流程

（1）花生乳制备　花生→挑选→烘烤、脱皮→粉碎→磨浆→胶磨→离心→过滤→花生乳

（2）薏米汁制备　薏米→挑选→清洗浸泡→沥干→烘烤、粉碎→糊化→冷却→酶解→离心→过滤→薏米汁

（3）饮料调配　薏米汁、花生乳、稳定剂、乳化剂、白砂糖→混合→均质→灌装→灭菌→冷却→成品

2. 操作要点

（1）制备花生乳

① 挑选　要求花生仁颗粒饱满、均匀一致，无杂质、无变色粒、无霉变粒、无虫蛀粒。

② 烘烤、脱皮　烘烤一定时间，使花生易于脱皮，同时去除花生的涩味，具有熟花生香气。

③ 粉碎、磨浆　采用高速万能粉碎机粉碎。然后进行磨浆，料水比为1：5，水温75～80℃。

④ 胶磨　将磨浆后的花生乳通过胶体磨胶磨5min。

⑤ 离心过滤　将胶磨后的花生乳通过离心机（3000r/min，5min）除去残渣，过200目筛得花生乳备用。

（2）制备薏米汁

① 挑选　要求颗粒饱满、均匀一致，无杂质、无变色粒、无霉变粒、无虫蛀粒。

② 清洗浸泡　清水洗净，5～6 倍水浸泡 6h。

③ 烘烤、粉碎　沥干后均匀置于烤盘上，150℃烘烤至薏米呈淡黄色散发特殊香味。利用粉碎机粉碎后过 80 目筛，得薏米粉。

④ 糊化　以 1∶10 的比例加水，80～90℃进行糊化。

⑤ 酶解　冷却至 60～65℃，加入 0.2％的氯化钙、150U/g 淀粉酶持续水解 4.0～4.5h，至提取液加碘液不变蓝色为止，加热至沸灭酶。

⑥ 离心过滤　在 3000r/min 离心 5min 除去残渣，得薏米汁备用。

（3）饮料调配　将花生乳、薏米汁、白砂糖、稳定剂、乳化剂和纯净水充分混匀，具体比例为：花生乳 25％、薏米汁 21％、白砂糖 9％、水 45％，复合稳定剂和复合乳化剂分别占上述四种原料的 0.2％和 0.25％（羧甲基纤维素钠 0.1％、黄原胶 0.1％、海藻酸钠 0.125％、单甘酯 0.125％），调配好的复合饮料在 40MPa 下均质，用抽真空法在 0.07MPa 下脱气 10min。灌装压盖后于 121℃灭菌 10min，灭菌后经冷却即为成品。

3．成品质量指标

（1）感官指标　色泽：呈花生乳的浅白色，又带有薏米的半透明状；滋味与气味：具有淡淡的花生与薏米的混合滋味，无异味；组织状态：液体均匀，无沉淀，不分层。

（2）理化指标　可溶性固形物 1.3％，蛋白质 0.64％，黄酮 1.06mg/100mL。

五、薏米姜茶

1．原料配方

薏米 0.5％～1.5％、原姜汁 10％～15％、琼脂-CMC 复合剂 0.1％～0.2％、蔗糖 9％、氯化钠 0.08％、六偏磷酸钠 0.05％、香精 0.1％，其余为水。

2．生产工艺流程

鲜生姜→清洗去皮→粉碎→挤压榨汁→沉淀→过滤→姜汁

↓

薏米→浸渍→挤压膨化→干燥→粉碎→加热浸提→离心过滤→薏米精→混合→均质→加热脱气→灌装→真空封罐→杀菌→冷却→打检入库→成品

3．操作要点

（1）薏米精的制备

① 原料准备　薏米要求脱壳除杂干净，颗粒白净饱满。

② 挤压膨化　将干净的薏米用 5～10 倍的水浸渍，使含水量达到 20％～25％，

然后利用普通挤压膨化机对其进行膨化，温度为 150～200℃，压力为 490～784kPa。膨化的目的一是使原料淀粉 α 化，以利于抽提其中的营养成分；二是使蛋白质和脂肪等大分子得到适度降解，以利于营养成分的吸收。

③ 干燥、粉碎　膨化后的薏米经干燥后利用粉碎机粉碎成 100 目左右的细粉。

④ 加热浸提　将 1 份薏米粉与 20～30 份水混合，搅拌加热到 90℃左右，维持 30min，然后进行冷却。

⑤ 离心过滤　将上述经过冷却的料液利用离心机过滤除去料渣，得到薏米精。

（2）姜汁的制备

① 原料准备　将鲜生姜放入池水中进行浸泡，洗去泥沙后，人工去皮。

② 粉碎、挤压榨汁　将生姜块放入粉碎机中进行粉碎，然后将粉碎姜送入挤压机中挤压出汁，去除姜渣。

③ 沉淀过滤　将姜汁静置 2～4h，经过滤除去沉淀物，得到均匀的姜汁。

（3）混合　砂糖及品质改良剂（含聚磷酸钠、六偏磷酸钠等）用 90℃以上热水溶解，然后用 50 目滤布过滤备用。稳定剂采用琼脂-CMC 复合剂，该复合剂兼具琼脂黏度高、悬浮性能强及 CMC 稳定性好的优点，对薏米姜茶有良好的稳定作用，使用前用 85～90℃的热水搅拌溶解。

在搅拌状态下，将稳定剂、薏米精、姜汁及其他辅料依次倒入糖水中混匀，用水定容，测定糖度及 pH 值，并做适当的调整。

（4）均质　为使饮料组织状态稳定，将上述混合液送入均质机中进行均质处理，其压力为 15～20MPa。

（5）加热脱气　为了排除均质时带入的空气，保证后续杀菌效果及成品质量，将料液用板框换热器加热到 85～90℃，泵入贮罐内恒温保持 15min。

（6）灌装、真空封罐　将脱气后的料液趁热进行灌装，容器选用 250g 三片罐，空罐预先经过热蒸汽杀菌清洗，然后真空封口，要求真空度在 40～53kPa。

（7）杀菌冷却　封口后的罐头装篮后马上送入杀菌锅中进行杀菌，其杀菌条件为：$15'-20'/121℃$。杀菌完毕后迅速冷却到 38.5℃左右。

（8）打检送检　冷却后的罐头用红外线烘干机烘干或自然晾干，然后打印生产日期及代号，送入半成品仓库在 35℃存储一星期后进行检验，合格者即为成品。

4. 成品质量指标

（1）感官指标　色泽：浅黄色或淡黄色；滋味及气味：入口甜辣，润喉，具有天然姜香味；组织及形态：组织均匀细腻，质地均一，无沉淀。

（2）理化指标　可溶性固形物≥9°Bx（折光计），pH 值 5.5～6.0。

六、酶解薏米饮料

1. 生产工艺流程

薏米→筛选→清洗→烘烤→粉碎→糊化→酶解→离心→取上清液→调配→均质→

灌装→灭菌→冷却→成品

2. 操作要点

(1) 筛选　筛选要求：薏米籽粒饱满，色泽洁白，无虫蛀，无霉斑，脱壳完全，并除去残留壳及砂粒等杂质。

(2) 清洗　将筛选过的薏米水洗，进一步除去灰尘及细小杂质，然后沥干水分。

(3) 烘烤　将薏米于烘盘上摊薄后放入烤箱中烘烤，上下火为150℃，不时翻动，使其受热均匀。烘烤30min后薏米呈浅黄色，有浓郁烘烤香味，取出冷却。将干燥的薏米放入电动粉碎机中粉碎。

(4) 糊化　料液比为1：8，加热使薏米粉糊化。

(5) 酶解　70℃加入中温α-淀粉酶液化30min，酶用量为3.0mL/kg（干粉）。降温至65℃加入高效液体糖化酶糖化60min，糖化酶用量为5.0mL/kg（干粉），糖化后将浆液加热至沸灭酶。

(6) 离心　酶解液在3500r/min下离心12min，即得原浆液。

(7) 均质　原浆液中加入乳化剂和稳定剂，经胶体磨使浆液中各成能更好地分散均匀。乳化剂和稳定剂具体用量：乳化剂脂肪酸蔗糖酯0.2%，稳定剂黄原胶、果胶和海藻酸钠用量分别为0.1%、0.15%和0.15%。

(8) 灌装、灭菌　将上述调配好的饮料灌装，再121℃灭菌15min，经冷却后即为成品。

3. 成品质量指标

色泽：色泽均匀、光亮，呈乳白色略带烘烤微黄色；香味：浓郁的薏米烘烤香味，无异味；滋味：甜度适中，口感细腻，爽滑纯正；组织形态：均匀的乳状液，流动性好，无分层，无沉淀，无油脂上浮。

七、猕猴桃薏米保健饮料

1. 生产工艺流程

猕猴桃→挑选去皮→破碎→酶解→过滤→灭酶→离心→猕猴桃汁
　　　　　　　　　　　　　　　　　　　　　　　　　　　　↓
薏米→去杂→清洗浸泡→沥干→烘烤→粉碎→调浆→酶解→分离→滤液→混合调配→均制→脱气→杀菌→成品

2. 操作要点

(1) 薏米酶解液制备

① 去杂　去除已经发霉、脱壳不完全的薏米，去除沙粒、残留壳等杂质。

② 清洗浸泡　用清水将挑选好的薏米淘洗3次，用6倍体积pH 9～10的碳酸钠溶液浸泡6h，再用清水洗干净后沥干水分。

③ 烘烤 将沥干的薏米平铺到烘盘中，放入烘箱烘烤，至呈浅黄色有薏米特殊的香味后取出冷却。

④ 调浆酶解 将烘烤好的薏米用研磨机粉碎成粉状，用薏米干粉 15 倍体积的水溶解干粉。按 1g 薏米 150U 的酶量加入 α-淀粉酶，80～90℃水浴酶解，至用碘液检测酶解物无色为止，随后加热至沸灭酶。过滤得到薏米酶解液。

（2）猕猴桃汁制备 取成熟新鲜的猕猴桃去皮、预煮（将果实在沸水中烫 45s 左右，灭酶同时可提高出汁率）、切块、榨汁、酶解（0.2％的果胶酶在 pH4.5、温度 50℃的条件下酶解 120min）、过滤、灭酶、离心，得猕猴桃汁。

（3）混合调配 将薏米汁和猕猴桃汁混合，并加入一定量的蔗糖进行调配，具体配比为：薏米汁与猕猴桃汁最佳配比为 1∶1，pH 为 3.5，蔗糖为 15％。将其充分混合均匀后，按照常规饮料生产的工艺进行均质、脱气、杀菌即可得成品。

3. 成品质量指标

（1）感官指标 呈淡黄色，色泽诱人，有部分薏米悬浮物，具有纯正果香、米香，浓馥幽郁、协调悦人，具有独特的风味。

（2）理化指标 可溶性固形物 11.0％，还原糖 59.4mg/mL，金属元素 Mg 0.46mg/L、Cu 0.46mg/L、Ca 6.47mg/L、K 1.58mg/L。

八、薏米猕猴桃复合饮料

1. 生产工艺流程

（1）薏米提取液的制备 薏米→筛选→烘烤→清洗浸泡→沥干→粉碎→调浆→酶解→过滤→薏米提取液

（2）猕猴桃汁的制备 猕猴桃→清洗、去皮→破碎→加果胶酶→压榨→热处理→冷却→加膨润土→过滤→猕猴桃汁

（3）薏米猕猴桃复合饮料的制备 蔗糖、柠檬酸、复合稳定剂、纯净水、薏米提取液、猕猴桃汁→复合调配→均质→脱气→灌装→压盖→灭菌→冷却→成品

2. 操作要点

（1）薏米提取液的制备 选择优质脱壳薏米，将其摊薄后放入烤箱中 150℃烘烤，并不时翻动，至薏米呈淡黄色有很好的香味时取出冷却。冷却后用流水清洗干净，清水浸泡 6h，然后粉碎，过 80 目筛，用 10 倍水调浆，80～90℃，糊化，冷却到 60℃后，按每克薏米 150U 的用量加入 α-淀粉酶进行酶解，保温 4～4.5h，用碘液检验其酶解物无变色时停止酶解，加热灭酶。用 160 目滤布过滤，得滤液即为薏米提取液。

（2）猕猴桃汁的制备 将猕猴桃果实剔除霉烂和变质的部分，然后用清水进行清洗，用捣碎机充分破碎，在破碎后直接用 0.1％的 Pectinex UltraSP 果胶酶处理

果浆，常温下作用 1h。用 3 层纱布压榨之后加热到 90℃，保持 10s，然后冷却到 45℃，维持 12h。为了使果汁澄清和除去剩余蛋白质，加入适量膨润土，并搅拌 5min，搅拌均匀的果汁静置 12h。

（3）薏米猕猴桃复合饮料的制备　将薏米提取液与猕猴桃汁按 4∶6 的比例混合，加入一定量的蔗糖、柠檬酸、复合稳定剂和纯净水充分混匀。薏米猕猴桃复合饮料的最佳配方为：薏米猕猴桃复合汁 18%、蔗糖 8%、柠檬酸 0.07%、复合稳定剂（海藻酸钠∶黄原胶∶CMC-Na＝2∶1∶4）0.1%，其余为饮用水。调配好的复合汁在 25MPa、50℃下均质。用抽真空法在 0.07MPa 下进行脱气 10min。灌装压盖后于 121℃下灭菌 10min，经冷却后即为成品。

九、薏米红枣玫瑰花复合保健饮料

1. 生产工艺流程

① 薏米乳制备　薏米→烘烤→浸泡→打浆→液化浸提→离心过滤→薏米乳

② 红枣汁制备　红枣→预处理→清洗煮制→打浆→保温浸提→过滤→红枣汁

③ 玫瑰汁制备　玫瑰花→预处理→预煮→浸提→过滤→玫瑰汁

④ 甘蔗汁制备　甘蔗→挑选→去皮→切块→打浆→过滤→预煮→甘蔗汁

⑤ 雪梨汁制备　雪梨→挑选→清洗→去皮→切块→护色→打浆→过滤→雪梨汁

⑥ 饮料生产　混合调配（添加稳定剂、白砂糖、酸）→脱气→均质→杀菌冷却→包装→二次杀菌与冷却→成品

2. 操作要点

（1）薏米乳制备

① 烘烤　薏米味道独特，适度烘烤后形成烘烤香，易为消费者接受。烘烤温度为 150～180℃，时间为 10～15min，具体视薏米的干燥程度而定。

② 浸泡与打浆　浸泡时添加 0.5% $NaHCO_3$，料水比为 1∶5，常温浸泡 6～10h 至仁粒松软即可磨浆，打浆时料水比为 1∶10。

③ 液化浸提　按 4.0～5μg/g 干料加入高温液化酶（930.25U/g），80℃液化 30min，冷却。

④ 离心过滤　液化后的薏仁乳通过离心过滤机（2000～3000r/min）除去残渣，得薏米乳。

（2）红枣汁制备

① 预处理　将红枣水洗除去灰尘及杂质，并去除内核，切块备用。

② 煮制　去核红枣用 2 倍的水在 100℃左右下煮制 30min。

③ 保温浸提　将浆体置于 50℃恒温水浴箱中保温，加入质量分数为 0.3% 的

果胶酶浸提 1.5h。

④ 过滤 将浸提后的红枣通过 80 目筛滤除残渣，制得红枣汁。

（3）玫瑰汁制备

① 预处理 玫瑰水洗除去灰尘及细小杂质，沥干水分备用。

② 预煮、打浆 料水比为 1∶2，在 80℃下预煮 20min，至颗粒饱满后进行冷却。冷却后颗粒饱满的玫瑰中加入其 3 倍质量的水进行打浆。

③ 浸提、过滤 将打浆好的玫瑰置于 60℃恒温水浴箱中保温浸提 2h。将浸提后的玫瑰浆用 80 目筛过滤除去残渣，制得玫瑰汁。

（4）甘蔗汁制备

① 预处理 挑选粗大色泽好的甘蔗，刮去甘蔗皮，用清水洗去细小杂质，分段并切丁备用。

② 打浆、过滤 加入甘蔗质量 1 倍的水进行打浆。将浆体通过 80 目筛滤除残渣。

③ 预煮 将过滤后的汁液在 80℃下进行加热，除去甘蔗青气，并除去上浮泡沫，得甘蔗汁备用。

（5）雪梨汁制备

① 预处理 选择完全成熟、香甜适口、色泽金黄、香味浓和汁液丰富的雪梨。将雪梨洗净、去皮、切块，放入加有 1‰维生素 C-Na 的溶液中浸泡 30min。

② 打浆 浸泡好的雪梨中加入一定量的水，放入榨汁机中榨汁，过滤后得到雪梨汁。

（6）复合汁生产

① 混合调配 将薏米乳、玫瑰汁、红枣汁、甘蔗汁、雪梨汁按比例混合，加入一定量白砂糖、稳定剂、酸。主要原料的用量为：薏米 20%、红枣 5%、玫瑰 18%、甘蔗 8%、雪梨 6%。复合保健饮料各种原辅料用量：复合果汁（薏米乳、玫瑰汁、红枣汁、甘蔗汁和雪梨汁）70%、蔗糖 10%、卡拉胶 0.06%、CMC-Na 0.08%、柠檬酸 0.04%，其余为纯净水。

② 脱气 调配好的浆体经真空脱气机脱气，温度 45℃，真空度为 93.3kPa。

③ 均质 调配好的浆液再进行均质，均质压力为 20MPa，温度为 60～65℃。

④ 杀菌冷却 将排气后的半产品迅速密封，放入高压灭菌锅，参数为 131℃、4s，杀菌结束后尽快分段冷却至 35℃。

⑤ 二次杀菌与冷却 采用常压沸水杀菌法，即 100℃保持 6～9min，杀菌后迅速冷却至 30℃左右。

3．成品质量指标

（1）感官指标 色泽：薏米乳为均匀自然的浅乳白色，玫瑰花汁为透明玫瑰红色，红枣汁为透亮的红褐色，甘蔗汁和雪梨汁均为透亮无色；风味：具有薏米、玫瑰、红枣、甘蔗和雪梨特有的香气和味道，酸甜适中，口感细腻柔和，无异味；组织状态：该产品在干燥常温下保藏，允许有少量沉淀，无变色，组织均一，流动性好。

（2）理化指标　可溶性固形物 12%～14%，pH4.0～6.0。

（3）微生物指标　细菌总数≤100CFU/mL，大肠菌群≤3MPN/100mL，致病菌不得检出。

十、薏米胡萝卜复合饮料

1. 生产工艺流程

薏米→筛选→清洗浸泡→沥干→打浆→调浆→酶解→灭酶→离心→过滤→薏米汁→混合调配→均质→脱气→杀菌→冷却→成品

胡萝卜汁←过滤←打浆←烫漂←浸泡←修整切片←去皮←清洗←胡萝卜

2. 操作要点

（1）薏米汁制备　挑选精致的优质脱壳薏米，清洗 5 遍，加 5 倍的清水浸泡 1d，沥干水分后打浆。将薏米液按 1∶10 的比例加水调浆，在 80～90℃ 水浴中糊化后，冷却到 60～65℃，加入 0.2% 的 $CaCl_2$，添加淀粉酶（150U/g）水解 4.0～4.5h，至加碘液不变色，淀粉酶解完全，加热灭酶，用离心过滤机（4000r/min）除去残渣，得薏米汁。

（2）胡萝卜汁制备　将胡萝卜洗净，切成薄片，放入 0.5% 的柠檬酸和 0.5% 的维生素 C 混合溶液中浸泡 30min，沸水烫漂 3min 后冷却至室温，用榨汁机按胡萝卜∶水=1∶2 的比例进行打浆，过滤得胡萝卜汁。

（3）复合饮料混合调配　将薏米汁和胡萝卜汁按一定比例混合，加入 1% 澄清剂明胶，然后再加入一定量的白砂糖、柠檬酸和水充分混合均匀。具体比例为：胡萝卜汁 27%、薏米汁 10%、白砂糖 12%、柠檬酸 0.05%，其余为纯净水。调配好的溶液进行均质和脱气。

（4）杀菌　将均质、脱气完成后的饮料在 82℃ 水浴中杀菌 10～15min，得复合饮料成品。

十一、薏米莲子枸杞红枣复合保健饮料

1. 生产工艺流程

（1）薏米汁制备　选择薏米原料→去杂质→清洗→浸泡→煮制→破碎→酶处理→醇提→过滤取汁→冷却

（2）红枣汁制备　选择红枣原料→清洗→去杂质→浸泡→煮制→破碎→打浆→酶处理→过滤取汁→澄清

（3）枸杞汁制备　选择枸杞原料→浸泡→打浆→汽蒸→取汁→澄清

（4）莲子汁制备　选择莲子原料→清洗→浸泡→去杂→煮制→破碎→打浆→胶体磨→酶处理→醇提→过滤取汁→澄清

（5）薏米红枣枸杞莲子混合汁生产　取上述4种汁液→调配→定量混合→过滤→均质→脱气→杀菌→灌装→封口→喷淋杀菌→喷码→成品

2．操作要点

（1）薏米汁的制备

① 薏米汁制取　选用色泽白、完整、杂质少的薏米，去除杂质后用清水清洗，再用3倍质量的清水浸泡至完全发透；捞出水发的薏米，投入到6倍质量的净化水中煮制40min，然后用组织捣碎机破碎，粉碎粒度应小于1mm，将所得浆液冷却后备用。

② 酶处理　在薏米浆液中添加精制的0.013％果胶酶，在45～50℃水浴中处理1h，得到组织细腻、体态均匀一致的薏米浆料。

③ 醇提　用95％乙醇对上述浆料进行冷浸，乙醇用量为样品的4倍，在25℃下浸提，其间要间隔搅拌，从薏米中提取出有机物；将醇提液过滤，除去粗纤维和悬浮物；再将醇提液减压、浓缩、干燥，使乙醇得以挥发分离。

④ 过滤　将浆液放置2h，经过滤即可得到白色的薏米提取液。

（2）红枣汁的制备

① 红枣汁的制取　选用色泽鲜红、完整、杂质少的红枣，去杂质，再用4倍质量的清水浸泡至完全发透；捞出水发的红枣，人工去核，投入到6倍质量的净化水中煮制40min，然后用组织捣碎机破碎，粉碎粒度应小于1mm，将所得浆液冷却后备用。

② 酶处理　在红枣浆液中添加精制的0.012％果胶酶，在45～50℃水浴中处理1h，即可得到组织细腻、体态均匀一致的红枣浆料。

③ 过滤　取汁过程同薏米汁。

（3）枸杞汁制备　选择品质优良的干枸杞，最好选宁夏干枸杞，经清选、浸泡（0.05～0.10mg/kg KMnO$_4$溶液）5～10min，取出后用流动清水反复漂洗，再放入开水锅中汽蒸，用打浆机打浆，过滤取汁，澄清后备用。

（4）莲子汁的制备

① 莲子汁的制取　选用色泽白、完整、杂质少的莲子，去除杂质后用清水清洗，再用5倍质量的清水浸泡至完全发透；捞出水发的莲子，人工将其根去除，投入到6倍质量的净化水中煮制50min，然后用组织捣碎机破碎，粉碎粒度应小于1mm，所得浆液冷却后备用。

② 胶体磨处理　先粗磨再细磨，彻底破碎莲子细胞，充分提取莲子中的营养物质。

③ 酶处理、醇提、过滤　同薏米汁。

(5) 薏米红枣枸杞莲子混合汁生产

① 混合调配　将蔗糖、柠檬酸、蜂蜜、稳定剂（磨细）等先溶解后，按一定顺序均匀加入薏米、红枣、枸杞、莲子澄清汁中，制成半成品料液。

四种汁液的配比：薏米汁 10mL、莲子汁 20mL、红枣汁 15mL、枸杞汁 7mL。各种原辅料的具体配比：薏米、红枣、枸杞、莲子混合汁的澄清液 45%、柠檬酸钾 0.2%、蜂蜜 2.4%、柠檬酸 0.1%、蔗糖 7%、水 45.02%，该产品最适稳定剂配方为 0.10% CMC-Na＋0.03%黄原胶＋0.15%果胶（上述均为质量分数）。

② 水处理　为除去水中固体物质，降低硬度和含盐量，杀灭微生物及排除所含空气，原水通过砂滤棒过滤器和活性炭过滤器处理后得到可作为饮料生产用的净水，并符合世界卫生组织所规定的饮用水标准。

③ 过滤、均质　半成品经硅藻土过滤机和双桶过滤器精滤后，除去其中肉眼看不见的各种固体杂质；然后入板式换热器加热至 $60\sim70$℃，再进入均质机，均质 2 次，第 1 次压力为 20MPa，第 2 次压力为 25MPa，2 次均质时间各为 5min。

④ 脱气　料液中本身含有氧，同时在加工过程中不断与空气接触，引起空气的二次混入。为除去料液中的氧和空气，防止或减轻天然色素（很不稳定）、维生素 C 及香味的氧化降解、产品发泡及其变味，料液也须脱气，脱气压力一般为 0.05MPa。

⑤ 杀菌、灌装、封口　脱气后立即以 30s、135℃瞬时杀菌，当料液的温度降至 $92\sim95$℃时，迅速灌装和封口（此时瓶及盖已洗净、灭菌）。

⑥ 喷淋杀菌、喷码、贴标　封盖的瓶装饮品进入杀菌机，95℃杀菌 30min，以充分保证该饮品商业无菌，然后喷码、贴标、装箱，即得成品。

3. 成品质量指标

(1) 感官指标　色泽：具有产品特有的淡黄色；滋味：风味独特，具有明显的薏米、红枣、枸杞和莲子的独有味道，比较爽口；组织形态：是均匀的、清凉的液体，久置后允许有微小的果浆悬浮或下沉，无糖或酸的结晶析出，无其他杂质。

(2) 理化指标　铅（以 Pb 计）$\leqslant0.5$mg/kg，铜（以 Cu 计）$\leqslant50$mg/kg，砷（以 As 计）$\leqslant0.3$mg/kg，真菌多糖（脂多糖结合蛋白 LBP）$0.1\sim1$g/kg，枸杞多糖 $0.1\sim1$g/kg，可溶性固形物>10%，总酸（以柠檬酸计）3×10^{-4}mg/kg，食品添加剂参照 GB 2760—2014 的规定。

(3) 微生物指标　细菌总数<50CFU/mL，大肠菌群<50MPN/100mL，致病菌不得检出。

(4) 产品保质期　要求在通风干燥、常温下放置，无沉淀、无褪色和变色，保质期 1 年。

十二、薏米芦荟复合饮料

1. 生产工艺流程

（1）薏米提取液制备　薏米→筛选→浸泡清洗→沥干→烘焙→粉碎→加水→糊化→冷却→酶解→灭酶→离心→过滤→薏米提取液

（2）芦荟汁制备　芦荟→清洗去皮→打浆榨汁→酶解→脱苦→杀菌→过滤→芦荟汁

（3）复合饮料生产　薏米提取液、芦荟汁、蔗糖、柠檬酸、稳定剂、纯净水→调配→均质→脱气→灌装→压盖→灭菌→冷却→成品

2. 操作要点

（1）薏米提取液的制备

① 烘焙　将筛选后的薏米用清水淘洗干净加 5～6 倍水浸泡 6h，沥干水分后平铺于烤盘上置于烤箱中 150℃烘烤，至薏米呈淡黄色散发特殊香味时取出。

② 粉碎　将烘焙过的薏米用粉碎机粉碎过 80 目筛得薏米粉。

③ 糊化、酶解　以 1:10 的比例向薏米粉中加水，80～90℃加热，糊化淀粉，冷却至 60～65℃，加入 0.2%的氯化钙，添加 150U/g 淀粉酶进行水解糖化，持续水解 4.0～4.5h，水解至提取液加碘液不变蓝色为止。加热至沸灭酶后，过滤，得到薏米提取液。

④ 离心、过滤　液化后的薏米提取液通过离心过滤机（2000～3000r/min）除去残渣制得薏米提取液备用。

（2）芦荟汁制备

① 清洗　挑选品种优良、成熟度适宜、新鲜的芦荟叶，除去表面的泥沙等污物后，用 2%食盐水浸泡芦荟叶片 10～20min，杀死叶片上的虫卵及病菌等，然后用清水漂洗。

② 去皮　将芦荟叶片用 40～50℃的 0.15%氢氧化钠溶液浸泡 15min，以便去除芦荟叶的上下表皮，并可以除去表皮中部分苦味物质。

③ 打浆榨汁　将去皮后的芦荟在 90～95℃下烫漂 3min，以钝化酶的活性，同时加入维生素 C 护色，然后按料液比 1:10 加入开水打浆、榨汁，得到芦荟粗汁。

④ 酶解　将芦荟粗汁冷却至 40℃按 30U/100mL 添加果胶酶，40℃水浴30min 即可得到芦荟浆料。

⑤ 脱苦　芦荟提取液中的芦荟素、芦荟大黄素等具有苦味的物质，对产品口感影响较大，添加 0.4%β-环状糊精充分搅拌，通过包埋作用掩盖其苦味，改善口感。

⑥ 杀菌、过滤　加热至 121℃，保持 3min 过滤得芦荟汁，冷却后备用。

（3）复合饮料的调配　将薏米提取液与芦荟汁按 7 : 3 的比例混合，然后按薏米芦荟复合汁 20%、蔗糖 8%、柠檬酸 0.2%、复合稳定剂（黄原胶 : 海藻酸钠 : 琼脂＝1 : 1 : 0.05）0.3% 的比例和纯净水充分混匀。调配好的复合汁在 25MPa、50℃ 下均质。用抽真空法在 0.07MPa 下脱气 10min。灌装压盖后于 121℃ 下灭菌 10min。产品经过冷却即为成品。

3. 成品质量指标

（1）感官指标　色泽：产品呈淡绿色；组织状态：均匀，无悬浮物及沉淀分层现象；滋味和口味：以薏米香味为主，略带有芦荟特有的清香。

（2）理化指标　可溶性固性物≥10%，总酸（以柠檬酸计）0.2%，糖 8.5%，总膳食纤维＞0.15%。

（3）微生物指标　细菌总数≤100CFU/mL，大肠菌群≤3MPN/100mL，致病菌不得检出。

十三、薏米红枣保健饮料

1. 原料配方

基料：薏米乳（料水比 1 : 6）和红枣汁（料水比 1 : 7）之比为 1 : 2。辅料：蔗糖 6%、柠檬酸 0.25%、XGM（黄原胶）0.15%、CMC 0.15%、蔗糖酯 0.08%、单甘酯 0.08%。

2. 生产工艺流程

薏米→烘烤→浸泡→磨浆→液化→离心过滤→薏米乳
↓
红枣→选料→清洗→浸泡→打浆→保温浸提→离心过滤→红枣汁→混合调配→脱气→均质→杀菌与冷却→包装→二次杀菌与冷却→成品

3. 操作要点

（1）薏米乳的制备

① 烘烤　薏米味道独特，适度烘烤后成为烘烤香型，易为消费者接受。烘烤温度为 150～180℃，时间为 10～15min，具体视薏米干燥程度而定。

② 浸泡与磨浆　浸泡时添加 0.5% 的碳酸氢钠，料水比为 1 : 3，常温浸泡 6～10h，至仁粒松软即可磨浆，磨浆时料水比为 1 : 6。

③ 液化　按 5U/g（干料）加入高温液化酶，于 100℃ 液化 30min，冷却。

④ 离心过滤　液化后的薏米乳通过离心过滤机（2000～3000r/min）除去残渣，制得薏米乳备用。

（2）红枣汁的制备

① 选料　红枣要求剔除霉烂、虫蛀等不合格果。

② 清洗　先将红枣于水中浸泡 2min，再反复搓洗，除去附着在红枣表面的泥沙等杂物。

③ 浸泡打浆　常温下浸泡至枣皮无褶皱即可。打浆时料水比为 1∶7，筛孔直径为 1mm。

④ 保温浸提　将上述得到的浆体置于恒温水浴缸中保温 50～55℃，加入0.02％的果胶酶提 2h。

⑤ 离心过滤　浸提后的红枣浆通过离心过滤机（3000～4000r/min）除去残渣，制得红枣汁备用。

（3）混合调配　先将薏米乳、红枣汁和稳定剂、乳化剂在配料罐中混合均匀，再加入糖、酸等配料。

（4）脱气　调配好的浆体利用真空脱气机进行脱气，温度为 45℃，真空度为93.3kPa。

（5）均质　将上述经过脱气的混合料液送入均质机中进行均质处理，压力为20MPa。

（6）杀菌与冷却　采用高温短时杀菌，即温度 95℃保持 30s，杀菌结束后迅速冷却至 30℃以下。

（7）二次杀菌与冷却　采用常压沸水杀菌法，即 100℃保持 6～9min。杀菌后迅速冷却至 30℃左右。经过冷却后即为成品饮料。

4. 成品质量指标

（1）感官指标　色泽呈枣红色，外观均匀一致，无沉淀。口感酸甜，具有红枣特有的清香和薏米的特征风味。

（2）理化指标　可溶性固形物＞13％，总糖 12％～13％，总酸（以柠檬酸计）0.25％，蛋白质 0.25％，脂肪 0.08％。

（3）微生物指标　细菌总数≤100CFU/mL，大肠菌群≤6MPN/100mL，致病菌不得检出。

十四、薏米海带饮料

1. 生产工艺流程

薏米→清洗→粉碎→制曲→曲粉→加水→曲饮料
　　　　　　　　　　　　　　　　　　　　↓
海带→水洗→浸泡→破碎→打浆→浸提→过滤→澄清→海带汁→混合调配→均质→杀菌→灌装→封盖→成品

2. 操作要点

（1）薏米曲的制备

① 清洗、粉碎 将精白薏米用水洗净，再经干燥后用粉碎机粉碎成薏米粉。用烘炉微烤后放在蒸锅中蒸熟，再在晾台上降温至35℃，加种曲搅拌均匀后进行培养。

② 培养制曲 拌入种曲的薏米粉分装曲盒里，室温保持28℃，培养25h后，品温达到38℃，这时将曲盒中的料摊平，经过5h后，品温达到40℃，将草席等盖在曲盒上以便保温，再经过2h，曲面上呈黄绿色，当曲呈现疏松而有弹性时，将曲盒移至室外，静置4h即成薏米曲。将之用干燥机于180℃左右干燥后，再粉碎成曲粉。曲粉加适量的水即成饮料。

（2）海带汁的制备

① 水洗、浸泡 选取干燥无虫无霉烂的海带，加水浸泡，让其充分吸水膨胀、复鲜，反复用清水将泥沙等清洗干净。

② 破碎、打浆 利用破碎机将洗净的海带进行破碎，然后加入饮用水，用孔径1mm的单道打浆机进行打浆。

③ 浸提 将海带浆打入浸提罐中，海带与水的比例为6:1，同时加入0.05%的醋酸溶液，加热煮沸，保持温度100℃，时间为1.5h，并不断进行搅拌。

④ 过滤、澄清 利用离心机离心后，除去残渣，并趁热过滤，制得澄清海带汁。

（3）混合调配 先将0.5%的柠檬酸、10%的白砂糖等辅料分别配成水溶液，经过滤后放入配料罐中，然后再按1:1的比例分别将海带汁、薏米曲饮料加入配料罐中，搅拌均匀再过滤。

（4）均质 将上述得到的滤液通过高压均质机进行均质，均质压力要求在40MPa以上，温度为70℃。

（5）杀菌、灌装 将均质后的复合汁立即送入杀菌罐中进行杀菌处理，杀菌温度为100℃，时间为1min，并在无菌状态下进行真空灌装并封盖。体系处于一定的真空状态，可以保持体系的稳定性，抑制好氧菌的生长繁殖。最后将饮料进行冷却后即为成品。

3. 成品质量指标

（1）感官指标 产品颜色为黄褐色，有海带特有的风味，又有薏米的香味。

（2）微生物指标 细菌总数<100CFU/mL，大肠菌群<90MPN/100mL，致病菌不得检出。

十五、薏米红枣枸杞复合饮料

1. 生产工工艺流程

薏米→清洗、沥干水→烘焙→粉碎→调浆→糖化→过滤→薏米乳 ┐

红枣→清洗浸泡→打浆→保温浸提→过滤→红枣汁 ├→ 混合调

枸杞→除杂→浸泡→打浆→保温浸提→过滤→枸杞汁 ┘

配→均质→杀菌与冷却→成品

2. 操作要点

（1）薏米乳的制备　将薏米水洗除去灰尘及细小杂质，沥干水分。将薏米于烘盘上摊薄后放入烘箱中，烘烤温度为130～140℃，并不时翻动，使其受热均匀，至薏米呈浅黄色、有很好的香味时取出冷却。用固体样品粉碎机将烘焙的薏米粉碎，并使其能过80目筛网。再用温水将薏米粉调成薄浆，用水量约为薏米质量的5倍。每克干料加入4.0～4.5μg糖化酶，50～60℃糖化30min，冷却，通过80目筛网过滤除去残渣，制得薏米乳备用。

（2）红枣汁的制备　将红枣水洗除去灰尘及细小杂质，然后放入水中常温浸泡至枣皮无褶皱，将浸泡好的红枣去核，用榨汁机打浆，料水质量比为1：4，将浆体置于50℃恒温水浴箱中保温，加入质量分数为0.3%的果胶酶浸提1.5h。然后将浸提后的红枣浆过80目筛滤除残渣，制得红枣汁备用。

（3）枸杞汁的制备　将枸杞水洗除去灰尘及细小杂质，用热水浸泡至颗粒饱满后，按照枸杞和水1：3的质量比进行打浆，然后将浆体置于60℃恒温水浴箱中保温浸提2h。将浸提后的枸杞浆过滤除去残渣，制得枸杞汁备用。

（4）混合调配　在混合机内将薏米乳、红枣汁、枸杞汁和稳定剂在配料罐中按一定比例混合，再加入其他辅助材料，并进行充分搅拌。具体配比：混合汁（薏米乳：红枣汁：枸杞汁＝6：9：5）质量分数35%、蔗糖质量分数4%、柠檬酸质量分数0.20%，0.1%的CMC和0.1%的海藻酸钠，其余为饮用水。

（5）均质　用均质机进行均质处理，均质的压力为22MPa，温度为50～60℃。

（6）杀菌与冷却　在95℃条件下杀菌，保持15min，冷却至室温。

3. 成品质量指标

（1）感官指标　色泽：枣红色；组织状态：均匀一致，口感细腻爽滑，久置无沉淀现象；滋味和气味：酸甜适中，有红枣特有的清香和薏米的特征风味。

（2）理化指标　可溶性固形物＞13%，总糖12%～13%，总酸（以柠檬酸计）0.25%，蛋白质0.25%。

（3）微生物指标　细菌总数≤50CFU/mL，大肠菌群≤3MPN/100mL，致病菌未检出。

十六、薏米仙人掌复合饮料

1. 生产工艺流程

（1）仙人掌汁制备　仙人掌→清洗→去皮、去刺→切块→消毒→清洗→热烫护色→捣碎→酶解→榨汁→抽滤→离心→仙人掌汁

（2）薏米汁制备　薏米→筛选→浸泡→沥干→烘焙→粉碎→调浆→酶解→灭酶→过滤→离心→薏米汁

（3）仙人掌薏米复合饮料制备　薏米汁、仙人掌汁→调配→均质→脱气→灌装→压盖→灭菌→成品

2．操作要点

（1）仙人掌汁制备　用水将仙人掌冲洗干净，去皮去刺，切成块状，浸入0.3％的高锰酸钾溶液中消毒10s，以去除土壤菌，用自来水充分冲洗掉高锰酸钾残留液。将仙人掌块放入85℃热水中热烫1min进行护色，把仙人掌块再切成1cm左右的小片。在捣碎前加入质量分数为0.10％抗坏血酸和0.05％柠檬酸进一步护色后，放入捣碎机内捣碎成浆。为提高出汁率，在仙人掌浆中加入0.2％果胶酶在45～50℃的条件下酶解3h，过滤得到黄绿色的仙人掌汁。

（2）薏米汁制备　室温下用3～5倍薏米重的清水将薏米浸泡5～6h，去除杂味，软化组织，取出沥干。放入烘箱中烘烤至薏米呈浅黄色，有很好香味时取出冷却、粉碎，过80目筛。用约为薏米重10倍的热水将薏米粉调成薄浆。将浆液pH调至6.0，加入酶活性剂0.2％～0.25％的$CaCl_2$、α-淀粉酶100U/g，70℃下作用60min，加热至沸灭酶，过滤，即得清亮淡黄色泽的薏米汁。

（3）仙人掌薏米复合饮料制备　将薏米汁与仙人掌汁按6:4的比例混合，加入0.1％的海藻酸钠、0.03％黄原胶、0.2％CMC-Na、8％白砂糖、0.1％柠檬酸、0.02％柠檬香精充分混匀。调配好的复合汁在25MPa、50℃下均质。用抽真空法在0.07MPa下进行脱气10min。灌装压盖后于121℃下灭菌10min。

3．成品质量指标

（1）感官指标　色泽呈淡黄色；浆液均匀一致，无沉淀、无杂质；口感酸甜适中，清爽可口，具有仙人掌和薏米特有香味。

（2）理化指标　可溶性固形物≥10％，总酸（以柠檬酸计）0.3％～0.4％，铅（以Pb计）≤1.0mg/kg，砷（以As计）≤0.5mg/kg，铜（以Cu计）≤10mg/kg。

（3）微生物指标　细菌总数≤100CFU/mL，大肠菌群≤2MPN/100mL，致病菌不得检出。

十七、薏米苹果汁复合饮料

1．原料配方

薏米液20％、苹果汁12％、白砂糖8％、柠檬酸0.10％、食盐0.15％，其余为饮用水。

2．生产工艺流程

（1）薏米提取液制备　薏米→筛选→清洗浸泡→沥干→烘焙→粉碎→调浆→酶

解→过滤→薏米提取液

（2）苹果汁制备　原料→清洗→护色→热烫→破碎→打浆→榨汁→酶解→过滤→滤液

（3）混合饮料制备　薏米液、苹果汁、白砂糖、柠檬酸、食盐、纯净水→复合调配→脱气→灌装→封盖→杀菌→冷却→成品

3. 操作要点

（1）薏米提取液制备　将去杂除砂后的精选优质脱壳薏米用流水清洗干净，用5～6倍清水浸泡6h，沥干水分。将洗净的薏米于烤盘上摊薄后放入烤箱中150℃烘烤，并不时翻动，使其受热均匀，至薏米呈淡黄色有很好的香味时取出冷却。冷却后用粉碎机将烘烤过的薏米粉碎，使其能过60～80目筛，将薏米粉用10倍80℃的水调成浆。将薏米浆加热到80～90℃，使其所含淀粉糊化，冷却到65～70℃后，加入0.2%的$CaCl_2$，按每克薏米150U的用量加入淀粉酶进行酶解，并在此温度下保温4～4.5h至用碘液检验其酶解物不变色时停止酶解作用，加热至沸灭酶。用160目滤布过滤，得滤液备用。

（2）苹果汁制备　选取充分成熟无腐烂的新鲜苹果，流水清洗，用不锈钢刀沿缝合线纵切对半，用刀挖净果心、果柄。为防褐变，用0.2%柠檬酸和3%的抗坏血酸钠护色，然后加入到85℃的热水中烫漂5min后捞出榨汁。汁液用0.05%的果胶酶酶解，通过酶处理，不仅可以彻底分解果胶、果肉颗粒和细胞碎片，还可分解溶解在其中的半乳糖醛酸或低聚半乳糖醛酸。为使汁液进一步澄清，加入1%的明胶，10min后取出，以硅藻土为助滤剂，真空抽滤，至清亮的滤液。

（3）混合饮料制备

① 调配、脱气　按最佳配方加入薏米液和苹果汁，然后加入纯净水、白砂糖、柠檬酸、食盐等混匀。65～70℃加热，在90.7kPa真空度下脱气、灌装、封盖，体系处于一定的真空度下，可以保持其稳定性。

② 杀菌、冷却　高压杀菌对产品的风味及营养都将带来不少损失，采用柠檬酸调酸方式，使果汁饮料处于微酸状态，pH值3.8～4.0，采用低酸常压杀菌（10′—15′—10′/100℃）。杀菌后，快速冷却至0～4℃。

4. 成品质量指标

（1）感官指标　产品呈淡黄绿色，无悬浮物及沉淀分层现象，以苹果味为主，略带有薏米的清香。

（2）理化指标　可溶性固形物≥16%，砷（以As计）≤1.0mg/kg，铅（以Pb计）≤0.5mg/kg，酸度≤0.4%。

（3）微生物指标　细菌总数≤100CFU/mL，大肠菌群≤5MPN/100mL，致病菌不得检出。

十八、玉米薏米复合饮料

1．生产工艺流程

甜玉米粒→磨浆→过滤→玉米汁

薏米→洗净烘干→粉碎→调浆→糊化→酶解→灭酶→离心→薏米汁→混合调配→均质→杀菌→冷却→成品

2．操作要点

（1）玉米汁制备　将新鲜甜玉米粒与水以1∶4的料水比混合，利用打浆机将甜玉米粒破碎打浆，经过滤得到玉米汁。

（2）薏米汁制备　挑选颗粒饱满、无虫蛀的干薏米，洗净，放入60℃的烘箱中干燥30min，冷却备用；薏米粒用粉碎机粉碎，过80目筛得到薏米粉；以1∶10的料水比将薏米粉调制成浆，于90℃水浴中糊化，待浆体冷却至65℃时，加入400U/g α-淀粉酶水解4.5h，至酶解液遇碘不变色为止；将酶解好的薏米浆升温至90℃灭酶10min，冷却后经4000r/min离心12min，取上清液，得到薏米汁。

（3）增稠剂制备　将增稠剂与部分白砂糖混合，缓慢加入70～80℃水中，匀速搅拌保证增稠剂充分溶解，制成胶溶液，现配现用。

（4）混合调配　按照一定的配比，在玉米薏米混合汁中依次加入增稠剂、酸味剂和甜味剂，边加热边搅拌，使其混合均匀。具体各种原辅料配比：玉米汁与薏米汁混合汁60%（玉米汁与薏米汁体积比为6∶4）、白砂糖6%、柠檬酸0.02%。复配增稠剂（琼脂∶黄原胶∶海藻酸钠＝3∶2∶1）0.16%，其余为纯净水。

（5）均质、杀菌、冷却　为得到口感细腻、组织状态良好的产品，将调配好的复合饮料在60℃进行两次均质，第1次均质压力为40MPa，第2次均质压力为30MPa。均质后的饮料在121℃下灭菌10min，冷却得到成品。

3．成品质量指标

（1）感官指标　复合饮料颜色呈米黄色，有玉米和薏米特有的清香，且香气协调浓郁；饮料口感顺滑，滋味甜中带酸；外观稳定均一，无沉降物。

（2）理化指标　可溶性固形物18.53%，还原糖0.95%，总酸0.26g/100mL。

（3）微生物指标　细菌总数≤100CFU/mL，大肠菌群≤5MPN/100mL，致病菌未检出。

第五节 · 其他薏米食品

一、荞麦薏米绿豆营养保健粥

1. 原料配方

荞麦 5kg，薏米 4kg，绿豆 11kg，糖 32kg，添加剂用量为总量的 0.2%，最佳配比为黄原胶：CMC：β-环状糊精为 3：2：5。

2. 生产工艺流程

荞麦、薏米、绿豆→选料→称重 1→清洗→煮豆→冷却→沥水→称重 2→充填→一次加汤→脱气→二次加汤→封罐→杀菌→冷却→成品

3. 操作要点

（1）原料预处理

① 荞麦选料、清洗　去除霉变、虫蛀、变色、变味的荞麦和夹杂其间的砂石、异物。用洗米机反复冲洗 10min 至干净无异物，备用。

② 绿豆选料、清洗　去除霉变、虫蛀、变色、变味的绿豆和夹杂其间的砂石、异物。用洗米机反复冲洗 10min 至干净无异物。

③ 煮绿豆　把夹层锅中的水加热至 97℃，倒入绿豆，分别添加绿豆量 0.4% 的复合磷酸盐、质量分数为 0.25%碳酸氢钠，保持 2min。

④ 绿豆冷却、沥水、称重　绿豆煮豆结束后排水，加冷水冷却至室温沥水，每次控制吸水率，使绿豆与水的质量比达到 1：1.1。

⑤ 薏米选料、清洗　去除霉变、虫蛀、变色、变味的薏米和夹杂中间的砂石、异物。用洗米机反复冲洗 10min 至干净无异物。

⑥ 浸泡薏米　把夹层锅中的水加热至 75℃，倒入薏米，质量分数为 0.3% 的碳酸氢钠，与薏米一起加入夹层锅，温度达到 105～108℃，保持 5min。

⑦ 薏米冷却、沥水、称重　薏米浸泡结束后排水，加冷水冷却至室温沥水，每次控制吸水率，使薏米与水的质量比达到 1：1.45。

（2）汤液制备　先将糖放入配制桶中加水溶解，再把少量糖与添加剂等配料在塑料桶中混匀后加水充分溶解，再倒入配制桶搅拌 10min 后测量。控制糖的质量分数为 10%±0.2%，pH 值为 8.6±0.5。检验合格后经过 120 目筛过滤，通过 90℃、20s 的高温短时杀菌后送至加汤机。

（3）成品生产

① 空罐清洗　先用纯水冲洗，然后用混合蒸汽加热的水喷淋杀菌。

② 充填　将一定比例的绿豆、薏米、荞麦，充分拌匀后加入空罐内，并使每

罐充填质量一致。

③ 一次加汤　加汤温度 90℃，加入量占总加汤量的 70％。

④ 脱气　将产品放入脱气箱，控制罐内中心出口时温度为 80～85℃，目的是彻底清除罐内空气。

⑤ 二次加汤、封罐　将其余 30％的汤液加入并立即封罐。

⑥ 杀菌　采用加压沸水杀菌。采用压力为 107.8kPa，121℃，保持 20min，然后冷却至室温即为成品。成品为 340g/罐，常温保存时间 18 个月。

4. 成品质量指标

（1）感官指标　色泽：天然黄绿色，均匀一致；组织形态：稳定均一；滋味：有绿豆、荞麦、薏米特有的清香；口感：有嚼劲，细腻爽滑。

（2）理化指标　可溶性固形物 12.5％±0.5％，pH 值 6.5±0.5，重金属含量符合国家标准规定。

（3）微生物指标　细菌总数≤30CFU/100mL，大肠菌群≤3MPN/100mL，致病菌不得检出。

二、虫草薏米糊

本产品是采用自天然虫草中分离纯化的虫草菌种，经深层发酵培养、过滤干燥，得到的虫草菌丝体粉配伍经膨化的薏米和大米、熟化的面粉和芝麻、砂糖等制成具有保健功能的营养糊。

1. 原料配方

面粉 40％，薏米粉 25％，大米粉 19％，芝麻 10％，砂糖 5％，虫草粉 1％，另外可添加适量香料。

2. 生产工艺流程

（1）虫草菌丝粉的制备工艺　菌种→试管培养→三角瓶扩培→液体深层培养→过滤→低温干燥→虫草菌丝体

（2）虫草薏米糊制备

烘干熟化的面粉
↓
虫草菌丝体＋熟芝麻＋膨化薏米＋膨化大米→配料→粉碎→混合→包装→成品

3. 操作要点

（1）菌种培养条件与方法

斜面培养基：葡萄糖 30g、蛋白胨 10g、酵母膏 1g、无机盐（KH_2PO_4、$MgSO_4$ 等）1g、蛹酪素适量、琼脂 20g、水 1000mL、pH6.0～6.5，灭菌条件 121℃，25min。

试管菌种培养：于无菌条件下接种保藏菌种，放入恒温生化培养箱，于 25～27℃培养 5d，刚开始菌丝发红色，继续培养逐渐变白，菌边缘有淡蓝色，备用。

液体三角瓶培养基：葡萄糖 30g、蛋白胨 10g、酵母膏 2g、KH_2PO_4 1g、$MgSO_4$ 0.5g、生长素适量、琼脂 20g、水 1000mL，pH6.0～6.5，灭菌条件 121℃，30min。

液体三角瓶摇床培养：500mL 三角瓶，装液量 200mL，无菌条件下接入试管种子，摇床转速 180r/min，25～27℃培养 4d。

（2）发酵设备及培养基的灭菌　空气过滤器及管道的灭菌：0.2MPa 蒸汽灭菌 45min；发酵罐空罐消毒：125℃灭菌 30min；发酵罐实罐消毒：121℃灭菌 30min，冷却至品温 28℃接种。

（3）虫草菌丝体深层培养

培养基主要成分：酵母粉、玉米淀粉水解糖、蚕蛹粉、无机盐等，pH6.5～7.0。种子罐中适量添加水解糖。

发酵罐装液量：70%。

培养温度：适宜温度在 23～27℃，以 25℃最佳。

通风比：50L 发酵罐（1∶0.4）～（1∶0.7），500L 发酵罐（1∶0.2）～（1∶0.6）。培养前期，菌丝刚开始发育，呼吸强度较低，可采用较低的风量；随着培养时间的延长，菌体生长趋于旺盛，菌体浓度增加，同时呼吸强度增加，应逐渐加大通风比。发酵中期因发酵旺盛，产生大量泡沫，可适当添加少量消泡剂。同时注意发酵温度的控制。

搅拌转速：50L 发酵罐 280～320r/min，500L 发酵罐 180～200r/min 比较恰当。

发酵罐罐压：一般控制表压 0.05MPa 即可。

培养时间：50L 发酵罐 85～90h，500L 发酵罐 96～108h。发酵后期，培养基逐渐变清，发酵结束后，培养基基本澄清，发酵液菌球密度在 1600～2000 个/mL，此时可以放罐。

（4）发酵液的过滤　发酵结束后，发酵液基本澄清，可采用不锈钢双联过滤器过滤，采用 300 目滤网内衬绒布，滤液可用于其他产品，滤出的菌丝体准备干燥。

（5）低温干燥　湿的菌丝体均匀涂在干燥网上，放入干燥箱中，风量控制在最大，品温控制在 60～65℃，干燥至水分 8% 以下。

（6）其他原料处理

① 砂糖　选择干燥松散、洁白、有光泽、无明显黑点的砂糖，符合 GB/T 317—2018《白砂糖》优级的规定。

② 芝麻　选择颗粒饱满、无虫蛀、无砂石等杂质的芝麻，用水漂洗干净，去除漂在水面的不饱满籽粒，然后捞出，放入炒锅内，炒干，继续炒至手捻芝麻闻之有浓郁香味即可，晾凉后备用。

③ 薏米　选择颗粒饱满、无虫蛀、无砂石等杂质的薏米，调节薏米水分，以利于膨化，物料水分控制在 14% 左右，螺杆转速控制在 235～295r/min，机筒温度

控制在 120～140℃较为恰当。

④ 大米　选择颗粒饱满、无虫蛀、无砂石等杂质的大米，应符合 GB/T 1354—2018 标准一级的规定，膨化后备用。

（7）配料、粉碎　处理好的砂糖、大米、薏米按配方要求配料，放入粉碎机粉碎至 60 目。

（8）面粉烘干熟化　采用面粉厂生产的标准 85 粉，装入干燥盘内，装料厚度 3cm 左右，放到干燥车上，推入烘干机内干燥，干燥温度 120～125℃，烘至面粉稍微发黄即可，一般需要 6～8h。烘干的目的是降低面粉水分含量，使淀粉熟化，便于冲调食用。

（9）混合　烘干熟化的面粉和粉碎好的原料按配方要求称量，放入混合机内，开动电机，混合 10min，即可混匀。

（10）包装　采用自动粉剂包装机包装，调节包装容量 20g/袋，可连续自动完成包装、计量、填充、封合、分切等操作过程。包装规格为小包装，每袋 20g，每 10 小袋装一盒。

4. 成品质量指标

（1）感官指标　滋味与气味：具有本品特有的香气；色泽：浅黄色至浅褐色，均匀一致，无杂质；组织状态：干燥粉末状，无结块现象；冲调性：以开水冲调即成均匀糊状物。

（2）理化指标　水分≤6.0%，D-甘露醇≥0.6g/100g，铜（以 Cu 计）≤2.5mg/kg，铅（以 Pb 计）≤0.5mg/kg，汞（以 Hg 计）≤0.1mg/kg。

（3）微生物指标　细菌总数≤10000CFU/g，大肠菌群≤60MPN/100g，致病菌不得检出。

三、黑豆薏米燕麦即食粉

1. 原料配方

黑豆粉、薏米粉和燕麦粉的质量比为 5:5:6，以混合粉的质量为 100% 计，蔗糖质量分数为 24%，麦芽糊精质量分数为 12%，β-环糊精质量分数为 6%，变性淀粉质量分数为 8%。

2. 生产工艺流程

原料预处理→低温烘烤→冷却→粉碎→过筛→混合→包装→成品

3. 操作要点

（1）原料预处理　选用品质较好的黑豆、薏米、燕麦，去除杂质，淘洗干净。

（2）低温烘烤　烤炉温度底火 140℃、上火 10℃，烘烤 40～60min，使黑豆、薏米、燕麦成熟并有烘烤香气，冷却备用。

（3）粉碎、过筛　将上述3种烘烤好的原料和蔗糖分别用粉碎机磨制成粉状，并过80目筛备用。

（4）混合、包装　将各种原辅料粉末按配方比例充分混合均匀；将成品分成30g/份，热封包装即为成品。

4．成品质量指标

外观：均匀浅棕褐色，粉状细腻，无结块，无霉变；风味：有纯正的黑豆、薏米及燕麦味，有轻淡的甜味；口感：入口甜淡度适中，细腻爽滑；冲调性：经热水冲调后，不分层，无疙瘩，能迅速成糊状，冲调性好。

四、速溶薏米粉（一）

1．生产工艺流程

薏米→精选去杂→烘焙→破碎→浸提→澄清、混合→喷雾干燥→出粉→冷却→包装→成品

2．操作要点

（1）精选去杂　以粒大、饱满、色白、无虫害的薏米为佳，然后去除杂质。

（2）烘焙　将薏米烘焙至焦糖色即可。烘焙条件根据所用设备、原料处理量不同而灵活掌握。通常可在180～250℃下维持15～25min。

（3）破碎　原料烘焙后破碎成2～4瓣，忌破碎成粉末，否则不利于后处理。

（4）浸提　原料破碎后，装入带有过滤机的浸出罐中，先用0.29～0.69MPa的压力将水蒸气从底部压入罐内，待薏米被水蒸气湿润后，将水蒸气从罐顶部排出。连续进出水蒸气数次后，注入适量热水，关闭排气阀门，保持100℃以上的温度，压力为0.29～0.69MPa。蒸气压维持一定时间，过滤分离出液体，多次进行减压放气处理，除去挥发性化合物，然后放出部分浸出液。再加入适量的热水，同法浸提两次后，用热水洗涤残渣，冲洗液并入浸提液中。

（5）澄清、混合、喷雾干燥　将所有浸提液进行冷却，利用高速离心机进行离心澄清，除去固体物质，然后根据需要加入辅料，混合均匀浓缩至固形物含量为45%后进行喷雾干燥。

（6）出粉、冷却、包装　干燥室内的薏米粉要迅速连续地卸出并及时进行冷却、过筛，然后根据要求进行包装，经检验合格者即为成品。

五、速溶薏米粉（二）

1．生产工艺流程

薏米→精选→清洗→浸泡→打浆→超高压处理→静置→均质→干燥→粉碎→过

筛→成品

2．操作要点

（1）精选、清洗　选取籽粒饱满、无虫蛀的完整薏米。利用清水洗去薏米表面灰尘和麸皮。

（2）浸泡　将清洗好的薏米浸泡于 4 倍体积的清水中 4～6h，使薏米吸水。

（3）打浆　用粉碎机进行打浆，充分粉碎后过 80 目筛，未滤过的薏米渣继续粉碎直至全部滤过。

（4）超高压处理　将薏米粉配制成浓度为 20％的乳液，调节 pH 至 6，在600MPa 压力下处理 15min，高压舱温度保持在 25℃±2℃。取出，置于 4℃的条件下冷藏 36h。

（5）均质　使薏米乳充分混匀，均质压力为 25MPa。

（6）干燥　将混匀的薏米乳置于 45℃烘箱中干燥 24h 至含水率为 0.15％。

（7）粉碎、过筛　将干燥薏米粉充分粉碎后过 100 目筛，即得成品。

六、薏米果冻

1．生产工艺流程

薏米→除杂→浸泡→烘烤→粉碎→调浆→酶解→过滤→薏米酶解液→加果汁混合→熬胶→灌装→杀菌→冷却→成品

2．操作要点

（1）薏米酶解液制备　将薏米中的杂质去除，清水洗 3 次，用 6 倍体积 pH 值9～10 的碳酸钠溶液浸泡 6h，清水洗干净后沥干水分。将薏米于烘盘上摊薄用烘箱烤，至有很好香味时取出冷却。用粉碎机粉碎并过 80 目筛，用 80℃、15 倍体积的热水调浆，加入 20000U/mL α-淀粉酶，80℃酶解，滴加碘液不变色时，煮沸停止酶解，过滤得到薏米酶解液。

（2）熬胶　果汁（市售）和薏米酶解液按 1∶1 的比例配成混合液，加入 2％白砂糖和 1.8％琼脂。将混合料加入冷水中浸泡 20～30min，其间需不断搅拌使之分散防止结团，使琼脂和薏米酶解液充分吸水膨胀，以利于凝胶性质的发挥，然后在搅拌条件下加热至沸腾，并保持微沸状态 8～10min，使琼脂完全溶解，最后除去表层泡沫。

（3）灌装、杀菌　将调配好的混合液灌装入果冻杯中并封口，巴氏杀菌 10min。为了更好地保护果冻的风味，采用喷淋冷却的方式尽快将果冻冷却至 40℃。

3．成品质量指标

（1）感官指标　果冻呈橙黄色，色泽均匀，透明度好，香味浓郁，口感爽滑，富有弹性。

（2）微生物指标　大肠菌群<3MPN/g，致病菌不得检出。

七、薏米红豆沙

本产品是以薏米、红豆为主要原料，以黄油、白砂糖、糯米粉为辅料生产的一种薏米豆沙，具有口感细腻、甜度适中、香气浓郁的特点。

1．原料配方

薏米粉60g、红豆粉40g、糯米粉15g、白砂糖50g、黄油60g。

2．生产工艺流程

原料处理→薏米粉＋红豆粉→蒸制→加糯米粉、黄油、白砂糖混合→熬煮→成品

3．操作要点

（1）薏米红豆沙原料处理　选取粒小、饱满、色白、完整的薏米，冲洗干净后晾干。选取粒形肥大、色泽光亮、颗粒大小均匀的红豆，冲洗干净后晾干。用粉碎机将晾干后的薏米和红豆按比例混合粉碎，使薏米粉与红豆粉充分混合。

（2）蒸制　在按比例粉碎的薏米红豆粉中加入2倍的水调成糊状，置于蒸锅中，在121℃条件下蒸制25min，蒸干水分，半成品用手轻轻一捻便可捻碎。

（3）混合　在蒸制后的半成品中加入4倍的水调成糊状，并使其中无结块。按照配方的比例在糊状物中加入糯米粉、白砂糖、黄油，并混合均匀。

（4）熬煮　将混合后的糊状物放在电炉上慢慢熬煮，刚开始开大火，待糊状物开始冒泡煮开后，调小火，待糊状物变成黏稠的浆体后关火。熬煮过程中要不断搅拌，以防烟锅。

第三章

高粱加工技术

第一节 · 高粱概述

一、高粱生产在国民经济中的地位

高粱也叫蜀黍、芦粟、秫秫、菱子等，是我国北方的主要粮食作物之一。由于它具有抗旱、耐涝、耐盐碱、适应性强、光合效能高及生产潜力大等特点，所以，又是春旱秋涝和盐碱地区的高产稳产作物。

高粱籽粒含有比较丰富的营养物质：每 100g 高粱含蛋白质 8.2g、脂肪 2.2g、碳水化合物 77g、热量 1509kJ、钙 17mg、磷 230mg、铁 5.0mg、维生素 B_1 0.14mg、维生素 B_2 0.07mg、维生素 B_3 0.6mg。高粱以高膳食纤维、高铁含量等营养特点而著称，具有令人愉悦的天然红棕色和特有的风味。高粱中蛋白质所含赖氨酸及苏氨酸较少。高粱营养特性和生理价值的主要影响因素是蛋白质、氨基酸、单宁。单宁含量高不仅口味不良，而且还会影响蛋白质的消化吸收，故需碾除。这也使高粱的食用价值、饲用价值都低于玉米等。但近年来，随着高产优质品种的育成，高粱的应用价值逐步提高，其籽粒除食用、饲用外，还是制造淀粉、酿酒和酒精的重要原料。我国特酿的茅台、泸州特曲和汾酒等名酒都是以高粱籽粒为主要原料酿造的。加工后的副产品，如粉渣和酒糟，不仅是家畜的良好饲料，其粉渣还是做醋的上等原料。

高粱具有一定的药用疗效，中医认为高粱性味甘平、微寒，有和胃、健脾、消积、温中、涩肠胃、止霍乱等功效。如高粱籽粒加水煎汤，可治疗食积；用高粱米加葱、盐、羊肉汤煮粥，可治阳虚自汗等。高粱米糠内含有大量的鞣酸蛋白，具有较好的收敛止泻作用。现代研究已经证明，高粱中含有多酚、抗性淀粉等多种主要活性成分。通过对多种谷物多酚含量进行测定分析表明，高粱中多酚类物质含量是最高的，且种类最为齐全，几乎囊括了所有的植物多酚类物质。现代医学研究证明，高粱多酚具有抗氧化、抗诱变、抗癌、抑菌等功效，已在食品、药品、化妆品等工业领域中得到广泛的应用。

研究表明，高粱中含有数量可观的抗性淀粉，其含量存在显著差异，与品种、种植条件等有很大关系；但总的来说，与玉米、大米、小麦等其他谷物相比较，高粱中的抗性淀粉含量要高得多。现代医学试验证明，抗性淀粉可以降低人体血液中总胆固醇值（TC）的水平，还可以减少三酰甘油（TG）的含量，同时能降低葡萄糖浓度水平，减少胰岛素的分泌，并且可以有效地预防结肠癌，对人体健康十分有益。此外，高粱还含有多种植物化学物质，如膳食纤维、植物固醇等，在健康食品和保健食品方面（抗癌、减肥和预防心血管疾病）有潜在的市场前景。可见，高粱营养与保健功能全面，开发市场前景广阔。

高粱的茎叶，有较高的饲用价值。青贮高粱平均含无氮浸出物13.4%，蛋白质2.6%，脂肪1.1%，其营养成分优于玉米。成熟后的茎秆是极好的造纸原料，又是农村建筑材料和蔬菜架材以及编织炕席等的原料。此外，高粱的茎叶还可提取医用氯化钾原料和抗高温的蜡质。糖用高粱和粮糖兼用高粱的茎秆中含有大量糖分，故可加工制糖、酒、酒精、饴糖、味精、酱油等。帚用高粱脱粒后，其空穗可做笤帚和炊帚，颖壳还可提取天然食用色素。总之，高粱生产在国民经济中占有重要的地位。

我国高粱曾以食用为主，至今在北方一些农村，仍有食用高粱食品的习惯。东北地区多将高粱籽粒加工成高粱米食用；黄淮流域则喜欢将籽粒磨成面粉，做成各种风味的面食；还有用糯高粱面粉制作的各式黏糕点。因此，中国的传统高粱食品种类很多，作法、食法也很丰富，用高粱米和面做出的中国传统高粱食品有40余种。根据原料和作法，有米制食品，即米饭、米粥等；面制食品，饸饹、饺子、面条、炒面、发糕、年糕等，其中仅面条就有10余种。

高粱丝黑穗菌，又叫高粱丝轴黑粉菌，属担子菌亚门真菌。由高粱丝黑穗菌引起的高粱丝黑穗病穗叫高粱乌米。我国北方地区在饮食中将高粱乌米、玉米乌米作为食用的原材料，通过各种烹饪方法进行烹调后食用。

许多研究表明，食用高粱乌米、玉米乌米对肠道较好，有利于提高人体的免疫力。高粱丝黑穗菌含有人体所需的多种矿物质，尤其是其含有较多的钾，能够在维持机体酸碱平衡的过程中发挥重要的作用，还能够起到预防肿瘤和延缓衰老的作用。同时，高粱丝黑穗菌还含有大量的硒，有助于预防和治疗高血压，维持细胞内渗透压。高粱丝黑穗菌不仅在普通人群的日常保健中发挥着重要作用，而且对特殊人群也有重要作用。如长期注射激素及在高温、高热条件下作业的人群可以多摄取高粱丝黑穗菌，有利于维持身体健康。

高粱丝黑穗菌中还含有多种维生素，其中维生素 B_2、维生素 B_6 和维生素 E 的含量较高。长期服用激素的人群摄取维生素 B_2 能够增强细胞的活化作用；维生素 B_2 的另一个重要功能是预防口腔炎和防止肌肤衰老。如果工作环境的温度较高，工作者感觉非常热时可以补充维生素 B_6，能够增强体质，防止中暑和脱水。维生素 E 的抗衰老、增强免疫功能非常强大，补充维生素 E 是现代健康观念的重要组成部分。

高粱丝黑穗菌中还含有人体不能够自己合成的 8 种氨基酸，以及婴儿不能够合成的精氨酸和组氨酸，是非常好的婴儿食品的原材料。高粱、玉米丝黑穗菌与许多食用菌同属于担子菌纲真菌，美国将高粱、玉米丝黑穗菌列于食用菌之列。高粱丝黑穗菌含丰富的蛋白质、脂肪、淀粉、糖以及矿物质等营养物质，已成为天然营养保健食品，具有广阔的开发和应用前景。

高粱乌米是一种天然的营养、保健、药用食品，也是一种功能性食品基料。其加工利用主要可以从以下几个方面入手。

第一，以乌米为主要原料，开发新型休闲食品、发酵型饮料、果酱，研制乌米酱油、醋等调味品。第二，以乌米干粉为营养添加剂，加入各种已有食品中，如各式冲剂、面糊、蛋糕、面包、面条、月饼馅、元宵馅等。第三，以提取出的乌米中有效成分为主要原料，研制营养功能型产品。例如：提取乌米多糖与黑色素制成口服液或胶囊；通过深层发酵的方法生产黑粉菌，从发酵的菌丝体中提取多糖、蛋白质和其他活性物质，调制成保健食品，同时利用其发酵液制营养酒等。

二、高粱的栽培历史和生产概况

高粱是我国最古老的栽培作物之一，考古学家在辽宁、陕西、江苏等地多处发掘出炭化高粱，经过考证，远在西周时期，高粱已在我国广泛分布。

世界上有 100 多个国家和地区有高粱栽培。播种面积在 6.67 万公顷以上的有 50 多个国家，总面积位于小麦、水稻和玉米之后，是世界上 4 大作物之一。主要分布在亚洲、非洲和北美洲。栽培面积大的国家有印度、苏丹、美国和尼日利亚。单产水平较高的国家有法国、埃及、美国和中国。

我国高粱的分布非常广泛，南到海南省五指山下，北至黑龙江省黑龙江江畔，东起苏、浙、闽沿海之滨，西临新疆天山脚下，到处都有种植，但以北方栽培最多。栽培面积较大的有辽宁、吉林、黑龙江、河北、山东、山西、陕西、河南、甘肃等地。我国南方的安徽、四川、湖北、湖南、贵州等地也有一定的种植面积。

20 世纪 60 年代以来，全球范围绿色革命使小麦、玉米、水稻等主粮全面高产，以及 20 世纪 80 年代改革开放后，伴随着国民经济的增长和人民生活水平的提高，高粱的主要用途逐步从食用转变为酿造原料，高粱种植面积逐步下降，成为重要的杂粮作物。但近年来，在我国酒业的拉动下，高粱种植迅猛发展。国家统计局数据显示，2011 年，中国高粱种植面积 680.4 万亩，产量为 189.2 万吨；2015 年，中国高粱种植面积为 637.4 万亩，产量为 220.3 万吨；2021 年，受白酒行业需求以及国际高粱价格上涨双重影响，中国高粱种植面积达 1008.2 万亩，产量为 313.4 万吨。

三、高粱生产的区域和主要品种类型

（一）高粱生产的区域和主要品种

高粱在我国分布广泛，由于各地的自然气候、土壤类型、耕作制度、栽培方式和生产条件的不同，高粱生产可划分为以下 4 个区域。

1. 春播早熟区

春播早熟区包括黑龙江、吉林、内蒙古的全部，辽宁的北部，河北、山西、陕西的北部，宁夏的干旱区和南部山区，甘肃的中部及河西地区，新疆的北疆地区。栽培面积约占全国高粱总面积的 28%。

主要品种有：同杂 2 号、四杂 6 号、晋杂 2 号、吉杂 52 号、吉杂 27 号、敖杂 1 号、白杂 5 号、黑杂 34 号等。

2. 春播晚熟区

春播晚熟区包括河北、山西、北京、天津等地，陕西的中部和南部，辽宁的南部，甘肃的陇南和陇西，宁夏的黄河灌区，新疆的南疆和东疆盆区。播种面积约占全国高粱总面积的 39%，是我国高粱的主要产区，单产水平高。

主要品种有：晋杂 4 号、晋中 405、沈杂 5 号、辽杂 4 号、辽杂 1 号、晋杂 12 号、冀杂 6 号和抗 4 等。

3. 春夏兼播区

春夏兼播区包括山东、江苏、河南、安徽、湖北、湖南、四川的大部和河北的部分地区，播种面积约占全国高粱总面积的 27%，其中春夏播面积各占 50%。

主要品种有：晋杂 4 号、晋杂 5 号、豫粱 4 号、晋杂 12 号、晋中 405 等。

4. 南方区

南方区包括湖南、江西、浙江、福建、广西、广东、云南、贵州、四川、海南等地的部分地区，其播种面积约占全国播种面积的 6%。

主要品种有：晋杂 5 号、青壳洋高粱、泸杂 4 号、晋中 405、晋杂 12 号、泸糯杂 1 号等。

（二）高粱的类型

高粱的类型，因用途、生育期、粒色等不同，分类的标准也不一样，至今尚无统一的标准。现简单介绍高粱栽培中常用的一些类型及其特点。

1. 根据用途分类

（1）粒用高粱　栽培的目的是收获籽粒。主要用途除食用外，也可作为酿造、

工业原料及配合饲料等。特点是穗大，分蘖力弱，籽粒裸露，形体较大，易脱粒。目前也有人把粒用高粱又分为食用和酿造两大类型：食用高粱要求品质好，单宁含量低，蛋白质含量高；酿造用的高粱要求淀粉含量高，单宁适中，蛋白质中等，脂肪含量要求低。

（2）糖用高粱　又叫甜高粱，多为直穗形，茎内富含汁液和糖分，一般茎秆含糖分 8%～19%，分蘖性弱，籽粒小，且品质欠佳。但茎秆除制糖外，也可酿酒、制酒精等，还可作为饲草。

（3）帚用高粱　植株高大，穗形散长，一级枝梗发达。栽培的目的主要是供制笤帚，茎秆也可作为架材或建筑材料用。

（4）饲用高粱　植株性状与糖用高粱相似，茎秆含糖量高，分蘖性强，茎叶繁茂，生长旺盛，但穗子较小，籽粒品质较差。主要用作青贮、青饲或干草。

（5）兼用型高粱　植株性状与粒用高粱相似，籽粒品质较好，可食用也可饲用。根据用途还可分为粮糖兼用高粱和粮饲兼用高粱。

2. 根据生育期分类

可将高粱分为早熟高粱、中熟高粱和晚熟高粱。

3. 根据胚乳分类

（1）糯质高粱　俗称软高粱，胚乳中淀粉有直链淀粉和支链淀粉。支链淀粉含量高，黏性较大的为糯质高粱。它在工业上有特殊用途，能形成一种透明的糊状物。我国贵州茅台和四川泸州特曲就是用这种高粱酿造而成。

（2）糖质高粱　这类高粱同玉米一样，也有糖质胚乳性状，幼嫩种子从乳熟开始凹陷，大约 15d 后凹陷结束，这时籽粒的风味最佳。化验结果表明，还原糖比非凹陷籽粒高 3 倍多，主要供食用。

（3）粉质高粱　我国大部分栽培品种属于粉质型，其主要特点是胚乳中含有粉质的淀粉。

（4）爆裂型高粱　与爆裂型玉米一样，爆裂型高粱的籽粒较小，种皮较厚，胚乳为非常致密的硬胚乳，基本全是角质胚乳，膨胀后可达 15～17 个高粱粒大小。蛋白质含量高，一般用于糖果、糕点的制作，在我国这类品种栽培较少。

（5）黄高粱　这类高粱磨成的面粉是黄色的，富含维生素 A，品质优良。

第二节 · 高粱焙烤食品

一、高粱粉海绵蛋糕

本产品是以高粱粉代替一部分面粉生产的一种新型蛋糕，所制作出的蛋糕颜色棕红、外形完整、口感香甜松软。

1. 原料配方

高粱粉 25%、低筋粉 75%，其他原料占混合粉的比例：鸡蛋 200%、蛋糕油 3%、白砂糖 80%、色拉油 20%、水 10%。

2. 生产工艺流程

称料→糖蛋搅拌→加入蛋糕油→加入粉料→加入油、水→装模→烘烤→成品

3. 操作要点

（1）面糊调制　将白砂糖和鸡蛋混合后倒入搅拌机中，1 挡搅拌 1min，加入蛋糕油，低速搅拌 1min，加入低筋粉和高粱粉混合搅拌 1min，然后 3 挡搅拌 10min，至蛋糕膨发，加入色拉油和水，1 挡搅拌 2min 即可。

（2）装模、烘烤　将面糊挤入纸杯中，温度为上火 200℃，下火 170℃，时间约为 17min。将烤盘取出，室温下冷却即为成品。

二、高粱乌米蛋糕

1. 原料配方（占面粉的比例）

鸡蛋 150%～200%、白砂糖 100%～120%、乌米粉 3%、泡打粉 1%、水 8%～10%。

2. 生产工艺流程

面粉、泡打粉、乌米粉

鸡蛋、白砂糖、水→打浆→调糊→入模→烘烤→冷却→成品

3. 操作要点

（1）乌米粉制备　采未散孢子粉的高粱乌米，清洗，去苞叶，于 40℃烘干，粉碎，过 80 目筛备用。

（2）打浆　将鸡蛋、白砂糖、水加入搅拌机，高速打浆至体积增加为原来的 3 倍左右，蛋液呈乳白色蓬松泡沫状，时间约为 15min。

（3）混合粉料制备　将面粉、泡打粉、乌米粉预混合，过筛后加入已打发的蛋液中。

（4）调糊　将过筛的混合粉均匀加入搅拌机内已打发的蛋液中，慢速搅拌，混合均匀即可。搅拌速度要慢，调糊时间要短，以防面粉起筋，影响蛋糕起发。

（5）入模　调糊后浇注入小圆烤模盘，浇模量约为烤模体积的 2/3，浇模前先将其内壁均匀涂上植物油。

（6）烘烤　浇模后立即进行烘烤，炉温控制在 180℃，先为高底火、低面火，

后为低底火、高面火进行烘烤，至蛋糕表面呈黑灰色。取出脱模，经冷却即为成品。

三、无麦高粱面包

这种面包是以高粱为主要原料再添加一定量的食品添加剂，制成的无小麦面粉的面包。在这种面包生产中，加入的主要添加剂是黄原胶。它是微生物发酵产生的一种多糖，由葡萄糖、甘露糖、葡萄糖醛酸等组成，易溶于冷水或热水，水溶液呈中性，即使是低浓度水溶液也有很高的黏度，稳定性优于植物性胶质，能增强淀粉黏度，可用作稳定剂、乳化剂、增稠剂和悬浮剂。在这里黄原胶的主要功能是提高淀粉黏度和促使保气薄膜形成，取代传统面筋在面包中的作用。

1. 原料配方

配方1：高粱粉1000g、干黄原胶50g、玉米油60g、白砂糖70g、新鲜压榨酵母50g、水1150g。

配方2：高粱粉1000g、水合黄原胶12g、玉米油60g、白砂糖70g、新鲜压榨酵母50g、水1200g。

2. 生产工艺

（1）利用干黄原胶制作高粱面包　将所有干的原料在和面机内混合均匀后，加入水与酵母，高速搅拌2min，然后加入玉米油后再连续搅拌5min以上。将面团调制好后，经过切块、搓圆、成型置于烤盘中，于30℃下发酵100min。最后取出，送入烤箱中，在208℃的温度下焙烤40min，取出后经过自然冷却即为成品。

（2）利用水合黄原胶制作高粱面包　先将黄原胶与600mL水均匀混合搅拌5min以上，然后在和面机中混合各种干的原料，加入胶体溶液及酵母，高速搅拌1min，加入玉米油后再连续搅拌4min以上。将面团调制好后，经过切块、搓圆、成型置于烤盘中，于30℃下发酵100min。最后取出，送入烤箱中，在208℃的温度下焙烤40min，取出后经过自然冷却即为成品。

四、高粱粉软欧面包

软欧面包既具有传统欧式面包低脂低糖的特点，又具有柔软的口感，更符合人们对健康的追求和口感的需要，是目前非常受消费者青睐的面包品种之一。本产品是将高粱粉添加到软欧面包中，不仅能增加软欧面包的膳食纤维含量，而且能丰富面包产品的品种。

1. 原料配方

以高粱粉和面包粉（1:4）为基准，烫面10%、砂糖8%、黄油8%、奶粉

6%、酵母2%、盐1%、淡奶油30%、水40%。

2. 生产工艺流程

加水、油

↓

称料→混合→面团调制→松弛→分割→搓圆→松弛→整形→醒发→烘烤→冷却→成品

3. 操作要点

（1）称料、混合、面团调制　将1份高筋粉和2份热水（90~100℃）混合，用长柄刮板搅拌成团，放凉备用。干性原料称量后混合，倒入搅拌缸中，低速挡搅拌3min至原料混匀。加入水、淡奶油，低速挡搅拌5min后，加入黄油继续用低速挡搅拌3min，随后用高速挡搅拌6min至面筋完全形成，面团温度28℃左右。

（2）整形　将面团取出后收圆，放在操作台，覆盖塑料布，松弛12min。将面团分割成80g/个，搓圆后面团放入不粘烤盘中，入发酵箱进行中间醒发（松弛），温度38℃，相对湿度80%，醒发30min，取出生坯搓圆整形。

（3）醒发　将上述经过整形的面包坯放入不粘烤盘中，入发酵箱中进行最后醒发。醒发条件：相对湿度80%、温度38℃、时间40min，取出后放在常温下，待表面稍微晾干。

（4）烘烤、冷却　烤箱190℃预热15min，入炉烘烤16min即可。常温下冷却30min后即为成品。

五、高粱乌米面包

1. 生产工艺流程

采用一次发酵法：原料处理→配料混合→面团调制→发酵→整形→醒发→烘烤→冷却回软→成品

2. 操作要点

（1）乌米粉制备　乌米经脱皮、烘干后粉碎过60目筛。

（2）原料处理　将高筋面包粉与4%的乌米粉混合均匀。

（3）配料混合及面团调制　分多次加水、面包改良剂、蛋液和面，当面团形成时再分别添加食盐、已经熔化的奶油和溶化好的白砂糖（糖用量为9%），最后用少许水溶化酵母（酵母用量为1%），混合成悬浊液加入面团中，再加大力和面至不黏手为止，面团有弹性。在面团上任意截取一团，然后拉伸看是否有一层薄膜，有薄膜即证明面团和好。此时面团形成整体，无干粉块，表面光滑有光泽。

（4）发酵　将调好的面团于30℃、相对湿度80%~90%的条件下发酵1.5h，面团发酵是否完成用手触法检验。

（5）整形　发酵成熟的面团搓成均匀长条，切分为约 100g 的面团，再将不规则的面团经搓圆揉成圆球形状，使之表面光滑、结构均匀、不漏气。

（6）醒发　醒发温度在 40℃，醒发时间 55min 左右，相对湿度在 85％ 左右。醒发标准：面包坯的体积增加 3～4 倍为宜，半透明，手感发轻，为最终面包体积的 80％。

（7）烘烤　将成型好的面包坯放入面火为 120℃、底火为 230℃ 的烤箱中烘烤 5min，使面包坯的体积继续膨胀增大，底火使面包坯的底部大小和形状固定；然后面火升温至 180℃ 烘烤 8min，这个阶段使面包定型、成熟；最后面火升温至 200℃ 烘烤 2min，是面包上色、增加香气、提高风味的阶段，发生美拉德反应和焦糖化反应，产生金黄色的表皮，并产生香气。

（8）冷却回软　取出烤炉，面包表面刷油，面包不应立即倒出烤盘，应和烤盘一起自然冷却，冷却到面包表皮变软并恢复弹性后，再倒在冷却台上，最后进行包装即为成品。

六、高粱乌米营养饼干

1．原料配方（以饼干专用粉为基数）

乌米粉 3％、色拉油 20％、绵白糖 20％、疏松剂 0.6％、水 15％、鸡蛋 4％。

2．生产工艺流程

乌米→清洗→去掉苞叶→烘干→粉碎→筛粉→乌米粉
　　　　　　　　　　　　　　　　　　　　　↓
鸡蛋、色拉油、糖、疏松剂混合搅打→乳化状→调制→成型→烘烤→冷却→成品

3．操作要点

（1）乌米粉预处理　选用未散粉的乌米，40℃ 烘干，磨粉，过 80 目筛后得到乌米粉。这时的乌米粉营养价值最高，也有利于人体吸收。

（2）调制　先将鸡蛋在打蛋器中搅打 2～3min，陆续加入绵白糖、色拉油、疏松剂水溶液混合搅打 8min，成乳化状。加入面粉与乌米粉的混合粉调制，充分调匀后和成面团，调制温度在 22～25℃，静置 5min 待融合。注意在加入乌米粉时先将部分面粉与其混合，以免孢子粉飞溅。

（3）成型　将融合好的面团放入经消毒好的食品级塑料薄膜中，挤出约 10g 重的面团，置于烤盘模具中，用力挤压成约 0.3cm 厚、直径 3～4cm 的圆饼，注意要用力均匀，厚度一致。

（4）烘烤　将制作成型的饼干置于烤箱中烘烤，烘烤温度控制在上火为 220～

230℃，底火为170～190℃，先为高底火、低面火，后为低底火、高面火进行烘烤，至饼干表面呈黑灰色。烘烤时间为6～8min。注意使用高面火进行饼面烘烤时，时间要严格控制，以免饼面因焦煳而变色。

（5）冷却　将烘烤好的饼干取出，自然冷却至25～30℃，即成成品。剔除不合格成品，包装即可。

4.成品质量指标

形态：外形完整，薄厚均匀，具有较均匀的油泡点，不应有裂缝及收缩变性现象；色泽：黑灰色，色泽均匀，表面有光泽，无白粉，不应有过焦、过白现象；口感：口感酥松，不粘牙；滋味：具有该品种应有的香味，无异味；组织：横断面结构层次分明。

第三节·高粱发酵食品

一、高粱传统酿酒技术

随着消费者对食品安全要求越来越高，纯绿色、纯天然、纯手工加工的传统白酒越来越受到消费者的欢迎。许多地区的农民通过种植高粱并手工酿造白酒实现增收。在这里对以高粱为原料采用传统工艺的酿酒技术进行简介。

1.酿酒原料和酒曲的选择

（1）原料选择　理论上说，酿造白酒的过程就是一个从淀粉转化成葡萄糖，再转化成酒精的过程。任何含淀粉的植物都能制作酒精，但白酒除了对酒精含量有要求外，还对色、香、味有要求，只有色、香、味俱佳，才是酒中珍品。选择玉米酿酒，由于玉米的胚芽较大，胚芽中含有大量蛋白质，酿出的酒有"怪、臭、闷"的味道，所以品质较低。选用稻米酿酒，由于稻米中缺少食用纤维，只能采用液态发酵，因此制成的酒缺少香味。唯有高粱其作为食材虽略显敛涩，但作为酿酒原料却是不二选择。高粱带给酒体的独特风味，是其他各种粮食无法比拟的。

高粱分粳质高粱和糯质高粱，其区别在于淀粉中支链淀粉含量高低，糯质高粱出酒率高于粳质高粱。高粱还有白、黄、红、褐、黑等颜色之分，颜色会决定酒体的风味，一般来说，颜色越深，单宁等物质含量越高，合适的单宁含量，既可产生香味，又能抑制部分杂菌，并且不会伤害酵母，过量单宁会影响酒体风味，因此红色高粱为酿酒的最佳原料。

（2）酒曲选择　酒曲主要分为大曲和小曲两大类。

①大曲制备　大曲是由小麦、大麦、豌豆按比例粉碎后，加水制作成曲砖，

放入曲房发酵而成的，根据曲房发酵温度的控制与调节，各种微生物产物此消彼长，各种不同的曲香味会带入酒体，形成不同的酒香。一般来说，曲房温度控制在55~65℃为酱香型（如茅台香型），曲房温度控制在50~60℃为浓香型（如五粮液香型），曲房温度控制在36~48℃为清香型（如汾酒香型）。

② 小曲制备　小曲的制作各地有不同的配方，一般都是用籼米粉加入中药材，再接入上年优质的"曲种"发酵而成。因此小曲的菌种相对单纯，菌种活力高，并且使用量较少，产酒清爽，不易失败。

2. 发酵技术

（1）蒸粮　选择脱壳的糯质高粱，用清水淘洗，捞去空瘪粒，然后根据气温不同，浸泡6~12h，当吸足水分（40%~50%）时捞出沥干，蒸熟。蒸好的高粱含水率控制在60%左右，外表表现为不干也不黏，皮破肉不破，即所谓的蒸"开花"，这样高粱淀粉能直接接触曲粉，利于均匀发酵。

（2）发酵　如果想酿出高品质的酒，发酵中要重点掌握2个环节，一是低温，二是固态。低温状态下，酵母代谢慢，杂菌生长慢，有利于保证酒质；发酵温度过高，发酵过快，容易产生燥、辣的味道。所谓低温，就是发酵温度控制在20~26℃，在这个恒定温度下，发酵时间可以延长至1~6个月。固态发酵就是高粱有氧发酵，与做黄酒加水的无氧发酵不同，固态发酵前期高粱籽粒间存在不少小孔，有利于酵母菌对淀粉的充分分解，这是酿制高品位酒的关键。相对而言，液态发酵能提高酒的产量，但产量提高，质量相对降低。

3. 蒸馏技术

充分发酵的高粱称为酒醅，酒醅中的酒精通过蒸馏提纯就是烧酒，充分了解蒸馏过程中酒度变化规律，掌握火候和截酒技术，才能得到好酒。

（1）小火蒸馏　蒸馏的原理是根据水和酒精不同的沸点确定的，当温度达到85℃时，酒精就汽化成蒸气，冷却后成为白酒；而当温度达到100℃时，水和酒精同时汽化成水和酒精的混合物，冷却后酒精含量较低，达不到酒的要求。因此，蒸馏温度不能超过90℃，做到热而不沸，才叫小火蒸馏。

（2）留前去后　蒸馏过程中出酒的酒度含量是由70%向0递减的，按1.5kg高粱生产0.5kg酒的规律，以20kg一蒸为例，前6.5kg左右为正段酒，浓度60%左右，后边的是尾酒，浓度不足40%，不能作为原酒。

（3）去头掐尾　去头：蒸馏过程中，锅温是逐步升高的，部分沸点较低的杂物如乙醛、杂醇油先汽化，这些物质大量聚集在酒头，如果混入酒体，会造成酒体刺激性太强，甚至出现怪味，因此出酒前5%的酒头要去掉。掐尾：就是蒸馏后期酒精含量不足40%的尾酒不能加入原酒，可用来重新蒸馏。

（4）适度勾兑　按照上述去头掐尾后的原酒，一般酒度在60°以上，如果想喝低度的白酒，可用纯净水勾兑，但不能用开水或矿泉水，因为开水和矿泉水中的矿物质会使酒体出现浑浊。一般酒度不要低于50°，酒度过低，大量不溶于水的物质会析出沉淀，后期陈酒会出现变酸和寡淡问题。

二、山区农村纯高粱大曲酒

湖北省竹山县地处鄂西北山区，玉米种植面积较大，很多农户都有用玉米酿造纯正大曲酒的习惯。为进一步提高旱地种植效益，近年来，该县一方面从四川、山西等地引进酿酒用糯高粱新品种，引导农户规模种植；一方面以糯高粱为主要原料，运用传统工艺酿造纯正大曲酒。由于高粱酒更加香醇，因此其产品价格虽然比玉米酒高1倍以上，在当地仍然十分畅销。湖北省竹山县农业局的熊飞将纯高粱大曲酒的工艺流程和技术要点进行了整理，其生产工艺流程：制作大曲→制作酒醅→发酵→蒸馏出酒→二次发酵蒸馏→储藏陈化，技术要点如下。

1. 制作大曲

酿造大曲酒，必须提前制作大曲。"曲乃酒之骨"，酒曲的质量在很大程度上决定了酒的质量。制作大曲一般在端午节前后，趁气温较高时进行。

(1) 备料　一般采用纯小麦制曲，也有农户添加少量豌豆。原料最好选用干燥、饱满、无杂质、无病虫、无霉变、无异味、无农药残留的当年新收小麦或豌豆。

(2) 润料粉碎　制曲前先将原料淘洗干净，润料3～4h后，用粉碎机破碎成"梅花瓣"状，注意不能粉得过碎、过细。

(3) 拌料　将粉碎的原料加水反复拌匀，含水量控制在36%～38%。感官判断以手握成团、齐胸高度落地即散为准，过干、过湿对后期发酵均不利。也有农户根据需要，在拌料时加入嫩玉米浆、熬制好的野菊花（或其他中药材）、水等，其目的是酿造具有不同风味或功能的大曲酒。

(4) 踩曲　将拌好的料倒入木制曲模中，用脚踩成类似土坯形状的"曲坯"。踩曲时应注意将四角踩紧，中部稍松并微微隆起。踩好的曲坯略呈"龟背形"，以内松外紧、松而不散为宜，这样有利于微生物的生长和繁殖，生产出的大曲多为黄色，曲香浓郁。近年来，也有不少农户将拌好的料装入较薄的塑料编织袋（俗称蛇皮袋）中，扎紧袋口后在曲模中踩实，连袋一起进入培养工序。

(5) 培养　踩好的曲坯先在室外摊晾2～3h，待表面略干、变硬后，再搬进专门用于培养大曲的曲室中。

曲室使用前先打扫干净，然后在地面铺一层洁净、干燥、无霉变的麦秸（或稻草），厚约15cm。将曲坯均匀地水平放置在麦秸（或稻草）上，每块曲坯间留2～3cm空隙。在曲坯面上再铺一层麦秸（或稻草），厚7～8cm，然后再放置一层曲坯，如此交替排放曲坯 4～5 层，最上层曲坯面上再盖一层麦秸（或稻草），厚约10cm。一道曲墙堆码好后，再码下一道曲墙，每道曲墙间要留约50cm 宽过道，以便日常检查。排放曲坯过程中需注意：一要轻拿轻放，防止曲坯破碎；二要排放整齐，防止曲墙倒塌；三是上下两层曲坯间要交错排放，以便空气流通；四是曲室内不可排放过满，要留出一定位置，作为后期翻曲时转移曲坯场所。山区有的农户排放曲坯时，在中间夹放一些黄蒿，以增加酒的香气。

曲坯入室后，控制好曲室内温度与湿度，是提高大曲质量的关键。曲坯刚入室时，为提高室内湿度，需在麦秸（或稻草）面上喷水，以表层麦秸（或稻草）湿润而水滴不下渗到曲坯上为宜，一般室温高时可适当多喷，室温低时应适当少喷。喷水后随即关闭门窗保温保湿。随着根霉、曲霉等各种微生物在曲坯表面大量繁殖，曲室内温度会逐渐升高。一般在第五天或第六天（低温季节需 7～8d）曲堆内温度会升至顶峰，最高温度可达 60℃以上。

当曲坯表面挂满霉衣，用舌尖品尝有特殊甜香味时进行翻曲。翻曲的目的一是调节温湿度，使每块曲坯发酵均匀，菌丝由外向内生长；二是使曲坯逐渐成熟、干燥。翻曲时将地面及曲坯间湿麦秸（或稻草）取出，更换成干麦秸（或稻草），同时将曲坯由平铺改为侧立，适当加大曲坯间距离。翻曲后曲堆内温度会明显下降，但随后又逐步升高，大约 1 周后可升至最高点，此时进行第二次翻曲。经过两次翻曲后，曲坯逐渐失水变干。在翻曲后15d 左右，打开曲室门窗进行通风换气，进一步加速曲坯干燥。翻曲后 40～50d，曲堆内温度逐渐降至室温，曲坯大部分已经干燥，此时即可将曲坯搬出曲房，转至阴凉通风处储藏。曲坯转场时，如发现水分偏高、分量偏重的曲坯，应将其单独放置在通风良好处，加速其干燥。干燥的成品曲，品质好的外观金黄色，鼻嗅有明显酱香味。

新制的大曲干燥后，还需在阴凉通风处存放 3～4 个月，使曲坯内各种微生物在时间的作用下进一步发生复杂演变，由"新曲"变为"陈曲"。用陈曲酿造的高粱酒，味道更加香醇，不会发酸。

2. 制作酒醅

制作酒醅是农村酿造大曲酒的重要环节，一般在秋收后进行。

（1）备料 纯高粱大曲酒必须以纯高粱为原料，不添加玉米、小麦等其他粮食。最好选用色泽鲜亮、颗粒饱满，无杂质、无虫蛀、无霉变、无农药污染的当年新收获高粱。

（2）粉碎 将高粱与大曲分别用粉碎机粉碎，细度以通过 20 目孔筛的颗粒占70%～75%为宜，注意不可粉得过细。也有农户使用整粒高粱，蒸料前把高粱用清水浸泡 2～3d（其间注意换水），具体浸泡时间视温度高低而定，温度高需时短、温度低需时长，将高粱泡透（即手能掐动、无硬心）即可。

（3）蒸料 将粉碎后的高粱加水湿润并反复拌匀，湿度以手握成团、落地即散为度，然后将其放甑中蒸 20～30min。蒸过的料，以外观熟而不黏、内无生心为好。如果原料数量较少，可将其直接用沸水烫熟。如果用浸泡好的整粒高粱，需放甑中蒸 30min 左右，以内无生心、外微开花为度。

（4）拌曲　将蒸熟的高粱取出，散开摊晾至温热（25℃左右），注意摊晾时间不可过长，以减少杂菌侵入，随后加入粉碎的大曲反复拌匀。大曲用量根据曲的质量确定，质量好的可少加，质量差的需适当多加。一般每 100kg 高粱，加入大曲 30kg 左右。加曲后的料湿度以手握成团指缝有水珠沁出为度。

3. 发酵

山区农家酿酒，多数都挖有固定的酒窖（发酵池），以备常年使用。每次使用前，先将酒窖修补好，并在窖内垫一层较厚的塑料膜，然后将料放入其中逐层踩实。料装满酒窖后，将面上踩平踩实，用厚塑料膜盖严，然后再用厚约 10cm 的黄泥将窖口密封严实，确保外部空气与杂菌不能进入窖内，最后在酒窖上覆盖麦秸或稻草保温。发酵期间要经常扒开麦秸或稻草查看，发现泥面干燥龟裂时需及时喷水保湿，并将裂缝处补严。如果料较少，也可将其装入塑料壶内，加盖密封后置于 18～20℃的室内（夏季不超过 25℃），促其自然发酵。但无论采取何种方式，发酵期间料都不能接触空气，以防止杂菌侵入感染。在酒曲内各种微生物作用下，高粱淀粉逐渐转化为酒精。经过约 35d 发酵，料已变成富含酒精的"酒醅"，此时即可进入蒸馏取酒环节。

4. 蒸馏出酒

蒸馏出酒俗称"烤酒"，就是将酒醅内的"酒"通过蒸馏、冷凝从酒醅中分离出来，变成能够饮用的"大曲酒"。

（1）备谷壳　山区农村烤酒时，必须拌入一定比例的谷壳作为填充物。一般选用干燥、新鲜、色金黄、较完整，且无杂质、无霉变、无虫蛀、无异味、无农药残留的优质谷壳。如果用陈谷壳，在使用前需先除杂，然后再清蒸约 30min。

（2）拌料　将发酵好的酒醅从酒窖中取出（或从塑料壶中倒出），加入备好的谷壳迅速拌匀。一般每 100kg 酒醅加入谷壳 10～15kg。刚取出的酒醅湿且黏，添加谷壳可使其在蒸馏过程中保持松散透气，以便蒸汽均匀穿透其中，并将所含酒精充分、均匀地带出，进而提高出酒率。

（3）上甑蒸馏　农村烤酒需要用到几样特制的工具，其中包括一大一小两口铁锅（大的简称"底锅"，小的简称"天锅"），一个用于装料的木质桶状"酒甑"，一个防止蒸汽泄漏的密封圈（将篾圈外缠稻草，再用麻布片或塑料膜缠绕包扎制成），一个将酒从酒甑导引至酒壶内的木质"酒进子"，一个临时装酒用的酒壶（或酒桶），以及一些辅助工具。同时还要备足干燥的硬柴。

①烤酒过程　烤酒时先将铁锅及酒甑等工具洗净，天锅的底部也要刷洗干净，以防出现杂质或异味。将酒甑置于底锅上，在锅内加水至酒甑下口完全淹没。在酒

甑底部安置好木格，垫好篦笆以便装料；用大火将底锅内的水烧开，将拌好的料均匀、松散地撒在酒甑内的篦笆上，每撒一层料，等蒸汽穿透后迅速在其上再撒一层（加料过程中注意手法要轻，不可将料压实，以免影响蒸汽贯通）；待料加至接近酒甑上口时，放置好引导出酒的"酒进子"，垫好密封圈，然后将天锅放置在密封圈上，仔细检查天锅与酒甑间是否漏气，然后在天锅内加入冷水；用大火蒸一会儿后，携带着"酒"的热蒸汽就会自下向上升腾至天锅锅底，在遇到低温后凝结成液体，落至"酒进子"的托盘上，然后通过"酒进子"上预设的管孔导出酒甑。在"酒进子"出口放置酒壶（或酒桶），将酒接住即可。为防灰尘、杂质，一般在酒壶（或酒桶）口覆盖干净的棉布或纱布进行过滤。

② 烤酒过程中的注意事项　一要掌握好灶内火候。刚上料时火要猛，这样可以保证蒸汽迅速穿透料早出酒；出酒后火要稳，使酒醅中所含酒精能够均匀、充分地挥发，提高出酒率。二要注意经常给天锅换水。发现天锅内水变热后就要舀出，兑入冷水使其温度保持在35℃以下，以便酒气在锅底冷凝。三要出酒后随时品尝。最初烤出的酒称之为"酒头"，这种酒度数（酒精含量）较高，酒性较烈；后来出的酒，度数逐渐下降，酒性趋于平和；最后出的酒称之为"酒尾"，度数偏低，味淡而且发苦，这时就不能再接酒了，否则会影响整个酒的品质。

5. 二次发酵蒸馏

山区农村烤酒，第一次烤出的称之为"头道酒"。由于料发酵还不彻底，因此还要进行二次发酵，并进行二次蒸馏取酒，俗称"烤二道"。

二次发酵：将第一次蒸馏取酒后的酒糟取出摊晾，待温度降至30℃以下后，再加入约20%的大曲反复拌匀，随后装入酒窖或塑料壶中，将口封闭严实进行发酵，方法与第一次发酵基本相同。

二次蒸馏：待二次发酵完成后，取出酒醅进行第二次蒸馏取酒。此次烤出的酒，称之为"二道酒"。由于"头道酒"与"二道酒"在度数与口感上都有明显差别，因此需将两次发酵蒸馏所得酒兑在一起，这样高粱酒的口感更加柔和，质量一致且有所提升。

经过两次发酵蒸馏，正常情况下100kg高粱可出酒38～40kg，即出酒率在38%～40%。烤酒后的酒糟，农村一般将其晒干后作猪饲料（使用时需添加玉米、甘薯、青饲料等）。

农村烤酒，根据需要也有烤一道或三道的。只烤一道出酒率较低，但烤酒后的酒糟内营养物质还比较丰富，是上等的猪饲料。烤三道可提高出酒率，但酒品质下降，酒糟作猪饲料质量也较差。

6. 储藏陈化

新烤的高粱酒，直接饮用口感浓烈，不够香醇，饮用过量容易"上头"。因此，农户常将其密封储藏半年以上，待酒自然陈化，变得更加香醇后再取出饮用。

三、高粱生料酿酒技术

传统的熟料固态发酵和生料液态发酵，其基本原理是完全一致的。其区别在于传统酒曲糖化能力不强，所以必须先蒸煮原料使其糊化以便于酶起作用。而生料酒曲使用糖化能力相对较强的酶及其分解酶直接作用于淀粉颗粒的外膜，使淀粉分解，生成糊精，再转化成麦芽糖，最终得到可发酵性葡萄糖。高阳等对利用高粱生料酿酒的工艺进行了探讨，下面对其进行简介。

1. 高粱生料酿酒工艺概述

生料酿酒就是酿酒酵母利用生淀粉直接进行生长、繁殖及代谢的过程。酿酒需要大量的淀粉，而高粱产量高价格低，成为生料酿酒的重要原料。在酿酒工艺流程中，微生物可以利用自身的代谢产生葡萄糖淀粉酶、α-淀粉酶、β-淀粉酶等，这些酶可以把高粱生淀粉转化成葡萄糖，而酒曲中的酒化酶会把葡萄糖转化成酒精，然后排出细胞外。实质就是把高粱原料里的水淀粉直接进行了水解，在微生物酶和酒曲酵母的综合作用下进行发酵产生酒精，最后进行蒸馏形成白酒。高粱生料酿酒工艺比传统的酿酒工艺节约能源，出酒率更高，操作简单快捷，可以进行工业化生产。

在传统的酿酒工艺中，熟料工艺需要将原料浸泡较长时间，并需要进行蒸料处理，会导致可发酵的物质大量损失。根据酒精生产测定的结果可知，随着酿酒温度的升高及时间的延长，会导致原料中可发酵性糖分损失量不断加大，因此，熟料工艺出酒率相对较低。

2. 生产实践

通过试验（采用300kg高粱、生料酒曲和纯净水）证明，在高粱粉碎过140目筛的颗粒中加入0.8％的生料酒曲，经过发酵可产出酒精含量最高数量最多的酒。

3. 高粱生料酿酒工艺分析

在酿酒工艺中，采用生料酿酒的适用范围较为广泛，如大米、玉米、小麦、高粱等，利用大米、玉米、小麦生产生料白酒均有不足。高粱酿酒，酒香浓郁，虽然出酒量稍低，但酿出的酒质量高。因此，高粱生料酿酒工艺越发受到人们的重视，加强高粱生料酿酒工艺研究，必然能够进一步促进我国酒文化的发展，同时也更好地促进酿酒企业发展。

（1）高粱原料选择　因为高粱生料酿酒过程中没有蒸煮操作，就不能对操作中产生的有害菌进行高温除菌，这就要求我们严格把控生料酿酒的高粱原料，要求高粱原料干燥、没有杂质、不存在霉烂变质和虫蛀现象，并进行高粱脱皮和去胚操作，剩下的高粱胚乳中高级脂肪酸酶的含量很低，不会影响酒的质量。由于高粱颗粒的大小影响出酒量，就要对高粱进行粉碎，并且粉碎颗粒要适中，经过实验得出，140目的高粱颗粒出酒量出酒品质最好。

（2）生料酒曲选择　生料酒曲是复合型霉曲，有菌种多、酶系多的特点，在发酵和糖化作用方面功能强大，酒曲中葡萄糖淀粉酶的活力和酵母量决定生料酒曲的发酵力。经过实验，葡萄糖淀粉酶与淀粉酶混合使用时，葡萄糖淀粉酶的活力提高。筛选酒曲，不是简单的复合淀粉酶、葡萄糖淀粉酶和酵母菌群，而是进行合理的群微共酵生料发酵。科学实验表明，产生酒精最多的酒曲加量是0.8%。由于地区差异，每个地区的酿酒企业使用的生料酒曲有所不同，不同类型的生料酒曲产生不同的酶解作用，生成不同的微生物和有效酶类，这些不同就导致了酒的香味和酒口感差异，所以酿酒工艺存在地区差异。

（3）高粱生料发酵液pH的选择和加水量　由于高粱生料酿酒中没有蒸煮环节，不能对发酵时产生的有害菌群进行灭杀，就要求控制发酵液的pH值。实验和长期酿酒实践表明，抑制杂菌并且保证生料发酵酶活性的pH值是4.0。高粱生料的淀粉浆浓度影响出酒量，而加水量可以调节淀粉浓度，对最后的出酒量也有极大的影响。在酿酒企业长期实践中发现高粱生料的发酵周期、发酵温度都会影响酒精的品质和含量，这就要求酿酒企业根据高粱原料的淀粉含量以及酒曲添加量适当调整发酵温度和发酵周期。

（4）生料发酵反应器选择　发酵设备的选择关系着酒的香醇和净爽品质。高粱生料发酵过程中要严格把控发酵温度，要定时翻动，保持物料的干燥和物料及酒曲的均匀，应配备专业的风机，加强室内空气的流动，吹走产生的水汽。因此要选择具有强速风力、温控效果好、机械化程度高、操作简单、清洗消毒方便的发酵反应器。通过实验，发酵能力最强的发酵反应器是搅拌式发酵反应器，此类反应器在控制酒精含量的方面表现出色，并且融合高粱生料的混合、灭菌、物料冷却和发酵工艺于一体，减轻了人工劳动，避免了物料移动时产生的污染。

四、糯高粱小曲白酒

1. 生产工艺流程

糯高粱→泡粮→初蒸→闷水→复蒸→摊晾培菌→入池发酵→入甑烤酒

2. 操作要点

（1）原料　每甑投粮300kg，用根霉酒曲1.8kg，日平均出酒率为56.41%（57%vol计）。

（2）泡粮　当天烤酒后，将冷凝器池中热水放入泡粮池中，再将糯高粱倒入。用锨翻拌均匀，泡粮水温73～74℃，寒冷季节要加木盖保温，泡4～4.5h，放去泡粮水干发，在下午6点撮入甑内初蒸。

注意要点：泡粮用水基本固定，水温不过高过低，泡粮时间不过长过短，使粮吸水一致，放泡粮水时用锨翻拌，流去灰渣，待到初蒸时，撮入甑内，糯高粱浸泡后含水量40％～45％。酿酒用水要求用泉水、井水且清亮无怪味为佳，用pH试纸检查，pH 6～7时为好。

（3）初蒸　先在甑上撒稻谷壳1层，防止粮粒落入锅内，等待蒸汽上来以后，再将泡好的粮食慢慢撮入甑内，蒸到圆汽后，加尖盖初蒸14～15min，以达到粮粒受热进一步膨胀。

（4）闷水　将冷凝器池上层水，由进水管流入甑锅内，慢慢进水没过甑的粮面，将水淹过粮面10～14cm，用温度计检查水温为95℃，无白心，在粮面撒一层稻谷壳，保持粮面水分与温度。放闷水不能盖尖盖，吊在甑内，要把灶内火封好，防止火大升温使粮食被加热变软。

（5）复蒸　第二天2时至3时，将炉火拨开，以大米复蒸粮，甑内蒸圆汽出粮面时，扣尖盖复蒸50～60min，揭去尖盖，将使用的锨、端撮、木扒放入甑面，再蒸10min。目的是冲去粮面阳水，将用具消毒灭杂菌。要求甑内的粮食含水量达到要求，原粮100kg，熟粮有215～225kg，粮食柔熟，手捏软绵。检查熟粮含水量方法：用棉布缝一个小口袋，放入高粱0.5kg，用绳子扎好袋口，进行泡粮，再初蒸、闷水、复蒸粮，复蒸后，从熟粮中取出粮袋，称质量除去皮重，得出袋内熟粮质量，求出熟粮含水量。

（6）摊晾培菌　谷从秧上起，酒从箱上起。首先选用优质根霉酒曲，根霉酒曲中的根霉菌、酵母菌在箱内粮粒、淀粉中扩大培养，将淀粉变成糖，糖变酒。曲药用量合适，严格控制培菌温度，控制好箱的盖糟厚薄，分4～5次盖完，箱上搭上竹席、麻袋、谷草垫，视箱温高低确定培菌时间等控制指标，见表3-1。

表3-1　根霉培菌工艺指标

项　目		糯高粱	
		寒冷季节	炎热季节
用曲量　/％		0.6～0.65	0.5～0.6
下曲温度/℃	1	55	50
	2	50	40
	3	40	35
箱厚/cm		12～15	8～10
培菌时间/h		25～26	22～24
入箱温度/℃		24～26	24～25
出箱温度/℃		33～35	32～33

注意要点：①粮食出甑前，先将晾堂打扫干净，摆好箱，席上撒少许稻谷壳。

②在晾堂与箱边处，将熟粮摊晾，电撮一行一行摆好。在电撮内，撒少许蒸过的稻谷壳，防止淀粉粘在屯撮中。

③ 用端撮将甑内熟粮撮到摊粮电撮中，甑内熟粮出完后，用锨将粮翻拌刮平，做到先倒后翻，以调节粮的温度基本一致。在电撮内插温度计4支，检查温度，便于下曲。

④ 下曲培菌：下曲时，要留5%的曲药作箱底曲药。第一次下曲时，熟粮摊晾到50~55℃，下曲量为曲总量的1/3，温度降到50℃以下，放入空撮中。第二次下曲时，熟粮晾到40~50℃时下曲，下曲量为总曲量的1/3，熟粮温度降到40℃以下，将粮拌均匀。熟粮温度降到35℃时，第三次下曲，下曲量为总曲量的1/3。粮温降到28~30℃时（先在箱底撒谷壳少许），慢慢将电撮中熟粮运入箱内，刮平，撒箱面曲药，再撒稻谷壳少许，箱上粮中四角各插温度计1支，至箱上培菌甜糟温度降到24~25℃时，用装粮麻袋或稻谷草垫盖保温。

⑤ 出甑酒糟保箱温：先将盖箱麻袋除去，将烤酒后酒糟，运到箱边周围，撒到箱边与箱面，分5~6次盖完。盖箱糟盖厚与薄，视箱上粮的温度高低决定，不能盖急箱（2~3次盖完），盖急箱会使箱上温猛升，促使杂菌生长，造成酸箱倒桶，降低出酒质及出酒率。

（7）入池发酵

① 发酵池的制造　发酵池用火砖砌成，池内外用水泥浆抹光，池底用石子、沙子、水泥合砌成斜面，斜面池角处做一个能装25kg黄水的池，使发酵出来的黄水流入凼内，如一甑投粮300kg，做地面池，池高100cm，池体入地下18~20cm，池长宽170cm。

② 入池发酵　甜配糟混合入池发酵，检查箱内甜糟的温度，32~35℃时出箱。先将昨天留在电撮中的配糟撮入池底堆放；再将与甜配糟混合的配糟摊在晾堂上刮平，用温度计测量温度，平均21~23℃；再将箱上甜糟用撮撒在配糟上面刮平，甜糟温度降至26~27℃时，传堆混合；再将池内底糟刮平，底糟温度28~30℃时，将混合好的甜配糟端入池底刮平踩紧；再将留底盖池配糟运入池面刮平踩紧；再盖一层厚薄膜，薄膜面上盖稻谷壳大约10cm厚，踩紧。

③ 检查发酵池升温情况　用竹筒一节，长60cm，内直径3cm，插入池内发酵糟中间；用绳子吊温度计1支，绳子一头套一小节玉米芯，塞竹筒内。发酵糟入池2h后，检查温度，24~25℃为合适，称为团烧温度。第一次发酵24h（称为初期发酵），升温2~4℃；第二次发酵48h后（称为主发酵期），升温6~7℃；第三次发酵72h后（称为后期发酵，升温低），升温2~3℃，视为正常，整个发酵期升温10~13℃。

（8）入甑烤酒

① 底锅水量　底锅水要清洁卫生，加水量要合适，距甑篦17~20cm，甑篦离甑脚水过近，易使甑篦与底锅水部分接触，使发酵糟蒸不上汽，形成踏汽，使酒蒸不出来。

② 上甑　上甑时先将池面糟撮出放甑边，再撮池内发酵糟，盖糟放甑面。发

酵糟在装甑时，做到轻倒匀撒，逐层探汽装甑，不踏汽、不跑汽，发酵糟装完，蒸汽离糟面6cm，将昨日接好的头子酒洒在糟面上，扣尖盖，并塞好盖与甑边缝，进行缓火烤酒。

③接酒 接酒要截头去尾，才能提高酒质，符合国家卫生要求。由于酒头酒尾含有的甲醇、杂醇油多，要求一甑（300kg粮食）接头子酒0.5~1kg，全甑酒烤完，酒度在58%vol~62%vol为宜。

五、糯高粱小麦小曲白酒

1. 酿制原料

糯高粱、小麦、水、根霉曲。

2. 生产工艺流程

糯高粱、小麦→浸泡→初蒸→闷粮→复蒸→摊晾下曲→培菌糖化→配糟→发酵→蒸馏→勾兑→成品

3. 操作要点

（1）浸泡 糯高粱与小麦一般按1∶1的比例配料生产。小麦与糯高粱在外皮结构上有差异，在泡粮时小麦比糯高粱吸水多。因此采用分批浸泡的方式进行浸泡。小麦提前30min入泡粮桶内，然后加入糯高粱进行浸泡，泡粮时粮粒必须吸水均匀且透心。一般泡粮水温控制在73~74℃，水淹过粮面为宜。泡粮后粮粒的含水量一般在37%~42%之间最好。在泡粮期间，应随时搅拌粮粒，使粮粒受热、吸水均匀，如果泡粮时不均匀，蒸粮时就难做到膨胀破裂，最终影响出酒率。

（2）初蒸 浸泡的粮粒水分达到37%~42%即可上甑初蒸，先在甑箅上撒一层稻壳，待上汽后再将浸泡好的糯高粱与小麦装入甑内，圆汽后蒸10~17min，其初蒸的目的是使粮粒受热进一步膨胀。

（3）闷粮 粮粒经过充分的浸泡、初蒸后还不能达到完全膨化的目的，故还要闷粮。加水闷粮的水温为72~73℃，加水时应从放水眼加入，掺完闷粮水后，高过粮面7~8cm。闷粮期间以甑表水温达95℃为妥。因为趁粮粒还未大量破皮时闷水，保持了一定温度，粮粒内外形成一定温差，使粮粒内部受到足够大的挤压力，避免了外皮破裂。这样粮粒在甑内吸足水分后开始膨胀并破裂，有70%左右的粮粒裂口即可放出闷粮水。待水滴尽后进行复蒸，闷粮时间一般为38~40min。

（4）复蒸 粮粒经闷粮后，此时粮粒的破口率达90%以上。由于表皮水分很大，难免有少数生硬心，故需进行复蒸。复蒸时先加盖蒸30min（圆汽后的时间），再敞蒸20min，使附着在粮食表面的水分能渗透到淀粉内，达到蒸透的目的。需注意在复蒸前还应加入5%的稻壳于粮粒内翻拌均匀，表面还要盖一层，以防止表面甑盖滴水造成淀粉的过分破裂损失。经复蒸后的粮粒（高粱和小麦）应糊而不烂、

表皮收汗、内无生心、黏度正常。

(5) 摊晾下曲　将复蒸的粮粒出甑放于干净处摊晾。夏季为室温，冬季为40℃，加入原料量0.3%~0.5%的根霉曲（冬多夏少）。冬天接种量多的原因是气温低，加大根霉曲的接种量可加快其繁殖，升温较慢也会影响培菌糖化。夏天气温高，接种量少些，避免品温过高根霉曲过快繁殖而导致产酸和烧心等。

(6) 培菌糖化　培菌糖化工序是淀粉酶将淀粉降解为糖以及酵母繁殖的阶段。它使根霉曲、酵母在熟粮上发育生长，提供淀粉降解为糖和糖发酵转化为酒的必要酶系。在收箱培菌时，应将粮粒与曲种充分拌匀。一般装箱厚度在10~22cm（冬厚夏薄），进箱温度20~30℃（冬高夏低），培菌时间20~24h，糖化期间最高品温应在38℃以下，至于箱的老嫩，应根据季节而定。

(7) 发酵　减少发酵过程中生酸量是需要解决的重要问题。发酵操作关键是控制醅料装桶的条件，即醅料淀粉浓度、酸度、入桶温度等。同时不同品种的原料，不同的熟粮，培菌温度也不同，一般在33~36℃之间。装桶前应先按一定比例将糖化醅料与出甑摊晾的新鲜酒糟拌匀。粮糟比例冬季（1:3）~（1:3.5），夏季（1:3.5）~（1:4.5），用于调节醅料中的淀粉浓度和酸度，入桶配糟温度21~23℃，甜糟24~27℃（室温为20℃以下）。桶内发酵温度以34~37℃为宜，发酵6~7d即可进行蒸馏。

(8) 蒸馏、勾兑　装甑技巧、蒸馏设施、蒸馏火力都会影响蒸馏的效果，装甑时要边穿汽边上料，均匀地松撒薄撒，疏松透气，做到不压气，不跑气。探气上料，火力大而稳。接酒要掐头去尾，中火下酒，大火追尾。蒸馏所得小曲白酒经过勾兑即为成品。

4. 注意事项

① 做好工具清洁，搞好环境卫生，减少杂菌污染，减少淀粉消耗，特别是夏季应努力做好卫生工作。

② 应注意曲料质量，回潮的曲料不能使用，劣质曲料也不能使用，因为它直接影响原料的培菌糖化，还含有不少产酸菌。

③ 在夏季应尽量缩短熟粮摊晾时间，时间过长会给产酸菌的滋长提供一定的条件，因此夏季酿酒以午夜0:00至清晨5:00出甑最好。

④ 在闷粮时要注意闷粮的水量和时间，避免水过多和过少，时间过长会给放闷粮水带来麻烦。因糯高粱黏性比较强，时间过长会使粮粒过分破裂，造成淀粉流出，堵住粮粒间空隙，故应特别注意。

⑤ 培菌醅摊晾厚薄要均匀，撒曲也要均匀，否则会出现局部温度过高或过低（冷箱）的现象。

⑥ 严格控制箱温和室温。一般在夏季培菌时产生的热量不易散失，因为室温的上升会使箱温上升也较快，这样不但有益菌繁殖不良，而且会使产酸菌趁机滋

生。因此室温和箱温是控制微生物生长的重要因素，熟粮水分过多，产酸菌易于繁殖；水分过少，又不利于有益菌生长，且糖化、发酵困难。一般每 50kg 糯高粱和小麦复蒸出甑为 105～110kg。但天气潮湿时水分应略为减少，并注意在出甑前用大火冲去阳水。

⑦ 在夏季应勤检查糖化箱。因气温高，产酸菌易于繁殖，且繁殖越快产生的热量也越多，而且产酸菌会使箱温上升时间提前，上升速度加快。具体情况是一般入箱 5～6h，箱温急剧上升，而培菌情况良好的是熟粮入箱后 10～12h，箱温才缓慢上升 1～1.5℃。

⑧ 正确判断培菌箱的老嫩。培菌箱的老嫩必须根据熟粮水分、季节变化、发酵周期、配粮质量确定。箱老，消耗糖分多，发酵生酸大；箱过嫩，糖化不好，发酵残余淀粉多，影响产酒，必须按照生产要求确定箱的老嫩。若在夏季箱温上升过快，可将盖箱的酒糟扒开检查。如粮醅间出现细菌菌丝，就可出箱，不要等到转甜才出箱。如箱温上升正常，虽在夏季，也要等转甜后才出箱。

⑨ 培菌醅在正常情况下，清糊、有曲香味，具有樱桃味，化验还原糖 5%～7%。

⑩ 配糟酸度控制在 1%～1.5% 为宜，配糟酸度过高，出酒率大幅度下降。但夏季则不同，一般进桶时混合醅的酸度为 0.7%～0.75%。混合醅的酸度主要决定于配糟的量及酸度的高低。发酵中要根据配糟质量、数量、熟粮水分、入桶淀粉浓度、培菌糟的老嫩、用曲量、根霉曲中的酵母比例来确定发酵周期。蒸馏前如发酵桶内水分过多，则应于头天晚上提前放水，否则易引发蒸馏过程中的上水现象，影响出酒率。

六、甜高粱糖浆酒

本产品是以甜高粱糖浆为原料，采用纯种发酵工艺，借鉴朗姆酒工艺，生产的一种甜高粱酒。

1. 生产工艺流程

原料预处理（稀释、澄清、灭菌）→菌种活化→接种酵母菌→发酵→蒸馏→密封储藏

2. 操作要点

（1）原料　甜高粱糖浆，外观为深褐色，室温下流动性较差，带青草的甜味，糖浆中含有大量的气泡，糖度 87.3°Bx，pH 5.44，总糖 67.11%，可发酵糖 64.16%。菌种：汾酒实验室保藏酵母菌 24 号。

（2）原料预处理　将甜高粱糖浆用纯净水稀释至 15%～30%，灭菌（100℃处理 15min）或不灭菌。

（3）菌种活化　将酵母菌用 10 倍的纯净水溶解，在 30℃下活化 30min，搅拌

均匀。

（4）接种发酵　将预处理后的糖浆装入 10L 的广口瓶中，装液量为 80％，初始糖度 22％，发酵温度 18℃，静置发酵，酵母菌接种量 0.4％，发酵时间 11d。当酒度不再增加，残糖降至 2％左右，二氧化碳气泡减少，液汁开始清晰，发酵结束。在此条件下糖浆酒的出酒率高达 49.2％。

（5）蒸馏　采用夏朗德壶式蒸馏釜进行蒸馏，冷凝温度控制在 20℃左右，收集所得馏分，掐酒头 250mL，切酒尾时酒度为 40％vol。

3. 成品质量指标

（1）感官指标　色泽状态：透明有光泽，酒体协调；口感滋味：香气柔和，口感协调，较清雅。

（2）理化指标　酒度 50％vol。

七、高粱威士忌

1. 生产工艺流程

高粱、玉米→粉碎→糊化　　接种←多级扩大培养←酵母

大麦、豌豆→发芽→烘干→粉碎→糖化→发酵→初蒸馏→二次蒸馏→老熟→勾兑→过滤→包装→成品

2. 操作要点

（1）原料及预处理　高粱原料，当年生产的颗粒饱满的优质高粱，作为生产原料。麦芽原料，采用地板式发芽法制作麦芽，麦芽浸出率为 73.6％。豌豆芽原料，采用优质大粒豌豆，经地板式发芽制成豌豆芽。

（2）原料糊化及糖化处理　高粱和玉米粉碎后，经过筛选，用 40℃的水调和成粉浆，添加到蒸煮锅中，控制温度 120℃持续高压蒸煮 1～1.5h，当锅内的原料已经彻底糊化后，转入糖化锅中加入麦芽和豌豆芽做糖化处理。需要注意的是整个糖化处理工艺实施中，需要采用 3 次蒸煮法，控制糖化温度在 65～70℃。

（3）酵母扩大培养　当经过初次筛选发酵后，将发酵中需要的酵母筛选好，并且按照酵母发酵处理中的要求，将其转移到培养基中进行进一步的扩大培养。培养基规格为 12°Bx 麦汁，将培养基保存在 30℃室温下 48h 后，加入液体滴管后控制培养温度 28℃持续培养 24h。经过 3 次培养后最终装罐，控制在 22℃温度下，持续 16h 制成成熟酒母。

（4）发酵　当糖化后的原料送入到发酵罐后，接入上述培养成熟的酒母，进行厌氧发酵，控制发酵接种温度 20～22℃，酵母发酵温度控制在 20～30℃，发酵时间为 48～72h。

（5）蒸馏　当发酵成熟后，原料中的酒精浓度在 7%～8%。采用蒸馏工艺控制酒精浓度，首先实施初蒸馏，将成熟的原料全部添加到蒸馏器内，通过加热提高原料的酒精浓度，但是要控制酒精浓度不能大于 45%。然后才能转移到二次蒸馏设备中，进行再次蒸馏，蒸馏温度 130℃，持续蒸馏 1.5h 以上，当酒精浓度达到 60%±2% 时，停止蒸馏，储存封装，成为待装酒。

（6）老熟及勾兑　经过蒸馏处理的酒用木桶储存后，需要对其进行勾兑，整个储存周期 2 年以上。用双蒸水稀释到酒精浓度 38%±2% 时，进行天然色素调色，添加澄清剂再储存一段时间，当颜色变得橙黄透明后，用过滤器过滤包装即可成为成品。

八、上面发酵高粱啤酒

1. 生产工艺流程

高粱芽→粉碎→糖化→过滤→煮沸→冷却→发酵→过滤→澄清→杀菌→成品

2. 操作要点

（1）高粱制芽

① 漂洗　在 25℃下，使用 0.2% NaOH 溶液浸泡高粱 8h，使用流动的水清洗 5 次。

② 浸泡　继续浸泡 8h，空气休止 2h，再浸泡 16h，使得高粱籽粒充分吸收水分，水分达到 43%～47%。

③ 发芽　30℃发芽 5d，每天翻两次，喷淋加水。

④ 干燥　50℃鼓风干燥 24h，除去根芽。

（2）高粱芽糖化　将粉碎后的高粱芽以料水比 1∶4 的比例与水混合，在 35℃温度下水浴浸提 20min，将含有高粱芽中各种酶的上清液倾出，剩余固形物加热至 90℃，糊化 30min，然后降温至 65℃，将上清液倒回，在 65℃下糖化 1h，过滤得高粱汁。糖化后高粱芽汁的总还原糖含量为 83.23g/L，α-氨基氮含量适中，为 180.8mg/L。

（3）发酵　调节高粱芽汁浓度为 12°P、pH5.5 左右，按 $2.0×10^7$ 个/mL 的接种量接入上面啤酒酵母，于 16℃的温度条件下发酵，失重基本不变后，结束发酵。发酵结束后，高级醇含量由 150mg/L 降至 109.09mg/L。

（4）澄清剂制备（2% 皂土悬浊液）　称取 2.00g 皂土于烧杯中，用 10 倍去离子水浸泡 24h 后，转移到容量瓶中定容至 100mL。

（5）澄清　取高粱啤酒 200mL，按 0.9% 的添加比例向啤酒中加入 2% 皂土悬浊液，摇匀后处理 24h，透光率可达到 90%，色度降为 16EBC。澄清后经离心、过滤、巴氏杀菌即可得到成品啤酒。

3. 成品质量指标

（1）感官指标　啤酒呈橘黄色，色泽均匀一致，滤后清亮透明，无明显悬浮物或沉淀物。泡沫洁白、细腻，泡沫较持久，酸、苦适中，杀口力较强，具有水果香味，无异杂味。

（2）理化指标　高级醇 109.09mg/L，双乙酰 0.11mg/L，酒度 6.20%vol，原麦浓度 12°P，真正发酵度 79.21%，总酯 15.6mg/L，总酸 2.1mg/100mL。

九、葡萄高粱食醋

本产品是以葡萄、高粱为主要原料，麸皮等为辅料，发酵过程中不额外加水，采用前液后固的山西老陈醋传统生产工艺，生产的一种含有白藜芦醇等功能成分的新型食醋。

1. 生产工艺流程

葡萄→清洗、去梗→破碎→灭酶→酶解、冷却→加酵母发酵→加入高粱、大曲→酒精发酵（液态）→加入麸皮谷糠→接入醋酸菌醋酸发酵→成熟加盐→熏醅（50%）→淋醋（熏醅、白醅各 50%）→陈酿→成品

2. 操作要点

（1）葡萄及处理　为提高产品中功能成分白藜芦醇的含量，应选用白藜芦醇含量高的葡萄品种。白藜芦醇含量高的葡萄品种主要有赤霞珠、梅鹿辄、蛇龙珠等。白藜芦醇在葡萄果实中的分布以果皮中含量最高，种子次之，果肉最低。

葡萄经清洗、去梗，用组织捣碎机破碎，95℃、3min 灭酶，降温至 42℃加入占葡萄果浆质量 0.015% 的果胶酶酶解 3h，目的是使果汁等营养成分流出，降低果浆黏度，并使果皮中的色素充分溶于果汁中。然后冷却至 28℃加入葡萄酒酵母，预发酵 72h。

（2）高粱处理　选用适合酿造山西食醋的大狼尾高粱。传统的山西老陈醋生产是将高粱粉碎成四至六瓣掺面，缺点是有粉末产生，会增加醪液的黏度，不利于酒精发酵。将高粱经清洗，轧成 1～2mm 厚的片状，大大降低了粉末的产生量。

（3）酒精发酵　将轧成片的高粱、粉碎好的大曲与预发酵的葡萄果浆混合均匀，果粮比为 10∶1，大曲用量为高粱质量的 62.5%，按山西老陈醋工艺进行浓醪酒精发酵，发酵温度 26℃、时间 18d。

（4）醋酸发酵　在完成酒精发酵的酒醪中加入其质量 21% 的麸皮谷糠，拌匀入缸，再按醋料体积的 10% 接入火醅（醋酸菌种子），置于中心，盖上缸盖。发酵

温度为 28℃，发酵 24h 后品温开始上升，其深度达到 1/2，发酵 72h 品温达到 42℃，每天早晚各用手翻醅一次，5d 开始退温，8～10d 品温降至 25～26℃，醋醅已成熟。

（5）成熟加盐　醋醅成熟后，加入细面食盐，用手拌匀，加盐后放置 2d。加入食盐的作用主要是抑制细菌生长，增加食醋风味。

（6）熏醅　取一半醋醅放入熏醅缸内，文火加热，缸内温度控制在 80～90℃，每天翻拌 1 次，5d 出醅。熏好的醋醅色泽又黑又亮，闻不到焦煳味。

（7）淋醋　把白醋醅和熏醋醅分别放入白淋槽和熏淋槽中，先在白淋槽中加入 65℃热水浸泡 12h，然后将淋出的醋液流入熏淋槽中浸泡 8h，淋出即为新醋。

（8）陈酿　淋出的醋液放入缸中，常温放置，陈酿 3 个月以上即为成品醋。

3. 成品质量指标

（1）感官指标　色泽：深褐色或红棕色，有光泽；香气：熏香为主体，有果香、酯香、和谐、香气持久；滋味：食而绵酸，口感醇厚，滋味柔和，酸甜可口、余味绵长；体态：体态均一、澄清、较浓稠、挂杯，允许有少量发酵性物质的沉淀。

（2）理化指标　可见表 3-2。

表 3-2　新醋及陈醋理化成分分析

项　目	指　标	
	新　醋	陈　醋
总酸(以乙酸计)/(g/100mL)	5.74	6.48
不挥发酸(以乳酸计)/(g/100mL)	2.46	2.78
总酯(以乙酸乙酯计)/(g/100mL)	2.36	2.71
还原糖(以葡萄糖计)/(g/100mL)	2.23	2.63
氨基酸态氮(以氮计)/(g/100mL)	0.20	0.23
可溶性无盐固形物/(g/100mL)	9.72	11.02
白藜芦醇/(mg/L)	0.89	0.91

十、葛根高粱山西老陈醋

葛根是药食同源植物，营养丰富且具有一定的保健作用。本产品有利于促进葛根的深加工，提高山西老陈醋的保健功能。本产品是以葛根、高粱为原料，采用传统工艺酿造的山西老陈醋，它不仅保留了山西老陈醋的风味特征，还增加了功能成分葛根素，显著提高了山西老陈醋的保健功效，所制得的山西老陈醋葛根素含量达 75.5mg/dL。

1. 生产工艺流程

葛根→粉碎　　　　　大曲　麸皮、谷糠

高粱→粉碎→混合润料→蒸料→酒精发酵→拌醅→醋酸发酵→熏醅、白醅→套淋→陈酿→成品

2. 操作要点

(1) 高粱、葛根粉碎、蒸料　高粱粉碎成4～6瓣，最好不带粉面。葛根经粉碎过10目筛，然后与粉碎的高粱复配，葛根占高粱质量比为30％，加入80％冷开水搅拌均匀，润料12h以上，使充分吸水。待水分浸透即可进行蒸煮，料分批加入，每次待蒸汽冒出再装，装满后圆汽，盖锅盖，以大火蒸熟即可。蒸料不黏、不夹硬心。总蒸料时间为50min。把蒸熟的料取出，置于冷却池内，同时加入开水，摊平焖料，冷却至室温即可拌曲，进入酒精发酵。

(2) 酒精发酵　加入占复配料62.5％的大曲粉，搅拌均匀。加入一定量水，装入大缸进行浓醪酒精发酵，敞口发酵3d，每天打耙1次，发酵温度最高不超34℃，然后封缸密闭发酵15d，检测酒度达9％～11％，总酸<2.50g/dL。

(3) 醋酸发酵　酒醪和麸皮、谷糠按照一定的比例进行拌醅，拌醅的酒度5.0°～5.5°，水分(63±1.5)％左右，置于浅缸中接入10％的"火种"进行醋酸发酵，每天翻醅1次，第3～4天温度达到最高43～45℃，然后发酵温度逐渐降低，第8～10天成熟。

(4) 熏醅　40％成熟醋醅进行熏醅，熏醅温度为70～90℃，每天翻醅1次，3d之后出醅称为"熏醅"。

(5) 套淋　采用循环套淋的方法进行，将白醅淋醋液加热至沸，放到熏醅再浸泡4h；淋醋的醋液为新醋，每吨主粮控制淋醋质量为600～700kg，余下的淡醋液用于下次醋醅浸泡。新醋酸度一般为5.0～5.5g/dL。

(6) 陈酿　新醋储放至室外缸内，一年四季日晒夜露，冬捞冰。总酸≥6.0g/dL，为山西老陈醋。

(7) 成品　按照山西老陈醋的操作工艺，经过滤、灭菌、灌装，检验合格为成品。

十一、搅拌型高粱酸奶

1. 生产工艺流程

准备鲜牛奶

高粱种子→去壳→清洗→煮熟→打浆→过滤→杀菌→混合调配（加蔗糖）→均

质→灭菌→冷却→接种→发酵→冷藏→破乳→搅拌型高粱酸奶

2．操作要点

（1）原料选择

① 鲜牛奶　要制作好的酸奶，必须选用不含防腐剂、不含抗生素、酸度较小、脂肪含量较低的新鲜牛奶为材料。牛奶煮沸后，在高温下牛奶中的绝大部分非病原菌和全部病原菌将会被杀死，同时还能提高酸奶的稳定性，使酸奶的贮藏期更长。

② 蔗糖　选用颗粒状较小的白砂糖，而不能用绵白糖，因为绵白糖粒细，容易受潮，不宜用来制作酸奶。

③ 菌种　乳酸菌能使乳糖发酵后产香变酸。将嗜热链球菌和保加利亚乳杆菌结合起来使用，会减少酸奶的凝固时间。

（2）高粱汁制备

① 去壳、清洗　选用白果皮（晋农粱1号）为原料。将选好的高粱种子去掉籽粒最外边的表皮，即颖壳。用清水洗去籽粒中的杂质以及漂浮在水面的劣质颗粒。

② 煮熟　高粱中的单宁具有涩味，不容易被人体吸收与利用，降低了高粱的食用品质。高温水煮高粱后，可以去除部分红色素和单宁。同时，一部分红色素也被带入水中，使清水变成红色，煮熟后的高粱籽粒颜色将变深，白果皮的为红色，红果皮的为乌红色。

③ 打浆、过滤　在煮熟的高粱中加水，用打浆机磨浆，倒到过滤网上，过滤到保鲜盒中，剩余滤渣加入水重复上述操作2~3次后，停止过滤，把所有的滤汁都倒入保鲜盒，冷藏后备用。

④ 杀菌　将过滤后的高粱汁置于水浴锅中，设置时间和温度分别为15min和90℃，然后冷却到室温。

（3）混合调配　新鲜的牛奶在不锈钢电热锅中煮沸后，按一定比例进行混合调配。高粱汁添加量30%、蔗糖用量7%。

（4）均质　将混合调配好的物料放进均质机中使其混合均匀，温度为60℃，压力为20MPa。

（5）灭菌、冷却　在高压灭菌锅中进行灭菌，压力为0.1MPa，温度为121℃，灭菌后冷却到室温。

（6）接种　将发酵剂与酸奶均匀搅拌，使菌体从凝乳块中游离分散出来。在无菌条件下给高粱酸奶接种乳酸菌，接种量为2%。

（7）发酵　把接种好的高粱酸奶放到恒温条件下进行发酵，温度为42℃，时间为6h，发酵时应避免摇晃、振动，否则会影响酸奶的组织状态。

（8）冷藏　先将发酵好的酸奶冷却到室温，再放入冰箱冷却。使酸奶逐渐凝固成光滑的组织状态。

（9）破乳　手工搅拌进行破乳，使凝乳变得更稳定，保水性加强。把酸奶冷藏于冰箱中，有助于酸奶凝固，同时防止酸奶发酵过度。并且在冷藏后饮用时有一种清爽的感觉。

第四节·其他高粱食品

一、高粱馒头

1. 生产工艺流程

酵母活化→面团调制→第一次发酵→揉制成半圆形→第二次发酵→蒸制→冷却→成品

2. 操作要点

（1）酵母活化　用30℃的温水活化。

（2）面团调制　将小麦面粉（76%）和高粱粉（24%）混匀后加入活化后的酵母（用量为0.77%），和面过程中水（水的用量为41%）要少量多次地加入，以面团软硬适中、表面光滑不粘手为宜，大约揉制8min即可。

（3）第一次发酵　将调制好的面团置于室内自然发酵3h，在发酵过程中要用浸湿的纱布覆盖。

（4）第二次发酵　在第一次发酵完成后将面团进行揉制，时间8min为宜，将面块切分成等量的小面团，揉制成型，在第二次发酵过程中也要用浸湿的纱布覆盖，第二次发酵31min。

（5）蒸制　在蒸锅中加入凉水，在蒸屉上覆盖一层浸湿的纱布，将发酵后的面坯置于纱布上，从水沸后开始计算时间，25min蒸制完成。将蒸好的馒头从锅中取出，经冷却即为成品。

3. 成品质量指标

表面光滑，呈现自然的红棕色，具有均匀且细腻的气孔和独特的高粱风味，入口嚼劲适中且无颗粒感，爽口且不黏牙。

二、高粱山药馒头

本产品是以高粱、山药和面粉为原料生产的一种适合糖尿病人食用的馒头，其血糖生成指数为54.98。

1. 原料配方

高粱粉35.15%、小麦粉35.15%、谷朊粉5.95%、山药浆23.75%。

2. 生产工艺流程

高粱筛选→润湿→脱皮→清洗→烘干→磨粉
↓
山药→洗净→去皮→切块→护色→打浆→称粉→混匀→和面→一次发酵→压面→
分割→整形→二次发酵→蒸制→冷却

3. 操作要点

(1) 高粱粉制备　筛选时将高粱中的杂质去除；浸润表皮，目的是将高粱表皮软化，易于脱下；然后放入脱皮机内脱皮，以便达到提升高粱粉口感的目的；清洗脱皮高粱粒，烘干、磨粉备用。

(2) 山药浆制备　山药洗净去皮后，切块并加入维生素 C（100mg/kg），加入占山药质量 10％的水，进行打浆。

(3) 和面　称取混合粉（高粱粉、面粉、谷朊粉）置于和面机中，加入适量水（36％）和酵母（0.6％）。慢速搅拌 3min，快速搅拌 10min，至面团表面光滑。

(4) 一次发酵　将面团置于醒发箱（温度 37℃±1℃，相对湿度 80％～90％）进行发酵，时间为 1h。

(5) 压面、分割、整形　取出发酵好的面团于压片机上压片 10 次赶气，将面团定量分割，手揉成型。

(6) 二次发酵　将成型的馒头坯放入醒发箱中（温度 37℃±1℃，相对湿度 80％～90％）进行第二次发酵，发酵时间为 30min。

(7) 蒸制　发酵结束后，将馒头坯取出，放入沸腾的蒸锅上蒸制 30min，关火 2min 后揭开锅盖，馒头盖上纱布在常温下冷却 1h 后即为成品。

三、高粱山药冷冻面团馒头

冷冻面团技术，是指将冷冻技术运用到面包、糕点、馒头等面食的生产加工过程中，运用冷冻技术来处理产品面坯，其在半成品阶段被冷冻贮藏，加工时经解冻处理，而后接后续工序和生产流程，直至成为成品。

1. 原料配方

同高粱山药馒头。

2. 生产工艺流程

山药→洗净→去皮→切块→护色→打浆
↓
高粱筛选→润湿→脱皮→清洗→烘干→磨粉→称粉→混匀→和面→压面→分割→
整形→冷冻→冷藏→解冻→醒发→蒸制→冷却→成品

3. 操作要点

（1）高粱粉制备和山药浆制备　同高粱山药馒头。

（2）和面　称取混合粉（高粱粉、面粉、谷朊粉）置于和面机中，加入适量水和山药浆，并加入占上述原料 0.6% 的酵母。慢速搅拌 3min，快速搅拌 10min，至面团表面光滑。

（3）压面、分割、整形　取出面团于压片机上压片 10 次赶气；然后将面团定量分割，手揉成型。

（4）冷冻　将成型的馒头面团放入 −30℃ 速冻冰箱中速冻 30min，使面团中心温度达到 −18℃，冻藏 5d。

（5）解冻、醒发　将馒头面团取出，利用微波进行解冻，时间为 96s，然后进行醒发，醒发条件为温度为 37℃、相对湿度 80%～90%，时间为 45min。

（6）蒸制　醒发完成的面团放入沸腾的蒸锅上蒸制 25min，关火 2min 后揭开锅盖，馒头盖上纱布常温下冷却 1h。

四、玉米高粱速冻馒头

1. 原料配方

小麦面粉 1000g、酵母 8g、食盐 2g、玉米粉 100g、高粱粉 120g、维生素 C 0.15g、蜂蜜 15mL。

2. 生产工艺流程

酵母活化→配料→和面→揉面→发酵→下剂→压面→成型→速冻→袋封→冷藏→解冻→醒发→沸水蒸制→冷却→产品

3. 操作要点

（1）和面　采用一次发酵法。先将酵母和适量温水混合、搅拌均匀。和面时将原辅料搅拌均匀后加温水和面 35min。和好的面团 pH 为 7.0。

（2）揉面　在发酵前反复揉面团，揉至面团均匀光滑为宜。

（3）发酵　将上述揉好的面团放入发酵箱中进行发酵，发酵温度 35℃、相对湿度 80%、发酵时间为 1h。

（4）下剂、压面、成型　按照馒头的大小将大面团分成小的面团，然后压面，控制发酵馒头的压面次数为 12 次。压面后做成馒头的形状。

（5）速冻　将成型的生馒头进行速冻，在 −31℃ 下在 30min 内将面团急冻，使面团中心温度达到 −18℃ 以下。

（6）冷藏　将速冻好的生馒头在 −20℃ 下冷藏 4～7d。

（7）解冻　先以微波 5 挡解冻 90s，再以微波 9 挡解冻 60s，然后在温度 30℃、湿度 75% 下恒温恒湿解冻。解冻时间为 2.5h。

（8）醒发　解冻之后的馒头坯，在温度30℃、相对湿度75%下醒发35min。

（9）蒸制　用沸水蒸锅蒸制20～25min。蒸制后取出经冷却即为成品。

五、高粱混粉馒头

1. 生产工艺流程

原料预处理→和面→发酵→成型→醒发→蒸制→冷却→成品

2. 操作要点

（1）原料预处理　将干酵母和水按1∶10的比例混合，水温为30℃，搅拌均匀并活化酵母2min。将制成的高粱粉进行挤压处理，对挤压产物进行干燥、粉碎，再过80目筛。

（2）和面　将称量好的一定比例（4∶1）的小麦粉、高粱粉放入和面机，搅拌混合均匀后，加入活化好的酵母液和剩余的温水，充分搅拌均匀，搅拌约12min。

（3）发酵　将调制好的面团放入发酵箱内，将发酵箱温度调至约35℃，相对湿度约65%，发酵时间101min。

（4）成型　将发酵好的面团取出，揉搓成长条，分成相等质量的面块，搓圆整形。

（5）醒发　将成型后的馒头坯在温度35℃、相对湿度65%的条件下进行醒发，醒发时间为13min。

（6）蒸制　将馒头坯放入蒸锅，水烧开后保持时间15min。蒸制结束后，取出经冷却即为成品。

六、高粱冷鲜面

1. 生产工艺流程

高粱粉、小麦粉、增稠剂、食盐、水→和面→熟化→压片→切条→切断→包装→成品

2. 操作要点

（1）高粱粉制备　将高粱洗净烘干，粉碎，过200目筛。

（2）和面　称取高粱粉和小麦粉混合，其中高粱粉占面粉的10%，加入占混合粉0.4%的海藻酸钠、3%的食盐拌粉3min，混合均匀，然后添加占混合粉37%的水，继续拌粉3min。

（3）熟化　将和好的面团用保鲜膜覆盖在常温下醒发熟化30min。

（4）压片、切条　先用压面机在辊距3.5mm处反复压制6次（每次压面均对折），使面片完整，表面光滑；之后依次在辊距3mm、2mm反复压延4次（每次

压面均对折）；最后在 1mm 处压延 4 次（不对折）；最终切成 1.0mm×2mm×220mm 的面条。

（5）包装　用食品级塑料膜覆盖，装入无菌袋中密封包装，4℃冷藏备用。

七、高粱乌米挂面

1. 生产工艺流程

面粉→配料（高粱乌米粉、鸡蛋、食盐、海藻酸钠、水等)→和面→熟化→压延→切条→干燥→切断→包装→检验→成品

2. 操作要点

（1）乌米粉制备　采用未散孢子粉的高粱乌米，清洗，去苞叶，以 40℃烘干，粉碎，过 80 目筛，制得乌米粉。

（2）面粉、水的选择及用量　面粉是挂面生产的主料，直接影响挂面的质量，要求用挂面专用面粉，湿面筋含量大于 30%。水的用量占面粉用量的 30%，选用硬度小于 100mg/L 的符合卫生标准的水。

（3）其他辅料处理　食盐应选用食用精盐，不仅可提高蛋白质的吸水能力，使面粉吸水快而均匀，增强面筋的弹性和强度，还能抑制酶及微生物的活动，防止面团发酵。加入鸡蛋可提高挂面中的蛋白质含量，改善面筋品质及成品的耐煮性和适口感，提高挂面的营养价值。海藻酸钠在挂面中作为增黏剂，能提高面粉的吸水性，缩短面团熟化的时间，减少断条率，在加热条件下与水充分混合溶解，冷却后加入食盐和鸡蛋，拌匀。

（4）和面、熟化　将面粉准确计量后放入和面机，加入乌米粉及充分溶解的海藻酸钠、食盐、鸡蛋和水，水温控制在 20～30℃。控制转速 70r/min，和面时间 10min。面团和好后进入熟化阶段，可采用熟化机，也可采用静置熟化。熟化可使物料分散均匀，面筋充分吸收水分，减少物料中自由水含量，提高产品质量。

（5）压延、切条　熟化后的面团经轧片机轧成面带，进一步轧薄至所需厚度，最后切成一定宽度的面条。

（6）干燥　在烘房中进行干燥，烘房温度 50～55℃，面条烘干至含水量 13%～14%。

（7）切断、包装、检验　将干燥好的干面条下架，切割成一定长度的挂面，按要求量包装，经检验合格后即为成品。

3. 成品质量指标

无霉味、酸味及其他异味，颜色呈灰色，口感不黏、不牙碜、柔滑；烹调时间等于或略低于不加高粱乌米粉的挂面；自然断条率小于 5%；卫生指标符合相关国家卫生指标要求。

八、高粱米方便粥

1．原料配方

高粱米 10kg、大黄米 2kg、松子仁 0.5kg、山核桃仁 0.25kg、红枣粉（干）0.5kg、糖粉 1.5kg。

2．生产工艺流程

红枣粉、山核桃粉、松子仁粉

↓

高粱米、大黄米→筛选除杂→调湿→混合→膨化→烘干→配料调拌→冷却→包装→成品

3．操作要点

（1）原料选择 选用质优、成熟度高的吉林产高粱米和大黄米。其中大黄米经热加工 α 化后具有良好的黏性和质地，用来改善高粱米食品的口感。选用长白山当年产松子和山核桃的成熟质优种仁为山珍营养风味辅料。选用红枣粉赋予产品枣甜风韵。

（2）原辅料处理 用粮食除杂、磁选和除石等设备分别对高粱米、大黄米进行前处理。将清理好的高粱米、大黄米分别喷水调湿，并保持 2～3h 的湿润过程，要求喷湿过程中要翻匀米料。控制湿润后的高粱米含水量 22%～24%，大黄米含水量 18%～19%。

将松子仁置于 40～45℃ 的密闭条件下 24h 后，稍用力搓除种仁内衣，再用重力筛分即得乳白色的种仁。将山核桃仁筛除 3mm 以下粒度的屑粒并分级为 2～3 个粒度群待烘烤用，以避免烤不匀。将松子净仁和分级的山核桃仁分别在 170～200℃ 温度下烘烤，烤至种仁发黄、香味明显、有一定光泽和透明感时停止。要求烤炉温度分布均匀，烤盘上种仁厚度在 15～25mm 之间。筛除烤好的山核桃仁的种仁皮屑。采用机械切割原理的粉碎设备粉碎烤好的种仁，粉碎至通过 50 目筛的粒度待用。

（3）混合膨化 在混拌机内将湿润后的高粱米、大黄米混匀并连续送入挤压膨化机加压膨化。膨化机内压力为 0.98MPa，挤压温度为 180～210℃。

（4）烘干 采用圆筒式烘干机在 110～120℃ 的温度条件下对物料进行烘干，时间为 2.5～3.5min。使其过高的残余水分降至 4% 以下，从而使淀粉加热固定，并有产生烤香的作用。

（5）粉碎 对膨化后的物料先进行自然降温，再用粉碎机粉碎至能通过 70 目筛的细度。

（6）配料调拌与包装 将膨化粉、熟种仁料、红枣粉和糖粉在混合筒内混拌均

匀，再用自动计量、装填封口袋式包装机进行包装。要求冷却后再包装。产品经过包装后即为成品。

4．成品质量指标

（1）感官指标　外观指标：具有纯正的高粱米热加工后的浅棕红色，粉粒状，均匀分布较大粒度的熟松子仁和山核桃仁颗粒；风味与口感：具有明显的熟山珍果仁的烤香和红枣的甜味，具有较明显的高粱米食品的风味，适口和有一定的黏稠感。

（2）理化指标　水分≤4％，酸价（以脂肪计）≤4，过氧化值（以脂肪计）≤0.25％，铅（以 Pb 计）≤0.5mg/kg，铜（以 Cu 计）≤10mg/kg，砷（以 As 计）≤0.5mg/kg，黄曲霉毒素 B_1≤1μg/kg。

（3）微生物指标　细菌总数≤1000CFU/g，大肠菌群≤30MPN/100g，致病菌不得检出。

（4）冲调性指标　80℃以上温度热水冲调复水良好，不起团块。

九、高粱萨其马

本产品是以高粱粉、高筋粉和谷朊粉为主要原料生产的一种食用方便、粗粮细制的萨其马。本产品色泽乳黄，酥软细腻，入口即化，组织状态良好，切口整齐，气泡数量适中，且具有高粱独特风味和粗粮特有的营养价值以及保健功能。

1．生产工艺流程

混粉→打蛋→和面→醒面→压条→二次醒发→熬糖→炸条→拌糖→压型→成品

2．操作要点

（1）混粉　取高粱粉、谷朊粉、高筋粉三者混合粉（高粱粉∶谷朊粉∶高筋粉三者质量比 27.8∶22.2∶50）与 0.37％的酵母粉、0.21％沙琪玛专用改良剂在容器内混合均匀，匀速搅拌 5min。

（2）打蛋　新鲜鸡蛋（占混合粉的 51.3％）去壳置于干净容器中，加入适量的碳酸氢铵和少量食盐，使用打蛋器搅打至蛋液乳化，出现很多细密均匀的气泡时即可停止。

（3）和面　将上述材料放置于和面机中，调制成光滑的面团。

（4）醒面　用保鲜膜将面团封好，放置于 40℃、相对湿度 80％的恒温恒湿醒发箱内开始第一次醒发，时间为 2h。

（5）压条　将醒发好的面团均匀切分成小面块，用压面机将其压制成厚约1.5mm 的薄面片，整个过程中要注意扑粉（食用级淀粉），防止切条粘连。压好后进行切条，长宽约 70mm×3.5mm。

（6）二次醒发　同第一次醒发的温度和相对湿度，即分别为 40℃和 80％，时间为 2h。

（7）熬糖　白砂糖∶蜂蜜饴糖∶果葡糖浆三者的质量比为 3∶1∶1，在炒锅内将糖浆熬煮至可拉出细软淡黄色的糖丝样的黏稠态即可。

（8）炸条　油炸温度为 170℃。炸条前进行过筛处理（弹去条表面多余的扑粉），观察电热油炸锅中气泡的情况以及条的颜色变化情况。

（9）拌糖　将炸好的面条控干油分，趁热加入炒锅中，翻炒均匀，使面条都基本可以裹上糖浆，以保证口感。

（10）压型　将裹好糖浆的炸条放在模具里，用适当的力压平，待冷却后切块即为成品。

十、糯高粱米黏豆包

黏豆包既是中国满族人的传统美食，也是北方地区的特色食品。黏豆包一般以大黄米、大米、糯米、糯玉米等为原料，经发酵后制成面皮，包入红豆制成的馅料熟制而成。本产品是以糯高粱米为原料，接种植物乳酸杆菌进行纯种发酵制成的糯高粱米黏豆包。

1．生产工艺流程

水、植物乳杆菌
↓

糯高粱米→清洗→浸泡发酵→脱水→粉碎→干燥→筛分→糯高粱米粉→和面→面团→包馅（红豆馅团）→蒸煮→成品

2．操作要点

（1）精选原料　选择颗粒饱满、圆润，富有光泽的糯高粱米、红豆。

（2）原料清洗　将称量好的糯高粱米用无菌水清洗 3 次，洗去原料表面的污物及灰尘。

（3）浸泡发酵　把清洗后的糯高粱米放入不锈钢容器中，将水加入糯高粱米中，水位高出米面 2cm，按 2％的比例加入活化后乳酸菌，封膜放入恒温培养箱中，在 33℃温度条件下进行发酵，发酵时间为 18h。

（4）脱水　发酵结束的糯高粱米用甩干桶脱水。

（5）粉碎　用粉碎机进行粉碎，其填料量不得超过总容积的 2/3，粉碎一定时间。

（6）干燥　将过筛后的糯高粱米粉放入干燥箱中进行干燥，于 60℃条件下干燥 15h。

（7）筛分　将粉碎好的糯高粱米粉通过 60 目筛进行筛分，保留筛下物备用。

（8）和面　用温水将发酵后的糯高粱米粉制成面团，水添加量为 87％。

（9）红豆馅团制备　将红豆用温水浸泡 12h，膨胀到原来的 1.0～1.2 倍，加入适量的水蒸煮，蒸煮时间 60～90min，将煮熟的红豆压破，要求无整粒，不能过度碾压。加入占馅料质量 20% 的绵白糖做成 20g 的馅团。

（10）包馅　面团的质量控制在 30g，并将馅团放入其中，使得面团将馅团均匀包被。

（11）蒸煮　将制备好的半成品放入蒸锅中控制火候，猛火加热到上汽持续 5min；中火持续 2min 后关火持续 2min；再猛火加热 2min；关火持续 1min，起锅。

十一、高粱茶

1. 生产工艺流程

高粱粉碎→浸泡→蒸制→干燥→焙烤→成品

2. 操作要点

（1）高粱粉碎　选取不同种类的高粱（适合的品种有 HT-1、35、0823、晋杂34、晋糯 4 号、晋杂 25），要求表面清洁，杂质少，无明显损伤，将高粱放入粉碎机中，粉碎至荞麦大小。

（2）浸泡　将破碎后的高粱加水浸泡，料液比为 1:10，浸泡时间为 3～5h。

（3）蒸制　其作用是使淀粉糊化并去除高粱的生涩味。在蒸锅中加水烧开，加入浸泡过的高粱颗粒，蒸至全熟。蒸料时间为 50min。

（4）干燥　对高粱进行干燥的主要作用是对蒸料后的高粱进行初步定型。将蒸熟后的高粱颗粒放入恒温鼓风干燥箱中，在 100℃下鼓风干燥 1h。

（5）焙烤　焙烤的作用是使高粱中发生美拉德反应，赋予高粱茶良好的色泽及特殊的香气。把干燥后的高粱颗粒倒入烤盘之中，放置于烤箱中，在 185℃ 的温度下焙烤 30min。焙烤结束后经冷却即为成品。

十二、高粱乌米饮料

1. 生产工艺流程

高粱乌米粉→加水浸提→过滤→调配→过滤→灌装→杀菌→成品

2. 操作要点

（1）加水浸提、过滤　高粱乌米添加量过少会降低高粱乌米饮料本身的营养价值，高粱乌米添加量过多导致高粱乌米味过浓影响其风味口感且加大经济成本。从各方面综合考虑，确定了浸提的条件：料液比为 1:200、提取温度 80℃、浸提次数 2 次、时间 1h。汁液经 200 目滤网过滤，再经抽滤得高粱乌米浸提液。

（2）调配　将白砂糖10%、苹果酸0.08%、食盐0.04%和制得的高粱乌米浸提液进行充分混合调配。

（3）过滤　将调配好的高粱乌米汁液通过200目滤网过滤除去杂质与大颗粒。

（4）灌装、杀菌　在无菌条件下操作，将汁液灌瓶装袋，并放入立式杀菌锅中，采用95℃、20min沸水杀菌工艺，既能较好保持乌米饮料的风味色泽及稳定性，又能起到杀菌作用。杀菌结束后经冷却即为成品。

3. 成品质量指标

（1）感官指标　产品外观呈淡黄色，无可见杂质，有高粱乌米清香味，酸甜适中略带咸味，清爽可口。

（2）理化指标　可溶性固形物9.5%，pH值3.4。

（3）卫生指标　细菌总数≤100CFU/mL，大肠菌群≤6MPN/100mL。

第四章

燕麦加工技术

第一节 · 燕麦概述

一、燕麦的生物学特性和种植概况

燕麦是禾本科燕麦属的草本植物，是重要的饲草、饲料作物，也是古老的农作物，株高 80~120cm，千粒质量 25~35g，喜冷凉湿润气候，最适生长温度为 15~25℃。一般分为带稃型和裸粒型两大类。世界各地的栽培燕麦以带稃型为主，其中最主要的栽培燕麦是大倍体普通燕麦，其次是东方燕麦、地中海燕麦，绝大多数用于饲养家禽家畜。中国栽培的燕麦以裸粒型为主，常称裸燕麦，其籽实几乎全部食用。

裸燕麦别名较多，华北称之为"莜麦"，西北称之为"玉麦"，西南称之为"燕麦"也称"莜麦"，东北称之为"铃铛麦"。据史书记载，我国燕麦的栽培历史至今已有 2000 多年。

我国燕麦主要分布在华北、西北和西南，按照自然区域划分为两个主区和四个亚区，即北方春性燕麦区（包括：华北早熟燕麦亚区，北方中、晚熟燕麦亚区）和南方弱冻性燕麦区（包括：西南高山晚熟燕麦亚区，西南平坝晚熟燕麦亚区）。中国燕麦主产区有内蒙古、河北、吉林、山西、陕西、青海和甘肃等地，云、贵、川、藏有小面积的种植，其中内蒙古种植面积最大。

目前，我国主要有 9 个燕麦品种，主要栽培种有 2 个，即普通栽培燕麦和裸燕麦。我国种植的燕麦主要是大粒裸燕麦，占到 90%，从栽培地域和面积上看，历史上中国的莜麦（裸燕麦）种植面积和区域远比现在大得多，华北、西北、东北、西南及江淮流域都有大量种植，北起辽宁省和内蒙古自治区，南至云南省和贵州省，东从山东省和河北省，西到西藏自治区和新疆维吾尔自治区，后来由于生态条件的变迁和新兴作物的发展，使其种植区域和面积逐渐缩小。中华人民共和国成立前全国约有 18 地种植莜麦，种植面积 200 万 hm² 左右（1936 年统计）。中华人民共和国成立后到 20 世纪 80 年代全国种植 133.33 万 hm² 左右，其中内蒙古自治区 53.33 万

hm^2，最高曾达 66.67 万 hm^2，约占全国的 1/3，居于当地各类作物的首位；其次，是河北省约 26.67 万 hm^2；山西省 20 多万 hm^2。莜麦（裸燕麦）种植面积以华北地区为最大，约占全国莜麦总面积的 3/4。西北地区主要集中于六盘山两侧和祁连山以东；西南地区主要在大小凉山地区。黑龙江省、吉林省、辽宁省、青海省、新疆维吾尔自治区和西藏自治区等地，也都有一定的种植面积。近年来，随着"退耕还林还草"政策的实施，莜麦（裸燕麦）的播种面积逐年减少，但在莜麦（裸燕麦）生产上，过去那种低待遇的状况正在改变，单产和总产正在逐年提高，各种小杂粮和区域性作物受到重视。最近几年，燕麦的栽培面积和总产量逐年增加，据有关资料报道，我国 2020 年种植总面积 50.0 万 hm^2，总产量为 57.5 万吨，2021 年种植总面积 52.5 万 hm^2，总产量为 62.5 万吨，这预示着燕麦生产将有一个新的发展。

二、燕麦的营养价值

营养与保健是当代人们对膳食的基本要求，燕麦作为谷物中的全价营养食品，恰恰能满足这两方面的需要。美国著名谷物学家罗伯特在第二届国际燕麦会上指出："与其他谷物相比，燕麦具有抗血脂成分、高水溶性胶体、营养平衡的蛋白质，它对提高人类健康水平有着异常重要的价值"。

根据中国预防医学科学院营养与食品卫生研究所对食物成分的分析结果：裸燕麦在谷物中其蛋白质和脂肪的含量均居首位（表 4-1），尤其是评价蛋白质高低的人体必需的 8 种氨基酸的含量基本上均居首位。特别值得注意的是具有增智与健骨功能的赖氨酸含量是大米和小麦粉的 2 倍以上。防止贫血和毛发脱落的色氨酸含量也高于大米和小麦粉。脂肪含量尤为丰富，并富含大量的不饱和脂肪酸。另据中国农业科学院等的分析结果，裸燕麦中的亚油酸含量占脂肪总量的 38.1%～52.0%，50g 裸燕麦相当于 10～15 丸益寿宁与脉通。油酸占不饱和脂肪酸的 30%～40%。释放的热量和钙的含量也高于其他粮食。此外，磷、铁、维生素 B_2 含量也较丰富。燕麦还含有其他谷物粮食中所没有的皂苷。据澳大利亚学者澳肯夫尔证实，微量的皂苷可与植物纤维结合，吸取胆汁酸，促使肝脏中的胆固醇转变为胆汁酸随粪便排走，间接降低血清胆固醇，故燕麦有保健食品的誉称。

表 4-1　几种粮食的营养成分比较（每 100g 食物含量）

营养成分	裸燕麦	小麦粉	粳稻米	玉米面	荞麦面	大麦米（大麦去皮）	黄米面
蛋白质/g	15.6	9.4	6.7	8.9	10.6	10.5	11.3
脂肪/g	8.8	1.3	0.7	4.4	2.5	2.2	1.1

营养成分	裸燕麦	小麦粉	粳稻米	玉米面	荞麦面	大麦米（大麦去皮）	黄米面
碳水化合物/g	64.8	74.6	76.8	70.7	68.4	66.3	68.3
热量/kj	1635.9	1460.2	1443.5	1497.9	1481.1	1389.1	1376.5
粗纤维/g	2.1	0.6	0.3	1.5	1.3	6.5	1.0
钙/mg	69.0	23.0	8.0	31.0	15.0	43.0	—
磷/mg	390.0	133.0	120.0	367.0	180.0	400.0	—
铁/mg	3.8	3.3	2.3	3.5	1.2	4.1	—
维生素 B_1/mg	0.29	0.46	0.22		0.38	0.36	0.20
维生素 B_2/mg	0.17	0.06	0.06	0.22	—	0.10	—
维生素 B_3/mg	0.80	2.50	2.80	1.60	4.10	4.80	4.30

三、燕麦的保健功能

在我国古代燕麦不仅作为一种耐饥抗寒食品，也作为一种药物，汉古籍中记载燕麦可用于产妇催乳及治疗婴儿营养不良和人的年老体衰等。中医认为，燕麦味甘性平，能治虚汗。近 20 多年来，中国、美国、英国、加拿大、日本等国，通过人体临床观察或动物试验，已经确证经常食用燕麦能预防和治疗由高脂血症引起的心脑血管疾病，控制非胰岛素依赖的糖尿病以及治疗肥胖病，而无任何化学药物诱发的毒副作用。在 1996 年第五届国际燕麦会上，康斯坦斯指出："燕麦能降低血脂，调节血糖和胰岛素，控制体重，促进肠胃健康。"现将燕麦的有关保健功能概述如下。

（一）降血脂作用

格鲁特报道：燕麦对刚断奶的白化老鼠、21 例健康男性青年有明显的降低血清胆固醇作用。在 21 例男性青年中，服用三周，胆固醇明显下降，但停用两周后，它又回升近原水平。

1983～1984 年，美国谷物研究所和英国威尔士植物育种站对雏鸡的试验证明：燕麦、燕麦胶（一种 β-葡聚糖，可溶性纤维）分别掺入饲料中，三周后雏鸡血清总胆固醇（TC）和低密度脂蛋白胆固醇（LDL-C）含量都明显下降。1989 年，英国、美国、加拿大糖尿病研究协会报道：人服用燕麦秤（全燕麦食品）三周后，

TC 由 2.80mg/mL 降到 2.26mg/mL，LDL-C 由 1.90mg/mL 降至 1.49mg/mL，效果十分显著。

1985 年，北京市组织 20 家医院对患者进行燕麦疗效的临床对比观察，结果证明燕麦具有明显的降低血清总胆固醇（TC）和甘油三酯（TG）及 β-脂蛋白（β-LP）作用，并具有一定的升高血清高密度脂蛋白胆固醇（HDL-C）作用，降血脂效果非常明显，而对继发性高甘油三酯血症疗效更优于原发性。其作用机制，一般认为降脂作用约有一半是由燕麦中相当高的不饱和脂肪酸成分作用所致，另一半是由非脂肪部分所致，主要是非淀粉多糖作用。因而，在今后临床治疗和人群防治中，燕麦可以用来降低血脂、预防原发性心血管病（动脉粥样硬化、冠心病、脑卒中等）。

大量有说服力的数据表明燕麦对抑制血脂升高有很强的效果，特别是降低胆固醇的效果更为明显。目前盛行的一些化学合成的降脂药物虽具有明显的降脂疗效，但却都有明显地使肝脏肿大、增重的副作用，长期服用甚至会致癌，接受这些药物治疗的病人死亡率反而升高了 2.7%。而燕麦既具有类似的良好降脂疗效，又具有预防血脂升高的作用，且长期服用安全无毒，因而医学家和营养学家更赞同采用饮食燕麦来降低血脂、预防动脉硬化。

（二）抗氧化作用，调节肠道菌群

燕麦起抗氧化作用的主要成分是多酚类化合物，包括肉桂酸衍生物、邻羟基苯甲酸、香兰素等，能够抑制体内脂肪的氧化，清除体内自由基，抑制阳离子诱导的低密度脂蛋白的氧化。维生素 E 和 α-羟基脂肪酸是生物体内常见的抗氧化剂，由于这些物质在燕麦中的含量十分丰富，结合生物碱，能够更好地发挥抗氧化的作用，降低动脉粥样硬化的发生风险。燕麦抗氧化性强，可抑制食用油脂氧化，通过开发天然燕麦抗氧化剂可提高食品药品安全。另外，燕麦中水溶性成分有美白保湿、护理肌肤、提升肌肤弹性、延缓肌肤衰老等功效。此外，燕麦可溶性膳食纤维可改善肠道菌群结构，维持增加肠道水分以及粪便体积，促进有益菌群的增殖，从而形成保护性薄膜，减少排泄物滞留时间，避免代谢毒素的再吸收，有利于预防大肠癌等肠道疾病。

（三）防癌

根据中国传统医学文献的记载和国际上对抑制肿瘤的研究报道，麦类资源中可能存在抑制癌变物质。目前采用燕麦进行抑制肿瘤的研究已初见端倪，对燕麦单一饮食的动物进行研究，观察发现动物的肿瘤生长减缓，生存期也较长，但是尚未达到肿瘤抑制率 30%、生存期延长率 50% 的活性判定标准，然而这一结果和发现也足以证明燕麦中存在抑癌物质。

(四) 抗高血黏度和血小板聚集作用

燕麦还具有抗高血黏度和抗血小板聚集作用。试验证明，燕麦面粉 6g，可显著降低高脂饲料组大鼠的血浆黏度和高切、低切变率下的全血黏度，同时能明显抑制 ADP 和胶原诱导的血小板聚集。因而燕麦粉可能具有预防血栓形成的作用和功效，但目前尚未见到有关的研究报道。

(五) 控制肥胖

1993 年，美国华盛顿州 39 岁的糕点大王利德曼体重 150kg，TC 达 3.24mg/mL。平时只能卧床，后遵医嘱，每天吃 2～3 个燕麦秤饼（全燕麦食品，每个重 25g），3 个月后体重降到 125kg，TC 降到 1.75mg/mL。这说明燕麦具有控制肥胖的作用。

(六) 抗疲劳功效

我国燕麦主产区，当地老百姓都喜欢以莜面为主食，尤其是重体力劳动者，因为吃完莜面后不容易饿，耐疲劳。西北农林科技大学燕麦项目组研究表明，燕麦全粉高剂量组 21.44g/kg 能极显著降低小鼠体重 ($P<0.01$)，极显著增强小鼠的游泳耐力 ($P<0.01$)，降低血尿素氮含量，显著提高糖原含量 ($P<0.05$)。说明燕麦具有明显的抗疲劳作用，对于燕麦作为特殊人群食品具有重要的指导意义。

(七) 控制糖尿病

燕麦蛋白质含量高，碳水化合物含量低，糖分含量又较低，而且糖分为多糖，它可以不通过胰岛素被人体直接利用，较适宜糖尿病患者食用。燕麦是一种医疗保健食品可长期服用，无毒副作用。

(八) 治疗便秘

燕麦中膳食纤维具有吸水和填充的作用。因此，可以刺激肠道，改善消化功能，具有润肠通便的功效。燕麦纤维可缩短大便在大肠内的停留时间，从而减少废物积累造成肠癌的机会，润肠通便。

(九) 其他功效

燕麦的其他功效体现在提高记忆力、防止口腔溃疡、促进儿童身体和智力的健康发展及护肤美容、护发等方面。燕麦对老年人有特殊的保健作用，可以延缓衰老，保持皮肤弹性以及抑制老年斑形成，调节性腺功能等。

第二节 · 燕麦焙烤食品

一、发芽燕麦面包

本产品是以面包粉为原料,发芽燕麦粉、酵母、鸡蛋等为辅料,通过蒸制工艺得到的一款营养强化面包。

1. 原料配方

面包粉 100g、水 30g、黄油 10g、食盐 1.5g、牛奶 30g、鸡蛋 10g、发芽燕麦粉 20g、白砂糖 20g、酵母 1.5g、面包改良剂 0.4g。

2. 生产工艺流程

原料处理→称量→配料→面团调制→发酵→切块→整形→静置→蒸制→冷却→成品

3. 操作要点

(1)原料预处理　白砂糖和食盐,分别用适量水溶解;将酵母倒入温水中搅拌至溶解均匀;黄油于 50℃ 水浴中预先熔化;将鸡蛋打成全蛋液;发芽燕麦烘干后研磨成粉,与面包粉混合过筛。

(2)面团调制　将准备好的发芽燕麦粉、面包粉以及白砂糖、食盐、面包改良剂和酵母混合,加入水和牛奶以及少许鸡蛋液,揉至面筋扩展,加入软化的黄油,继续揉至可形成透明薄膜为止。

(3)发酵　将面团发酵至 2 倍大,取出按压排气,等分面团,逐个滚圆,盖上保鲜膜松弛 15min。取出面团再次按压,醒发至 2 倍大。

(4)蒸制、冷却　擀成长舌状后卷好,放入容器中,凉水上蒸锅蒸;上汽后再蒸 25min,关火焖 5min,脱模取出冷却后得到蒸面包。

二、高钙燕麦粉面包

1. 原料配方

高筋面粉 250g、燕麦粉 22.5g、鸡蛋壳粉 20g、食盐 2.5g、黄油 25g、绵白糖 34g、酵母 3g、面包改良剂 1.25g。

2. 生产工艺流程

酵母活化＋高筋面粉、燕麦粉及辅料→调制面团→基本发酵→整形→醒发→烘焙→冷却、包装→成品

3．操作要点

（1）调制面团　先将酵母和温水混合均匀，先在和面机放入除黄油外的其他辅料，加水量一般控制在面粉质量的 45％～55％。再加入混合面粉搅拌 15min，至面筋基本成形后加入融化的黄油继续搅拌 10min，到面团能够形成透明薄膜为止。

（2）基本发酵　基本发酵的温度为 36℃，相对湿度为 80％，时长为 1h。

（3）整形　将面团按一定质量均分开，用擀面杖将其制成吐司状，放入刷好油的 450g 吐司模具中。

（4）醒发　醒发的温度为 36℃，相对湿度为 80％，时长为 1h。

（5）烘焙　烤箱上层温度为 170℃，底层温度为 150℃。预热 10min 后，正式进行烘焙，烘焙时间为 25min 左右。

（6）冷却、包装　面包自然冷却至室温，然后用保鲜膜进行密闭包装。

三、裸燕麦面包

1．原料配方（以面粉计）

裸燕麦粉 12％、干酵母 1％、糖 8％、面包改良剂 2％、盐和鸡蛋适量。

2．生产工艺流程

原料→称量→混合均匀→面团调制→静置 30min→切块搓圆→整形→醒发→装盘→烘烤→成品

3．操作要点

（1）原料预处理　面包改良剂（斯诺福-500）、裸燕麦粉与面包粉混合均匀。按配方称取定量的干酵母，加适量的 30℃ 的温水，在 28℃ 条件下静置 6～7min，当酵母体积膨胀，出现大量气泡时即可调制面团。

（2）面团调制　将水、糖、盐、鸡蛋液加入和面机，慢速搅拌，使糖、盐充分溶化混匀，直到原辅料调制成软硬适宜的面团为止。

（3）切块搓圆　将和好的大块面团分割成 150g 小块面团，再将不规则的面团经搓圆揉成圆球形状，使之表面光滑、结构均匀、不漏气。

（4）整形　放置 15min 后整形，将成型的面包坯置于烤盘内。

（5）醒发　将搓圆整形后的面包坯置于醒发箱内，调节醒发温度为 33℃、相对湿度为 75％～85％。醒发时间为 2h，待面包坯膨大到适当体积，便可进行烘烤。

（6）烘烤　将醒发好的面包坯送入炉温为 180℃ 的烤炉中烘烤 20min，以面包发黄为宜。

四、燕麦保健面包

1. 原料配方

燕麦片300g、面包粉700g、木糖醇100g、盐10g、奶粉40g、干酵母15g、面包改良剂3g、黄油100g、水460g、鸡蛋100g。

2. 生产工艺流程

原料称量及处理→和面→静置→分割→搓圆→整形→醒发→烘烤→冷却→包装

3. 操作要点

（1）原料称量及处理　按配方准确称取各种原料。将燕麦片粉碎过筛，面包粉过筛，鸡蛋洗净去壳，酵母先用少量水活化（用水量计入水总量）。

（2）和面　将燕麦粉、面包粉、奶粉、改良剂、木糖醇等干料先投入到和面机中，开机，低速搅拌；待混匀后加入酵母、水和鸡蛋，高速搅拌；面筋形成后加入盐和黄油，继续搅打，至黄油和盐均匀分散到面团中，取出少许面团，用手拉伸，能形成均匀半透明的面筋膜，即可取出。

（3）静置　将和好的面团放入到醒发箱内静置30min，温度28℃，相对湿度75%。

（4）分割搓圆　将发好的面团分割，每个60g，搓圆，并在搓好的面团上覆盖一块湿纱布，静置15min后整形。

（5）整形　将面团造型成橄榄型。

（6）醒发　将整形后的面包坯摆放在已刷好油的烤盘上，放入到醒发箱内进行醒发，醒发温度38℃，相对湿度80%，时间2h。

（7）烘烤　将饧发好的面包放入到烤箱内进行烘烤，面火200℃，底火200℃，烘烤时间12min。

（8）冷却、包装　烤好的面包冷却到室温后装袋即为成品。

4. 成品质量指标

面包表面呈深黄褐色，均匀无斑、略有光泽；口感松软，具有燕麦的清香；质地均匀细腻，有弹性，断面气孔大小适中，呈海绵状。

五、燕麦蛋白面包

本产品是将从燕麦粉中提取的燕麦蛋白，添加到面包中，研制的一种高蛋白质营养面包。

1. 原料配方（以面包粉计）

燕麦蛋白8%、白砂糖10%、酵母1.5%，食盐和鸡蛋适量。

2．生产工艺流程

面包粉、燕麦蛋白、辅料→面团调制→装盘→发酵→成型→烘焙→冷却→成品

3．操作要点

（1）燕麦蛋白提取　脱脂燕麦粉（180μm）→加水溶解（料液比 1∶8）→酶解（酶解温度 50℃、酶解时间 2.0h、酶解 pH8.0、加酶量 2.0％）→灭酶（灭酶温度 90℃，灭酶 10min）→离心（4000r/min，10min）→上清液→酸沉（pH4.0）→沉淀冻干→燕麦蛋白（EOP）

（2）酵母活化　用 38℃的温水将酵母活化 3min。

（3）面团调制　将活化后的酵母加入到已经加入面粉的搅拌机中，搅拌 5min 使其混合均匀，加入搅拌好的鸡蛋清，再依次加入食盐和糖继续搅拌，在面团的质地均匀柔软时停止搅拌。

（4）发酵　将面揉成光滑的大面团，放入 38℃、湿度 80％～85％的培养箱中发酵 1h。

（5）成型　将发酵好的面团切块揉到表面光滑、具有良好的弹性、表面干燥光洁即可切块、搓圆、整形。

（6）焙烤　在面团表面抹上薄薄的一层蛋液，送入烤炉，入炉时上火温度 150℃，下火温度 250℃，待 3～4min 后，再将上火温度调至 250℃，下火温度调至 200℃，保持 5～6min 即可出炉。

六、燕麦面包

1．原料配方

混合粉（燕麦粉∶面粉＝1∶10）300g、食盐 4.5g、白砂糖 18g、起酥油 9g、脱脂奶粉 12g、酵母 4.8g、水 180g。

2．生产工艺流程

原辅料处理→计量→面团调制→面团发酵→分块、搓圆→中间醒发→整形→最后醒发→烘烤→冷却→包装

3．操作要点

（1）原辅料处理　小麦粉选用湿面筋含量在 35％～45％之间的硬麦粉；食盐、糖需用开水化开，过滤除杂；奶粉需加适量水调成乳状液；酵母需放入 26～30℃ 的温水中，加入少量糖，用木棒将酵母块搅碎，静置活化；水选用洁净的中等硬度、微酸性的水。

（2）计量　按配方比例，称取处理好的原辅料。

（3）面团调制　将除起酥油外的全部原辅料放入和面机内，加入适量的水搅

拌，快要成熟时放入起酥油，继续搅拌，和好的面团温度为30℃±1℃，且面团不黏手，均匀有弹性。面团的温度通过调整和面的水温和室内温度来调整和控制。

（4）面团发酵　将调制好的面团从和面机中取出。用手捏圆面团，使其光面向上放在稍涂有油的发酵钵中，送入发酵箱发酵90min。发酵箱温度为30℃±1℃，相对湿度85%，发酵时间从面团和面开始时起计。

（5）分块、揉圆、中间醒发　将发酵成熟的面团切成150～155g重的小面块，搓揉成表面光滑的圆球形，静置3～5min，便可整形。

（6）整形　将揉圆的面团压薄、搓卷，再做成所需制品的形状。

（7）最后醒发　将整形后的面包坯，放入装有高温布的烤盘内，再将烤盘放入发酵箱内进行最后醒发。发酵箱温度控制在38～40℃，相对湿度控制在85%左右，醒发45～60min，使其体积达到整形后的2倍左右，应立即进行烘烤。

（8）烘烤　将醒发后的面包坯入炉烘烤。上火210℃，下火230℃，烘烤20min后出炉。面包入炉前，先在炉内放一小盆清水，以调节炉内湿度。

七、魔芋燕麦面包

1. 原料配方（占面包粉比例）

魔芋粉0.4%、燕麦粉20%、白砂糖15%、酵母2.0%、面包改良剂1.5%、植物油7%、食盐1.0%和适量的水。

2. 生产工艺流程

酵母、食盐、植物油
↓
原料→称量→混合均匀→面团调制→静置→分割搓圆→整形→装盘→醒发→焙烤→成品

3. 操作要点

（1）原料预处理　尽量选择颜色洁白，吸水量大，且对搅拌有较大耐受力的面粉。糖、魔芋粉、燕麦粉、面粉等粉状原料在搅拌前应过80目筛以除去杂质、硬块。其他原料亦应符合食品安全卫生要求。

（2）面团调制　将酵母、水、糖、食盐加入搅拌机，慢速搅拌，使糖、盐充分溶化混匀，直到原辅料调制成软硬适宜的面团为止。如果利用即发干酵母，勿需用水化开，也不能直接与糖、盐等先混合在一起，以防部分酵母在高渗透压的情况下死亡，降低酵母的活力。面团调制时延迟油脂的加入，是为了防止油在水与面粉未充分均匀的情况下首先包住面粉，造成部分面粉的水化欠佳，影响面筋的质量。

（3）分割搓圆　静置 30min 后将和好的大块面团分割成 150g 小块面团，再将不规则的面团经搓圆揉成圆球形状，使之表面光滑、结构均匀、不漏气。

（4）整形　放置 15min 后整形，将成型的面包坯置于烤盘内。

（5）醒发　将搓圆整形后的面包坯置于醒发箱内，调节醒发温度为 38℃ 和相对湿度为 85%。醒发 80min，待面包坯膨大到适当体积，便可进行焙烤。

（6）焙烤　将醒发好的面包坯送入烤炉中焙烤，上火温度 190℃、下火温度 200℃、焙烤时间 21min。

4. 成品质量指标

（1）感官指标　色泽：为均匀金黄色，无焦煳，无斑点；外观形状：外形完整、无裂痕、大小一致、周正；内部结构：面包气孔细密呈蜂窝状，均匀；弹柔性：有弹性，疏松度好，恢复性好；气味和滋味：有面包的焦香味，无霉味，口感细腻、不粗糙。

（2）理化指标　水分 44.23%，过氧化值（以脂肪计）0.20g/100g，酸度 5°T，比容 6.7mL/g。

（3）微生物指标　菌落总数 87CFU/g，大肠菌群 1MPN/100g，致病菌未检出。

八、莜麦面包

1. 原料配方

混合粉（面包粉：莜麦粉 9 : 1），其他原料占混合粉的比例为：酵母 4%、改良剂 2%、植物油 25%，水、盐、糖、鸡蛋适量。

2. 生产工艺流程

原辅料→称量→过筛→混合均匀→面团调制→静置→切块搓圆→整形→装盘→醒发→烘烤→冷却→成品

3. 操作要点

（1）原料预处理　莜麦粉、面包粉和面包改良剂过筛后混合均匀。按配方称取定量的干酵母，加适量 30℃ 温水，在 28℃ 条件下静置 6～7min，当酵母体积膨胀、出现大量气泡时即可调制面团。

（2）面团调制　将水、糖、鸡蛋液加入和面盆，慢慢搅拌，使糖充分溶化混匀，之后加入植物油和食盐混合，直到原辅料调制成软硬适宜的面团为止。

（3）切块搓圆　将和好的大块面团切成 50g 左右小块面团，再将不规则的面团经搓圆揉成圆球形状，使之表面光滑、结构均匀、不漏气。

（4）整形　放置 15min 后整形，将成型的面包坯置于烤盘内。

（5）醒发　将搓圆整形后的面包坯置于醒发箱内，调节醒发温度（38℃ 左右）

和相对湿度（75%～85%），醒发时间为 2h。待面包坯膨大到适当体积便可进行烘烤。

（6）烘烤、冷却　将醒发好的面包坯送入炉温为 180℃的电烤箱中烘烤 25min 左右为宜。烘烤结束后，将面包取出经冷却即为成品。

九、燕麦饼干（一）

1. 原料配方

燕麦粉 1000g、奶油 600g、红糖 500g、糕点粉 1500g、食盐 20g、鸡蛋 150g、香兰素 2g、焙烤粉 60g、碳酸氢钠 30g、牛奶 60g。

2. 生产工艺流程

原辅料预处理→面团调制→辊轧→成型→烘烤→冷却、检验→包装→成品

3. 操作要点

（1）原辅料预处理　将糕点粉、焙烤粉、碳酸氢钠和燕麦粉分别过筛，按配方比例称出备用。将奶油、红糖和食盐放入桨式搅拌机内，低速搅打 15～20min，然后加入鸡蛋、牛奶和香兰素，再低速搅拌至物料完全混合均匀为止，备用。

（2）面团调制　将称好的糕点粉、焙烤粉和碳酸氢钠先混合均匀，然后再加入处理好的燕麦粉，最后加入搅拌好的浆液和面，揉成软面团。

（3）辊轧、成型　将和好的面团放入饼干成型机，进行辊轧成型。面团较软，成型时，在面带表面洒少许植物油，以防面带粘轧辊。

（4）烘烤　将成型好的饼干放入温度为 190℃的烘烤箱（或烤炉）中，烘烤 10～12min，即可烘烤熟。

（5）冷却、检验、包装　经过烘烤后的饼干，挑出残次品。待自然冷却后进行包装、贮藏，贮藏库温度应控制在 20℃左右，相对湿度为 70%～75%。

4. 成品质量指标

形态：形状整齐规则，厚薄均匀；质地：均匀酥松；滋味及气味：香酥可口，具有燕麦特有的风味。

十、燕麦饼干（二）

1. 原料配方

低筋面粉 70g、快熟燕麦片 50g、椰蓉 25g、黄油 60g、细砂糖 16g、红糖 16g、蜂蜜 15g、小苏打 1.25g。

2. 生产工艺流程

原辅料预处理→面团调制→成型→烘烤→冷却→包装→成品

3. 操作要点

（1）原辅料预处理　将称好的燕麦片、细砂糖、椰蓉放入容器中。黄油切成小块隔水加热熔化成液态。将蜂蜜和红糖倒入黄油里，充分溶化，搅拌均匀，即为黄油糖浆。

（2）面团调制　低筋面粉和小苏打混合后过筛，将过筛后的粉类和燕麦片、椰蓉等完全混合均匀，然后将混合好的干性材料倒入黄油糖浆里，搅拌均匀，成为饼干面团。

（3）成型　烤盘上铺好油纸。取一小块面团，捏成球形，放在烤盘上，压扁后再进行适当的整形。

（4）烘烤　将成型饼干放在烤盘上，放入预热好 175℃ 的烤箱上层，烤 15min 左右，至表面呈深金黄色取出，冷却后装袋。

4. 注意事项

饼干面糊拌好后可能会比较干，黄油遇低温重新冻结，也有可能使面团变干，这是正常现象，可以在捏面团的时候用手的温度使其适当熔化，并稍稍捏成型即可。

此外，烘烤时一定要注意控制时间和温度。不同品牌型号的烤箱温度均存在差异，可根据烤箱的情况酌情调整，防止饼干过度烘烤而烤焦导致饼干发苦，但也不能时间过短使其未烘烤成熟。饼干呈现深金黄微褐色是最佳状态。

十一、燕麦饼干(三)

1. 原料配方

低筋粉 100g、燕麦粉 65g、糖粉 35g、黄油 35g、红糖 15g、奶粉 10g、鸡蛋 55g、小苏打 2g、泡打粉 2g、食盐 1g。

2. 生产工艺流程

原辅料预处理→面团调制→静置→成型→烘烤→冷却→成品→包装

3. 操作要点

（1）燕麦粉制作　取适量燕麦，用清水浸泡、清洗，反复清洗 3 次，去除其中所含有的碎的、霉变的燕麦粒，余下的即为颗粒饱满、新鲜的燕麦粒，将其晾干，用粉碎机打碎成粉状，先高速再低速，大约 1～2min 即可，将打碎的燕麦粉用 60 目筛子过筛，将筛下的燕麦粉放入袋中，密封保存、备用。

（2）原辅料预处理　将所有原辅料按照配方量进行称量，将低筋粉、燕麦粉、奶粉、泡打粉、小苏打、糖粉、红糖过筛并混匀，备用；黄油隔水加热至液体或者置于微波炉中加热熔化，并加入食盐，使其充分融于黄油当中；鸡蛋用打蛋器打散备用。

（3）面团调制　这一步是决定饼干最终品质的关键一步，制备酥性饼干的面团应该具有较好的可塑性、较低的弹性以及较低的面筋含量。为了使面团达到所需的要求，先分3次将打散的鸡蛋加入已混匀的粉类原辅料中，每次都要等鸡蛋液和粉类物质充分混匀后再加入剩余的鸡蛋液，充分拌匀后，再将事先溶化至液体状态的黄油加入，先加入1/2，充分混匀后，再将剩余的黄油全部倒入，混匀，揉成面团。最后面团应该达到不粘手、不粘盆的状态。

（4）静置　面团用保鲜膜封住，室温静置2min。面团不宜放置时间过长，否则面团会变硬、表面干裂且很难成型。

（5）成型　将面团放置在面板上，擀至5mm厚，用模具按压，去掉边角。要求饼干坯的大小适中，厚薄一致，再将其放入烤盘。

（6）烘烤　烤箱提前预热20min（上下火均为170℃），将饼干坯放入烤箱中，烘烤15min，至表面呈金黄色，取出烤盘。

（7）冷却、包装　将烘烤好的饼干室温冷却，冷却后的饼干即为成品。可以将成品放入包装袋或者包装盒中，密封放置。

十二、核桃燕麦酥性饼干

1. 原料配方（以低筋面粉计）

核桃仁55%、燕麦粉26%、玉米油38%、白砂糖30%、奶粉6%、食盐0.8%、小苏打0.8%、鸡蛋50%。

2. 生产工艺流程

（1）核桃浆制备　原料选择→去皮→漂洗→烘烤→研磨→核桃浆

（2）饼干生产　玉米油、白砂糖、食盐混合→搅拌均匀→加入鸡蛋→搅拌均匀→加入低筋面粉、燕麦粉、奶粉、核桃浆→搅拌均匀→放置→分摘→成型→烘烤→冷却→成品

3. 操作要点

（1）核桃浆制备

①原料选择　选取色泽正常、肉质饱满、无霉变、无虫害和无杂质的核桃仁。

②去皮　用80～90℃氢氧化钠溶液浸泡1min左右，以能去尽褐色衣为准；立即用清水漂洗4～5次。

③烘烤　漂洗好的核桃仁在100～110℃烘烤30min使香味浓郁。

④研磨　烘烤好的核桃仁直接研磨成浆状。

（2）面团调制　低筋面粉、燕麦粉和奶粉分别过60目筛，加入核桃浆搅拌均

匀后，揉成均匀的面团。

（3）放置、分摘　面团调制好后用保鲜膜包好，以防面团表皮发干，放置时间为 20min。然后将面团分摘为每个质量 18～20g 的面坯。

（4）成型　将面坯轻轻搓圆，轻轻按压做成各种形状即可。

（5）烘烤　将饼干坯放入预热至面火 170℃、底火 150℃ 的烤箱中，烘烤时间为 15min。

（6）冷却　成品饼干品质酥松，故出炉时冷却 10min 再转移出盘。

4. 成品质量指标

（1）感官指标　形态：完整，无缺损，龟裂多且明显，表面无明显气孔；色泽：表面金黄色，均匀，无烤焦，有油滑感；气味：具有焙烤特有的香味，香味明显，无异味；组织：酥松，纹理均匀清晰；口感：酥松香脆、细腻，不粘牙，不牙碜。

（2）理化指标　水分≤4%，碱度（以碳酸钠计)≤0.4%。

（3）卫生指标　按照 GB/T 20980—2021 的规定执行。

十三、黑木耳燕麦饼干

1. 原料配方 (以面粉计)

黄油 25%、白砂糖 25%、黑木耳 10%、燕麦 15%、鸡蛋 33%，适量的小苏打和水。

2. 生产工艺流程

黑木耳等原辅料预处理→辅料预混→面团调制→辊压成型（蜂蜜）→烘烤→冷却→成品

3. 操作要点

（1）原辅料预处理　将黑木耳用温水浸泡 3～4h，清洗，晾干表皮水分，脱水干燥。干燥后用粒度为 100 目的粉碎机粉碎。

（2）辅料预混、面团调制　先将黄油、白砂糖、小苏打等和适量水混合，搅拌均匀，再添加混合均匀的低筋面粉、燕麦片，调成面团。

（3）辊压成型　面团反复辊压成薄片，折叠再辊压，压成 2mm 厚的均匀薄片，用刷子蘸取少量蜂蜜刷上一层，用模具成型，放入烤盘。

（4）烘烤　将烘烤温度设定为 280℃，烘烤 10min 左右，烘烤时要不断观察上色情况，防止烤煳。

（5）冷却、包装　烘烤完毕的饼干表面与中心部的温度差很大，为了防止饼干的破裂与外形收缩，冷却后再包装。

十四、金针菇燕麦饼干

1．原料配方（以低筋粉为基准）

金针菇粉 10.0％、燕麦粉 15.0％、黄油 22.5％、白砂糖 25.0％、全鸡蛋 10.0％、泡打粉 1.0％、盐 0.5％、水 10.0％。

2．生产工艺流程

原辅料预处理→原料混合→面团调制→静置→辊压→成型→烘焙→冷却→成品

3．操作要点

（1）原辅料预处理　选择品质优良的新鲜金针菇去根，用清水洗干净后撕碎，放置在通风的地方进行晾晒，等到脱水率达 75％ 以上后，在 75℃ 的电热风干燥箱中进行干燥，3～4h 后取出，用超级粉碎机将其磨成粉末，用 80 目筛网进行筛选，制备出金针菇干燥粉备用。优质燕麦粉碎后过 60 目筛网，保存备用。

（2）原料混合、面团调制　选择优质低筋面粉和白砂糖同上述备好的燕麦粉和金针菇粉按比例混合均匀。鸡蛋用打蛋器打成均匀的蛋液后与在室温下溶解的黄油混匀。称好泡打粉和盐，然后加入一定量的水溶解。将上述原料拌匀，制成面团，静置 15min 备用。

（3）辊压成型　将发好的面团反复辊压成薄片，折叠再辊压，反复进行 10～15 次，压成约 2mm 的均匀薄片，然后用饼干模具成型，放入烤盘中。

（4）烘焙　把电烤箱设定为上火温度 160℃、下火温度 150℃，烘烤 15min。在烘焙过程中，通过监控窗口持续观察饼干表面的着色情况，防止饼干被烤至焦煳。

（5）冷却、包装　新烘焙的饼干的表面温度与中心部位的温度相差很大。为了防止饼干破损或者产生外形上的收缩，需要将烘焙好的饼干放置在通风口处，冷却至室温后再装在食品塑料盒中。

4．成品质量指标

（1）感官指标　外形：饱满而完整，薄厚均匀，表面光滑，无扭曲、无变形、无起泡；颜色：呈现金黄色，色泽均匀，无白色粉末，无过焦现象；口感和滋味：口感香脆可口、甜而不腻、不黏牙；组织结构：断面结构清晰，内部结构细腻均匀，孔小致密，板形整齐，无杂质。

（2）理化指标　水分 2.83％，蛋白质 7.56g/100g，脂肪 25.45g/100g，酸价（以脂肪计）（KOH）2.22mg/g，过氧化值（以脂肪计）0.06g/100g，砷、铅、黄曲霉毒素 B_1 不得检出。

（3）微生物指标　菌落总数 ≤68CFU/g，大肠菌群 ＜10MPN/100g，致病菌（沙门菌、志贺菌、金黄色葡萄球菌）不得检出。

十五、马铃薯燕麦酥性饼干

本产品是以马铃薯全粉、燕麦全粉和面粉为主料生产的一种酥性饼干，通过工艺优化使高含量马铃薯全粉和燕麦全粉复配制成的酥性饼干具有良好的加工性能和口感需求。

1. 原料配方

以混合粉质量为基准（马铃薯全粉 70％、燕麦全粉 15％、中筋小麦粉 15％），色拉油 30％、果葡糖浆 25％、泡打粉 1.4％、蛋液 25％、食盐 0.8％、糖粉 13％。

2. 生产工艺流程

原辅料预处理→面团调制→面团成型→饼干成型→烘焙→冷却→包装

3. 操作要点

（1）原辅料预处理、面团调制　先将马铃薯全粉、燕麦全粉和适量食盐、糖粉、泡打粉按配方比例进行混合过筛（100 目），再将蛋液、色拉油、果葡糖浆等液料按照添加比例充分搅拌混匀后加入面粉中搅拌充分即可。

（2）饼干成型　将制作好的面团在面案上轻压成 5mm 厚的面片，静置 10min，用圆形模具压入手动成型。

（3）烘焙　将成型后的饼干置入烤炉，以面火 200℃、底火 220℃焙烤 12min，室温冷却后，用铝箔袋包装即为产品。

4. 成品质量指标

感官指标符合 GB/T 20980—2021《饼干质量通则》中规定的酥性饼干的感官评价标准。

十六、蔓越莓燕麦饼干

本产品是将蔓越莓和燕麦一起添加到饼干中制成的蔓越莓燕麦饼干，不仅丰富了饼干的种类，还形成了独特风味和功能性兼备的食用新品种。

1. 原料配方 (以面粉计)

蔓越莓 25％、燕麦 45％、水 35％、橄榄油 21％、木糖醇 18％、泡打粉适量。

2. 生产工艺流程

水、橄榄油、木糖醇、泡打粉

↓

原辅料预处理→辅料混合→面团调制（面粉、蔓越莓、燕麦）→混匀→成型→

焙烤→冷却→包装

3．操作要点

（1）原辅料预处理 将木糖醇、泡打粉等水溶性原料溶于水后加入面粉中调制，其余原料直接加入面粉中。

（2）面团调制 为防止因调制时间不足而使面团难以成型，调制时维持面团温度在40℃左右。调制结束后将面团静置8～10min，使面团内部受力均匀，防止制成的饼干收缩、变形。

（3）成型 用压面机将调制好的面团反复压折成一定厚度的面饼，再用模具压成均等的大小，用刷子蘸取少量橄榄油，刷于烤盘底部和饼干表层，并将饼干均匀放入烤盘中。

（4）焙烤、冷却、包装 上火烘焙温度150℃，下火烘焙温度175℃，烘焙时间15min。焙烤时要不断观察蔓越莓燕麦饼干上色情况，防止烤煳。焙烤完毕的饼干，因其内外温差很大，外温高于内温，温度散发较慢。为了防止饼干收缩变形和破裂，需待饼干完全冷却后再包装贮藏。

十七、牛奶伴侣燕麦饼干

1．原料配方

面粉1000g、燕麦100g、奶粉75g、棕榈油200g、鸡蛋30g、白砂糖250g、精盐5g、小苏打7.5g、转化糖25g、碳酸氢铵5g、炼乳及香精少许。

2．生产工艺流程

原辅料预处理→调粉→辊轧→成型→刷表→烘烤→冷却→整理→包装→成品

3．操作要点

（1）原辅料预处理 面粉使用前必须过筛，形成微小的细粒，目的在于清除杂质，并使面粉中混入一定的空气，有利于饼干酥松；白砂糖晶粒在调面团时不易溶化，而且为了清除杂质与保证细度，将白砂糖晶粒磨成糖粉，并用100目筛过筛；燕麦粉使用前再粉碎成微小均匀的细粒，有利于在面团中均匀分布，增加口感。

（2）调粉 按照面粉的吸水程度适当添加水，一般为5%左右，加水过多，面团产生韧缩，压片后易于变形；加水不足，面团干燥松散，成型困难，面团过硬，成品不松脆。

（3）辊轧 将调制好的面团经过辊轧，制成厚度均一、形态平整、表面光滑的面层。

（4）成型 经过辊轧工序轧成的面片，经成型机制成各种形状的饼干坯。

（5）刷表 用调制好的鸡蛋液给饼干坯刷表，要做到适度均匀。

（6）烘烤　饼干坯入炉烘烤，炉温在 200～280℃，烘烤时间视温度的高低而定。

（7）冷却　利用鼓风机的鼓风降温，空气流速≤2.5m/s，冷却适宜温度 30～40℃，室内相对湿度为 70%～80%。

（8）包装　分 500g 和 250g 两个规格，包装箱内使用内衬纸，纸箱外部用绳带扎扣。

4．成品质量指标

表面、底部色泽均匀一致，具有燕麦特有色泽为佳；有光洁的糊化层和油光的光泽度，不起泡、不缺角、不弯曲、不爬头、不收缩变形；且全部花纹线条清晰；有较小的密度和层次空隙、不僵硬；颗粒组织细腻，不粘牙，有酥度；具有独特的香味，兼有燕麦和牛奶的风味。

十八、香葱味燕麦曲奇饼干

1．原料配方

低筋面粉 1000g、燕麦粉 400g、香葱粉 80g、油脂（黄油：色拉油＝95：5）650g、绵白糖 450g、鸡蛋 250g、食盐 5g、小苏打 4g、奶粉适量。

2．生产工艺流程

黄油、糖粉→搅打→加入鸡蛋、奶粉、食盐等进行预混→打发→加入燕麦粉、低筋面粉、香葱粉和小苏打进行调粉→成型→烘烤→冷却、整理→包装→成品

3．操作要点

（1）燕麦预处理　将燕麦用水浸泡 2～3h 取出沥净晾干。用粉碎机粉碎，过 100 目筛，烘干备用。

（2）香葱粉制取

① 原料清理　清除香葱的萎蔫、黄化组织和表面泥沙等杂质，再除去须茎、老叶、硬梗。喷过农药的鲜葱用 0.5%～1% 的稀盐酸或食盐水浸泡 5min 后，再用清水冲洗。

② 烫漂护色　将香葱投入煮沸 0.2%～0.4% 的亚硫酸盐溶液烫漂 1～2min，然后清水漂洗。

③ 切分　用不锈钢刀将香葱切成 2～3cm 的小段。

④ 低温烘干　将处理过的香葱置于 45℃ 的烘箱内烘干，使物料水分不断减少，烘干时间为 16～24h，最后水分为 15%～20%。然后用粉碎机粉碎。

（3）糖粉制取　将白砂糖除杂后，用粉碎机粉碎，待用。

（4）打发　打发前，从冰箱中取出黄油，同时进行软化处理，加糖粉制成糖浆，将黄油、糖浆混合物快速搅打 10min，当混合物颜色发白，呈绒毛状时，依次

加入鸡蛋、奶粉和食盐，继续搅打 10min。

（5）调粉　按照配方比例，将低筋面粉（使用前需要进行过筛处理）、燕麦粉、香葱粉和小苏打预搅拌好，投入上述配料进行搅拌，一般在 20～24℃的温度下搅拌 10min 左右。

（6）成型　裱花袋中装入搅拌好的面团，挤注成 3cm 的面坯。

（7）烘烤　电烤箱内放入成型好的面坯，200℃烘烤 10min。

（8）冷却、整理　在室温下，将烘烤后的曲奇进行自然冷却，饼体变硬后，拣出烤焦、不规则的曲奇并及时包装。

（9）包装　由于曲奇饼干品质酥松，易碎，选择带有衬托的防潮性能良好的 PET/PE、OPP/Al/PE 等复合薄膜材料进行包装。

十九、小麦胚芽燕麦营养饼干

1. 原料配方

小麦粉 100g、混合粉（小麦胚芽粉及燕麦粉）25g、小苏打 0.8g、碳酸氢钠 0.4g、碳酸氢铵 0.8g、盐 0.5g、淀粉 3g、木糖醇 25g、玉米油 20g、水 20g。

2. 生产工艺流程

原、辅料预处理→面团调制→辊轧→成型→烘焙→冷却→包装→成品

3. 操作要点

（1）原辅料预处理　将原料粉过筛，辅料预处理，木糖醇溶化为糖浆，过滤后使用。

（2）面团调制　将小麦粉、燕麦粉、小麦胚芽粉、水和木糖醇等原料一起投入和面机中混合，然后加入玉米油继续进行搅拌。调粉时面团温度维持在 37～40℃。调粉结束后静置约 10min，使面团内部受力均匀，防止饼干收缩和变形。

（3）成型　辊轧面团调制完成后，直接使用压面机压面成型。

（4）烘焙　烘焙温度 220～250℃，一般烘焙时间为 4～6min。

（5）冷却　饼干出炉后冷却至室温，分离出次品，立即进行包装贮藏。

二十、燕麦奇亚籽膳食纤维饼干

本产品是以燕麦为主要原料，研制出的一款无糖、低热量，具有高膳食纤维和强饱腹感的燕麦奇亚籽膳食纤维饼干。

1. 原料配方

以燕麦质量为基准，全麦粉 16％、奇亚籽 10％、菊粉 38％、橄榄油 8％、魔芋粉 33％、荞麦粉 5％。

2. 生产工艺流程

原辅料预处理→辅料预混→面团调制→整形→烘烤→冷却→成品

3. 操作要点

（1）原辅料预处理　奇亚籽：称取一定量的奇亚籽，加入适量的开水，静置5min，泡发出胶质后筛网控水，倒入容器中备用；菊粉：称取一定量的菊粉，加入开水，使用手动打蛋器快速搅拌均匀使其全部溶化，备用。

（2）辅料预混　在盛有菊粉溶液的容器中加入已泡发的奇亚籽，倒入橄榄油，搅拌均匀。

（3）面团调制　按照配方称取准备好的粉质材料，加入燕麦粉、魔芋粉、全麦粉和荞麦粉均匀混合，再加入已混合均匀的液体辅料，使用烘焙铲搅拌均匀。

（4）整形　由于面团中缺乏麦谷蛋白，无法形成具备面筋网络的光滑面团，质地黏，不好塑形。故将面团放置在锡箔纸上，盖上保鲜膜擀压成薄片，再把保鲜膜揭开，使用刮刀将饼干坯划分切块。

（5）烘烤　烤箱上下火调为160℃，预热10min，将饼干坯放进烤箱烤制20min。从15min起要注意观察饼干状态变化，由于温度、湿度和制作时间等因素的影响，可能存在一定的烘烤时间误差。

（6）冷却　取出自然冷却至20～30℃即可包装，防止高温出现蒸汽，改变质地。

二十一、燕麦苏打饼干

本产品是以面粉为主要原料，添加燕麦粉、麦芽糖醇制作的一种无糖发酵功能饼干。

1. 原料配方（以面粉计）

燕麦15%、大豆油9%、食盐1.2%、猪板油5%、即发干酵母0.33%、麦芽糖醇和蛋白糖适量。

2. 生产工艺流程

原辅料处理→第一次面团调制→第一次面团发酵→第二次面团调制→第二次面团发酵→辊压夹酥→成型→烘烤→冷却→成品

3. 操作要点

（1）第一次面团调制　将适量燕麦粉、2kg面粉、15g即发干酵母和15g食盐混匀，加1kg水低速搅拌10～12min，面团温度保持在28℃左右。

（2）第一次面团发酵　将揉压好的面团放入发酵箱内，控制温度28～30℃、相对湿度70%～80%，发酵时间为6h。

（3）第二次面团调制　将适量麦芽糖醇和蛋白糖、精炼油（大豆油）和 0.5kg 水充分的混合均匀，然后加入 2.5kg 面粉和种子面团搅拌调制，达到弹性均匀细腻即可。

（4）第二次面团发酵　将揉压好的面团放入发酵箱内，控制温度 28～30℃、相对湿度 75％～80％，发酵时间 4h。

（5）辊压夹酥　使用压面机组将发酵面团压成光滑面片，将面粉、猪板油和食盐混合制成油酥分次均匀夹入 2 块面片间，再经折叠、划块、辊轧等工序。

（6）成型　采用辊切成型，多针印模，厚度为 1.5～2.0mm。

（7）烘烤　温度 230～250℃，时间 6～8min，前期面火低于底火，定型后，调高面火。烘烤结束后经冷却即为成品。

二十二、莜麦曲奇饼干

1. 原料配方

低筋粉 100g、莜麦粉 50g、黄油 105g、奶粉 10g、白砂糖 75g、鸡蛋和食盐适量。

2. 生产工艺流程

蛋液→混匀←搅打←黄油、白砂糖、食盐
↓
奶粉＋混合粉→预处理→调浆→挤出成型→烘烤→冷却→包装→成品

3. 操作要点

（1）原料预处理　按配方要求将莜麦粉、低筋粉、奶粉过 100 目筛备用。

（2）搅打、混匀与调浆　将黄油、白砂糖和食盐置入调料盒中充分搅打充气，加入脱壳鲜蛋搅匀，再用打蛋器搅打均匀，最后与预先混合过筛的奶粉和混合粉低速搅打混合均匀 12min。

（3）挤出成型　先将花嘴装入挤料袋中，再将调制好的料浆分别装入挤料袋中，间隔一定距离将料浆挤在烤盘上。

（4）烘烤与冷却　将烤盘放入烤箱中，用上火温度 180℃、下火温度 170℃烘烤，烘烤时间 33min。待饼干烤熟后将其从烤炉中取出，放在室温下冷却后即可包装。

二十三、紫薯燕麦饼

1. 原料配方

紫薯泥 150g、燕麦片 10g、低筋面粉 100g、黄油 15g、鸡蛋 20g、白砂糖 15g、奶酪 15g、食盐 0.15g。

2. 生产工艺流程

原辅料处理→面团调制→定型→烘烤→冷却→包装→成品

3. 操作要点

（1）原辅料处理　将紫薯洗净，放入锅中煮，切记不要去皮，煮至松软、熟透，然后去皮后将紫薯块放入榨汁机中打成泥。将黄油于室温下软化，加白砂糖打发至发泡。若想黄油更柔软，可放置微波炉中加热 1min。需要加入奶酪的话，可参照黄油打发方法加入。敲碎鸡蛋，打入碗中，取全蛋，打发至起泡。

（2）面团调制　将紫薯泥、燕麦片与低筋面粉混合均匀，放置备用。将搅拌好的鸡蛋、黄油等的混合液加入和匀的面团中；分次缓慢加入，匀速搅拌。

（3）定型　将揉好的面团固定形状，摆在烤盘上。在烤盘上刷薄薄一层油，将揉好的面团用模子或者裱花袋制成漂亮的形状，在托盘上摆好。

（4）烘烤　放入预热好的烤箱中进行烘烤，上火温度 180℃、下火温度 170℃，烘烤时间为 10min。

（5）冷却、包装　烘烤结束后，取出经冷却在室温下用食品级塑料袋包装即为成品。

二十四、全谷燕麦香酥饼

1. 原料配方

燕麦全粉 100g、食用油 10g、泡打粉 4g、食盐 1.5g、白砂糖 10g、清水 100g。

2. 生产工艺流程

原辅材料出库→计量配料（准确称量）→原辅材料混合、搅拌，和成面团→面团成型成饼坯→焙烤→冷却→成品

3. 操作要点

（1）计量配料　准确称量各原辅料备用。

（2）原辅材料混合、搅拌，和成面团　先将泡打粉、调味料与面粉混合，再加入温水进行搅拌，搅拌好的面团用手揉匀成大块面团备用。用水量（质量）计算：水∶面粉＝1.2∶1，水的温度一般在 38～40℃；和好的面团用薄膜或盖子覆盖，以免干皮，放置时间不超过 2h。

（3）面团成型成饼坯　将和好的面团置于案板上，手工搓成直径 5.5～6.0cm 均匀长条，用钢丝切割器分割成厚度为 0.7～0.8cm 的圆形饼坯。

（4）焙烤　将饼坯在烤盘内摆满，入烤箱中烘烤。工艺设定为面火 180℃±10℃、底火 180℃±10℃ 和烘烤时间 30～35min。测量燕麦饼烤熟与否方法：用手

掰开饼，内部全烤干，无黏着物，则已烤熟。

（5）冷却　将烤好的燕麦饼烤盘及时从烤箱中取出，在室温下冷却。冷却时间为烘烤时间的150％，冷却至温度38～40℃立即包装。

4．成品质量指标

（1）产品质量标准　参见国家标准GB/T 20977—2007《糕点通则》。

（2）产品卫生标准　参见国家标准GB 7100—2015《食品国家安全标准　饼干》。

二十五、裸燕麦蛋糕

1．原料配方

裸燕麦粉10.2％、白砂糖18％、水18％、泡打粉0.9％、低筋粉15.4％、鸡蛋32％、盐0.5％、色拉油5.0％。

2．生产工艺流程

低筋粉、裸燕麦粉、泡打粉

↓

鸡蛋、白砂糖、水→打蛋（搅打）→调糊→涂油→入模→烘烤→冷却→脱模→成品

3．操作要点

（1）原料处理　将裸燕麦粉、低筋粉及泡打粉充分混合。

（2）打蛋（搅打）　将鸡蛋、白砂糖、水放入打蛋桶中，快速搅拌至糖全部溶化，蛋浆液成乳白色且细腻，有光泽。总的打蛋时间为13min。

（3）调糊与入模　将混合后的裸燕麦粉、小麦粉和泡打粉加入蛋糖混合液中中速搅拌，将蛋浆和面粉混合均匀、搅拌直至成为均匀的面糊。缓慢加入色拉油并搅拌均匀，但不要破坏泡沫结构。然后将调好的面糊及时加入到经预热和涂油的蛋糕模具中，加入量以蛋糕模的2/3为宜。

（4）烘烤　将烤盘放入180℃的烘箱中，当蛋糕体积胀满蛋糕模且边缘呈微黄色时，温度升至200℃左右，继续烘烤，表面呈深黄色时即可出炉，烘烤时间25min左右。

二十六、麦芽糖醇燕麦戚风蛋糕

本产品用燕麦粉代替部分低筋粉，用麦芽糖醇代替传统戚风蛋糕中的蔗糖制作麦芽糖醇燕麦戚风蛋糕，它不仅适合普通人群，也适合于患肥胖症、糖尿病、心血管疾病等人群食用。

1. 原料配方

粉料 100%（低筋粉 80%、燕麦粉 20%）、鸡蛋 210%、麦芽糖醇 110%、水50%、玉米油 30%、泡打粉 2%、塔塔粉 2%、盐 0.9%。

2. 生产工艺流程

原料预处理→蛋黄糊制作→蛋白膏制作→蛋糕糊制作→入模焙烤→冷却脱模→成品

3. 操作要点

（1）原料预处理　将裸燕麦片置于万能粉碎机中粉碎后过筛（100 目），用分蛋器将蛋黄蛋清分离，分别置于容器中。

（2）蛋黄糊制作　将称量后的玉米油、麦芽糖醇、饮用水置于容器中搅拌，加入称量过筛（40 目）后的低筋粉、泡打粉和燕麦粉，用刮板切拌至无颗粒状态，再倒入蛋黄切拌均匀制成蛋黄糊。

（3）蛋白膏制作　将蛋清与称量后的塔塔粉、食盐与麦芽糖醇放入容器中，用高速挡打发蛋清至鸡尾状制成蛋白膏。

（4）蛋糕糊制作　将蛋白膏分 3 次加入蛋黄糊中切拌均匀，蛋糕糊不宜久放，需尽快注模焙烤。

（5）入模焙烤　将调制好的蛋糕糊注入 6 英寸的模具中（七分满），并在操作台上轻轻振动 3～5 次赶出气泡，放入上火 170℃、下火 140℃ 的烤箱中焙烤60min。烤箱提前预热至设置温度。

（6）冷却脱模　将出炉后的戚风蛋糕连同模具倒扣在凉架上冷却，待其完全冷却后用锯刀将蛋糕从烤模中取出。

二十七、燕麦微波蛋糕

1. 原料配方

粉料 100%（燕麦粉 35%、小麦特制粉 65%）、鸡蛋 250%、白砂糖 60%、泡打粉 4%、牛奶 50%、黄油 35%、食盐 2%、香兰素 1%。

2. 生产工艺流程

燕麦粉、小麦特制粉、泡打粉、香兰素、食盐

↓

原辅料称量→打发→调制面糊→注模→微波加热→静置→成品

3. 操作要点

（1）搅打蛋液　将鸡蛋、白砂糖倒入盆内，用搅拌器高速搅打 2～3min，使白砂糖完全溶解，并呈泡沫状。

（2）干料混合　将燕麦粉、小麦特制粉、泡打粉、香兰素、食盐混合均匀。

（3）调制面糊　将混合均匀的粉料加入已打发的蛋液中，慢速手动搅拌，加入牛奶搅匀，再加入黄油混合均匀。

（4）注模　将调制好的面糊注入微波专用蛋糕盘中，占盘体积的 2/3 即可。

（5）微波加热、静置　利用 750W 的微波炉加热 3.5min。将烤好的蛋糕取出静置 10min 即为成品。

二十八、燕麦保健蛋糕

1．原料配方

燕麦粉 400g、小麦粉 600g、鸡蛋 1500g、木糖醇 900g、蛋糕油 25g、植物油 150g。

2．生产工艺流程

原辅料处理→称量→打蛋→调糊→注模→烘烤→冷却、脱模→包装→成品

3．操作要点

（1）原辅料处理、称量　将燕麦片粉碎与小麦粉分别过 100 目细筛，去除粗粒和杂质，备用。将所有的原辅料按配方称重。

（2）打蛋　鸡蛋称量后清洗、去壳后放入打蛋机中，加入木糖醇，开机，先低速混匀再高速搅打至蛋液浆体变白，体积增大到 2 倍左右，加入蛋糕油，高速搅匀。

（3）调糊　将处理好的燕麦粉和小麦粉混合均匀，打蛋机调到低速，慢慢地将混合面粉倒入蛋浆中，搅拌均匀，最后加入植物油，搅拌至无油花即可入模。

（4）注模　先将模具清洗烘干，并在模具内涂上一层植物油，以防粘模，然后轻轻将蛋糊均匀装入模中，入模量占模体积的 2/3，立即送入烤箱中烘烤。

（5）烘烤　先用底火 200℃、面火 180℃，烘烤 10min，然后再将面火调至 200℃，底火调至 180℃再烤 5min，烤至蛋糕表面呈黄褐色即可出炉。

（6）冷却、脱模和包装　将出炉的蛋糕立即冷却脱模，检验后包装即为成品。

4．成品质量指标

蛋糕棕黄色，形态正常隆起，不开裂；质地松软有弹性，具有蛋糕应有的蛋香味和燕麦香气，风味纯正。

二十九、燕麦麸皮桃酥

本产品是将超微粉碎后的燕麦麸皮添加到低筋粉中，以麦芽糖醇代替蔗糖制作的桃酥产品。

1．原料配方

低筋粉 100g、燕麦麸皮粉 20g、色拉油 50g、麦芽糖醇 40g、小苏打 1g、碳酸氢铵 1.5g、蛋液 20g、食盐 1g。

2．生产工艺流程

原辅料预处理→面团调制→分坯→成型→焙烤→冷却→成品

3．操作要点

（1）原辅料预处理　将粉碎后的燕麦麸皮粉过 100 目筛备用；将麦芽糖醇加入到色拉油中搅拌均匀，再加入蛋液和用少量水溶解的盐，混匀搅拌成乳状液。

（2）面团调制　将低筋粉、燕麦麸皮粉、小苏打、碳酸氢铵加入上述经处理的辅料中，混合搅拌并揉制成团。

（3）分坯　将调制好的面团搓成长条，分割成每个重约 20g 的面坯。

（4）成型　将面坯放入模具内成型，将制好的桃酥生坯均匀放在烤盘上并刷上蛋液。

（5）焙烤　烤箱预热，将生坯放入烤箱焙烤，上火温度 180℃、下火温度 160℃，焙烤时间 20min，直至表面呈金黄色，出炉冷却即为成品。

三十、燕麦桃酥

1．原料配方

生面粉 60kg、熟面粉 60kg、燕麦粉（将燕麦粉超细粉碎后过 120 目筛）30kg、绵白糖 60kg、食用植物油 60kg、泡打粉适量。

2．生产工艺流程

燕麦粉、部分小麦粉→汽蒸→熟面粉＋剩余小麦粉＋泡打粉→和面→制坯→烘烤→成品

3．操作要点

将绵白糖加入到食用植物油中充分溶解，将燕麦粉和部分小麦粉蒸熟，把小麦粉、燕麦粉、泡打粉倒入食用植物油中，充分拌和，揉成松散的面团，将面团逐个揉成直径为 10cm 左右的面饼，放入擦净的烘烤盘中。烤箱预热后，在高温下烘烤 7min，待表面光泽与花纹色泽一致即可离火，冷却至室温，即为成品。

4．注意事项

随着燕麦粉添加量的增加，桃酥的色泽发暗，质地变得更加酥松，其特殊的香味及滑爽性使桃酥具有良好的口感。但是，当燕麦粉与面粉比例超过 2∶3 时，又会使桃酥的适口性下降，外观色泽变差。燕麦粉添加量与面粉比例为 1∶4 时，制

作出的桃酥不论外观形态还是口感都比较好。

三十一、燕麦饼皮月饼

1. 原料配方

燕麦粉与高筋粉质量之比为 40：60，麦芽糖醇糖浆 32.50%，花生油 12.75%，食品胶（黄原胶和阿拉伯胶的混合物，比例为 1：1）0.60%，红豆沙馅适量。

2. 生产工艺流程

原辅料处理→面团调制→静置→成型→烘烤→冷却→成品

3. 操作要点

(1) 面团调制　将糖浆和枧水混合，中速搅匀，产生小气泡时，再加入油脂形成乳状液，最后加入面粉和燕麦粉。低速搅拌至形成面团，面团静置 2h，使张力松弛。

(2) 成型　称量饼皮面团，每个 16.2g，包红豆沙馅料成型，制作单位质量为 54g 的月饼饼坯。

(3) 烘烤、冷却　入炉前，先在饼皮表面刷一遍清水，使饼皮表面形成一层薄薄的水膜，入炉后炉温面火 200℃、底火 100℃，烘焙 8～12min 后出炉。当月饼表皮温度冷却到 50～60℃后，用自封袋包装，于 20℃恒温条件下存放。

注：枧水，也称碱水，是一种复配食品添加剂。它是以碳酸钾和碳酸钠为主要成分，再辅以碳酸盐或聚合磷酸盐，配制而成的碱性混合物。在调制广式月饼饼皮面团时，常加入该种物质。

三十二、核桃燕麦枣糕

本产品是以红枣、核桃和燕麦为主要原料，以甜味剂赤藓糖醇代替蔗糖，生产的一种具有营养健康、口感松软和甜味适中等特点的新型复合枣糕。

1. 生产工艺流程

原料预处理→粉类材料制备→湿性材料制备→制作面糊→烘烤→冷却→成品

2. 操作要点

(1) 原料预处理

① 红枣预处理　挑选色泽红艳、肉质肥厚的红枣，洗净去核后加少量水，上锅蒸 15min，榨成枣泥放凉备用。

② 核桃预处理　挑选个头均匀、缝合线紧密的薄皮核桃，掰开取核桃仁筛选后打碎。

③ 燕麦预处理　称 50g 燕麦淘洗滤水后泡入牛奶 15min。

（2）粉类材料制备　称量出低筋面粉 140g、泡打粉 1g、小苏打 1g、过筛备用，4 颗大枣洗净剪成小颗粒混入。

（3）湿性材料制备　枣泥 170g，玉米油 62g，蜂蜜 20g，混合搅拌均匀备用。2 个鸡蛋用分蛋法加入赤藓糖醇 32g 打发，加入预处理好的燕麦牛奶中。

（4）制作面糊、烘烤　将湿性材料加入粉类材料翻拌均匀。再分 2 次加入枣泥糊中，翻拌均匀。装入蛋糕纸杯后将表面铺满核桃碎和白芝麻，烤箱上下火 150℃预热，烤 30min。

第三节 · 燕麦发酵食品

一、凝固型椰果燕麦酸奶

椰果是微生物利用椰子汁发酵制得的多糖类胶体，具有爽口、咀嚼性好、风味独特等特点，是一种很好的保健食品原料，常添加于各种乳制品中以改善产品的口感及风味。本产品是以椰果、燕麦、纯牛奶为主要原料生产的一种酸奶。

1．生产工艺流程

纯牛奶、白砂糖调配→均质→杀菌→冷却→接种→称量椰果、燕麦→分装→保温发酵→后熟→成品冷藏

2．操作要点

（1）燕麦制备　熟燕麦称量，然后分装到一次性杯中，放置备用。

（2）椰果粒制备　将椰果粒盛出用纱布过滤掉其中的糖液，称重，然后按比例与燕麦分装到一起，放置备用。按 100g 纯牛奶计：椰果粒 12%、燕麦 4%。

（3）混合、均质、杀菌　纯牛奶和白砂糖（6%）进行调配，慢慢搅动使白砂糖完全溶化于纯牛奶中，然后加热至 65℃。手持均质机在 65℃常压条件下均质5min。均质后的牛奶用恒温水浴锅在 95℃下杀菌 15min。

（4）冷却、接种、分装　杀菌完毕后静置冷却至 42℃左右，将酸奶发酵剂（嗜热链球菌、保加利亚乳杆菌）按一定比例加入冷却好的混合液中，搅拌均匀后将其加入提前制备好的果料杯中，搅动均匀，封口。

（5）保温发酵、后熟、成品冷藏　将分装好的混合液放置于恒温培养箱中在42℃条件下发酵，时间为 6h。发酵完成后，置于冰箱中，在 0～4℃的条件下后熟12～24h；后熟完毕后继续冷藏，防止酸奶变质。

3. 成品质量指标

（1）感官指标　色泽均匀一致，呈乳白色、微黄色，酸甜适中，奶香浓郁，爽滑细腻，无乳清析出，软硬适中，具有椰果的咀嚼感和淡淡的燕麦香味。

（2）理化指标　符合 GB 19302—2010《食品安全国家标准　发酵乳》中酸度标准。

（3）微生物指标　乳酸菌含量为 6.13×10^7 CFU/mL，大肠菌群≤1MPN/100mL，无致病菌。

二、苹果燕麦酸奶

本产品是将苹果果粒、燕麦原浆与牛奶混合，选用保加利亚乳杆菌和嗜热链球菌进行发酵制成的一种酸奶。

1. 生产工艺流程

糖渍←热烫←护色←去皮切丁←苹果
　　　　　　　　　　↓
原料奶→过滤→调配→预热均质→杀菌→冷却→接种→发酵→冷藏后熟→成品
　　　　　　　　↑
燕麦→磨浆

2. 操作要点

（1）苹果果肉制备　选用新鲜饱满，无虫蛀、无霉变的市售红富士苹果。清洗去皮，切成微小果粒。同时加质量分数为 0.1% 的异抗坏血酸护色处理 15min，然后把微粒果肉放入到 85℃水里，热烫处理 5min。热烫处理后，将蔗糖溶液加热熬煮后得到浓度为 70% 的糖浆，随后立即将刚热烫后的果粒加入进行糖渍，最佳糖渍时间为 4h。

（2）燕麦浆制备　由于燕麦颗粒较大，所以燕麦的量和状态直接影响产品的营养组分和口感。故需温水（40℃）浸泡 15min 去除部分沉淀后过浆渣自动分离磨浆机，把燕麦打成燕麦浆。

（3）调配、预热均质　苹果和燕麦质量比为 1.5：1，两者混合后占总发酵液的 15%，同时加入 7% 的蔗糖。将调配好的料液加热到 50～60℃，在 15～20MPa 下均质处理，使料液微细化，提高料液黏度，防止脂肪上浮，增强酸奶凝胶体的稳定性。

（4）杀菌　将均质后的乳液加热至 85～90℃，保温 5min 杀菌，杀菌温度不宜过高，以免营养成分损失，杀菌处理后，迅速冷却至 45℃待接种。

（5）发酵剂制备　取合格脱脂乳分装于试管中，置于高压灭菌锅中，120℃（15min）灭菌后制得脱脂乳培养基。在无菌室中接入 3%～4% 的菌种，于 42℃下发酵，经 3~4 次传代培养，使菌种活力充分恢复，然后接种，进行扩大培养，制成母发酵剂和生产发酵剂。

（6）接种发酵 在无菌的条件下，将培养好且活力旺盛的发酵剂按 3% 的比例接入已调配杀菌冷却的乳液中，充分混合均匀，装瓶。装瓶后的混合乳在 42℃ 下，进行发酵培养，至 pH 达到 4.5~4.7，即终止发酵，在 1~1.5h 内将温度降至 10~15℃ 以内。总发酵时间为 4h。

（7）冷藏后熟 将发酵好的产品迅速冷却至 10℃ 以下，然后迅速置于 2~7℃ 下保存 12h。经检验合格后即为成品。

3. 成品质量指标

（1）感官指标 口感：细腻爽口，酸甜适口，滑润稠厚，无异味；香味：具有浓郁的苹果燕麦发酵酸奶香味；组织状态：凝块均匀细腻，无气泡；黏稠度适中。

（2）理化指标 脂肪 3.2%，蛋白质 2.7%，含乳固形物＞12%（均为质量分数），酸度 70~110°T。

（3）微生物指标 乳酸菌为 2.4×10^9 CFU/mL，大肠菌群≤0.90MPN/mL，致病菌未检出。

三、燕麦 β-葡聚糖酸奶

1. 生产工艺流程

发酵原料→混合→均质→杀菌→冷却→接种→分装→恒温发酵→后发酵→成品

2. 操作要点

（1）燕麦 β-葡聚糖提取物制备 燕麦麸→60 目筛筛→加水，用胶体磨研磨→80℃，搅拌提取 2h（去除淀粉和蛋白质）→离心过滤→上清液→浓缩→醇析→沉淀冷冻干燥→β-葡聚糖提取物（纯度 80.8%）

（2）混合 将鲜牛乳和不同质量分数的燕麦 β-葡聚糖溶液按 2.5：1 的比例相混合为发酵原料，加入蔗糖（6%）和稳定剂（CMC0.1%），搅拌均匀后，滤去杂质。

（3）均质 在 25~30MPa 条件下均质。均质前先将发酵乳预热到 75℃。

（4）杀菌、冷却 杀菌温度为 95℃，时间 10min，杀菌后，快速冷却到 40℃，准备接种。

（5）接种 在无菌条件下，将普通乳酸菌种（嗜热链球菌：保加利亚乳杆菌＝1：1）接种到已灭菌并冷却至 40~45℃ 的混合液中，充分混合，接种量为 3%。

（6）分装 在无菌条件下将接种后的混合液分装到已灭菌的玻璃瓶内。要求封盖严实，每瓶净质量误差在 ±3%，并保留一定的顶隙。

（7）恒温发酵 将接种后的混合液放在恒温发酵箱中在 42~44℃ 下，发酵 5h，待混合液 pH 值达到 4.0～4.2 时，即终止发酵。

(8) 后发酵　将发酵好的凝乳放在 0～4℃ 的条件下进行后发酵，冷藏 12～14h，当 pH 值为 3.8～4.2 时即为成品。

3. 成品质量指标

(1) 感官指标　均匀一致的乳黄色，口感细腻润滑，滋味纯正清香，组织状态均匀，无乳清析出，无气泡和分层，酸甜适口。

(2) 理化指标　pH 值为 3.96，酸度为 74°T。

(3) 微生物指标　乳酸菌 7.5×10^{10} CFU/mL。

四、燕麦粉凝固型酸奶

1. 生产工艺流程

燕麦→烘焙→粉碎→过筛→配料→预热→杀菌→冷却→接种→发酵→后熟→成品

2. 操作要点

(1) 燕麦粉制备　选取无病虫害、无病变霉变、无杂质的燕麦米，在红外焙烤箱中 140℃ 条件下烘焙。然后利用高速粉碎机进行粉碎，过筛后放入干燥箱中备用。

(2) 配料　将燕麦粉与纯牛奶以一定的比例混合均匀（燕麦粉占纯牛奶的 2%，下同），然后加入 5% 的蔗糖搅拌。

(3) 预热　将配好的料液置于 60℃ 的恒温水浴锅中，保持 150min，同时要进行搅拌，最终得到乳白色均匀料液。

(4) 杀菌、冷却　将预热过的料液立即置于 80℃ 的恒温水浴中，进行巴氏杀菌 15min，杀菌后将其迅速冷却至 43℃。

(5) 接种、发酵、后熟　按 10% 的接种量将市售光明酸奶加入原料液中，同时轻轻搅拌，使其混合均匀，在无菌条件下封口。迅速移入恒温条件，在 42℃ 的条件下发酵 6h，然后转入 4℃ 的冰箱中冷藏 24h 左右，进行后熟即得成品。

五、燕麦蜂蜜复合山羊酸奶

1. 生产工艺流程

山羊奶→闪蒸脱膻→调配→均质→巴氏杀菌→冷却接种→发酵→破乳冷却→后熟→成品

2. 操作要点

(1) 基本配料　按照 GB 19302—2010《食品安全国家标准　发酵乳》对风味发

酵乳的要求，选取 80％的山羊奶为基料。

（2）闪蒸脱膻　将新鲜山羊奶通过板式换热器加热至 95～99℃，保温 15s，然后送入真空脱膻蒸发器进行 2 次减压闪蒸脱膻，压力控制在 0.04～0.07MPa。将闪蒸脱膻得到的脱膻山羊奶冷却至 4～8℃备用。

（3）调配　将一部分脱膻山羊奶升温至 45～50℃，搅拌 10～15min，溶解蜂蜜（1.5％）、酶解燕麦粉（2.0％）；另一部分脱膻山羊奶升温至 70～75℃，搅拌 15～20min，溶解分散白砂糖（7.0％）及稳定剂（最佳复配稳定剂成分为：酪朊酸钠 0.4％、羟丙基二淀粉磷酸酯 0.3％、果胶 0.075％、琼脂 0.15％）。两者溶解均匀后混合定容。

（4）均质　调配好的混合原料进行均质（60～65℃，一级压力 2～3MPa，二级压力 20～25MPa）。

（5）巴氏杀菌　均质好的基料采用 95℃±2℃、300s 的巴氏杀菌方式。

（6）冷却接种、发酵　将杀菌后的基料冷却至 25℃左右，按无菌操作进行接种，发酵剂接种后应搅拌 10～15min。溶解均匀后的基料在相应温度条件下保温发酵，发酵温度为 25℃。

（7）破乳冷却　当发酵酸度达到 80～85°T、pH 值为 4.3～4.5 时进行破乳，搅拌 5～10min，降温至 18～20℃，搅拌均匀后灌装。

（8）后熟　冷藏后熟温度 2～6℃，后熟时间 12～18h。

六、燕麦红茶酸奶

1. 生产工艺流程

燕麦粉、白砂糖、琼脂粉　　　　　　　发酵剂
　　　　　↓　　　　　　　　　　　　　↓
奶粉＋水→混合→均质→杀菌→冷却→无菌灌装→发酵→冷藏后熟→成品
　　　　　↑
　　蒸煮过滤后的红茶

2. 操作要点

（1）燕麦粉挑选　挑选无病虫害、无发霉、无杂质掺杂的燕麦粉，放置于阴凉干燥处待用。

（2）红茶茶汤浸取　最佳提取条件为茶液比 1：20，温度 95℃，浸泡时间 30min。

（3）配料　冲泡全脂奶粉（14％），燕麦粉与冲泡好的奶粉混合均匀，加入白砂糖与琼脂粉搅拌均匀。具体各种原料的用量：白砂糖 9％、燕麦粉 2.5％、红茶茶汤 10％、琼脂 0.4％。

（4）均质　将上述调配好的均匀物料，预热到70℃，均质压力22MPa。

（5）杀菌　预热好的料液置于80℃水浴中进行杀菌15min，杀菌完冷却至42℃。

（6）无菌灌装　将杀菌后的料液分装于200mL酸奶玻璃瓶中，每瓶加量120g，待冷却后，加入所购乳酸菌发酵剂（保加利亚乳杆菌、嗜热链球菌），其接种量为0.3%。

（7）发酵　将灌装后的料液置于42℃恒温条件下进行发酵，发酵时间为6h。

（8）冷藏后熟　将发酵好的酸奶放入0～4℃低温条件，冷藏12h后取出。

七、燕麦活性乳酸菌饮料

1. 生产工艺流程

燕麦米→熬煮磨浆→酶解→过滤→调配→预热→均质→杀菌→降温→接种→发酵→急冷→灌装封口→成品→冷藏

2. 操作要点

（1）燕麦发酵基质制备　将燕麦米与纯净水按质量比1:27混合，用三主粮燕麦甘露机煮制磨浆。按100U/g加入耐高温α-淀粉酶和糖化酶，水解1h。燕麦原浆经120目筛过滤后，加入6%的白砂糖、0.5%大豆分离蛋白粉，充分溶解混匀。然后预热至55～60℃进行均质，均质压力为一段20～25MPa，二段40～45MPa，经90～95℃水浴杀菌10～15min后，将料液温度降温至35～40℃，即制成燕麦发酵基质。

（2）接种发酵　在上述发酵基质中接种乳酸菌发酵剂，所用乳酸菌包括植物乳杆菌P-8、植物乳杆菌PC 30301和干酪乳杆菌Zhang，控制发酵温度为（37±1）℃。检测发酵液pH值为3.5～3.8时，迅速冷却降温至4℃，终止发酵。发酵过程中检测产品的感官指标、微生物指标。

（3）灌装封口　发酵液经无菌灌装、封口，低温进行冷藏存放。

八、燕麦乳酸菌饮料

1. 生产工艺流程

燕麦→烘烤→粉碎→磨浆→燕麦浆

↓

乳粉、白砂糖混合→均质→杀菌→降温接种→发酵→酸乳→调配→均质→杀菌→灌装→成品

2．操作要点

（1）酸乳制作　将乳粉1∶8复原，加入白砂糖，搅拌溶解后进行均质，80℃杀菌20min，冷却后接入酸乳菌种，42℃发酵5h，当pH达4.5以下时停止发酵，放置4℃冰箱冷却后熟。

（2）燕麦浆制备　燕麦去杂后置于烘箱中，烘烤至光亮深黄色，并带有燕麦特殊香味，比较不同烘烤条件对燕麦的影响。将烘烤后的燕麦粉碎，燕麦与水按1∶10混合，用胶体磨制得燕麦浆。

（3）燕麦乳酸菌饮料制作　各种原料配比：酸乳30％、白砂糖8％、燕麦浆15％、柠檬酸0.12％、CMC 0.20％、果胶0.10％、结冷胶0.05％，其余为水。将白砂糖和稳定剂干粉混合，缓慢加入60～70℃的热水中，迅速搅拌溶解，过胶体磨使其更充分地分散混匀。然后边搅拌边加入酸乳、燕麦浆和酸味剂，加酸时要加快搅拌速度，防止局部过酸使蛋白质沉淀。将调配好的物料预热至55℃进行均质，均质压力为25MPa，然后于85℃杀菌10min，灌装，冷却得到成品。

九、燕麦充气发酵饮料

1．生产工艺流程

燕麦→去皮→粉碎→液化→过滤→发酵→精滤→冷却充气→装瓶→成品

2．操作要点

（1）燕麦汁的制备

①浸泡磨浆　将清理干净的燕麦在清水中浸泡8～12h，将泡软的燕麦用1％氢氧化钠溶液再浸泡5～10min，搅洗出燕麦细皮，用清水冲洗干净，然后磨浆。为提高淀粉利用率和有利于糖化，最好采用湿磨。

②液化糖化　燕麦浆中加入少量α-淀粉酶（食品级），升温至85～90℃使之充分液化。冷却后加入混合糖化剂，保温55～60℃使其充分糖化，整个过程需3～4h，直至碘反应不变色为止。糖化完毕，加热至80℃，以使淀粉酶和糖化酶失活。然后过滤，制得糖化汁。然后按糖化汁∶水＝1∶1.5的比例稀释，即得燕麦汁。

（2）燕麦汁的乳酸发酵

①菌种的驯化培养　所用菌种为酸奶用乳酸菌，为使菌种尽可能适应燕麦汁的营养环境，必须进行驯化培养。具体过程分为三步：

第一，将乳酸菌接种于50％牛乳、50％燕麦汁组成的驯化培养液中，接种量5％。在42℃温度下培养8h，并传1～2代，得驯化菌种a。

第二，将驯化菌种a接种于30％牛乳、70％燕麦汁组成的驯化培养液中，接种量5％。在42℃温度下培养8h，并传1～2代，得驯化菌种b。

第三，将驯化菌种 b 接种于由 90％燕麦汁、8％蔗糖、2％乳糖构成的驯化培养液中，接种量 5％。在 42℃温度下培养 10h，即为生产发酵剂（种子）。

②乳酸发酵　将上述驯化完毕的种子，以 5％接种量接种到燕麦汁中，加蔗糖8％，在 42～43℃温度下，培养 6h。成熟发酵料液呈亮浅米色，浑浊，有少量白色絮状沉淀，无异味，有芳香及令人愉快的乳酸酸味。

（3）燕麦发酵饮料调制　发酵成熟的饮料原液必须先进行过滤，目的是分离除去发酵液中的乳酸菌和蛋白质凝固物，以便得到澄清、透亮的饮料原液。经过滤后的发酵原液（含糖量 8％），每 100L 添加白砂糖 12kg、蜂蜜 1kg，冷却后按原液∶水＝1∶1 的比例加入净化低温无菌碳酸水，装瓶压盖。

3．成品质量指标

（1）感官指标　色泽：透明米灰色；香气与滋味：口味纯正、柔和、酸甜适口、无异味；组织状态：细腻、均匀，允许有少量沉淀，无杂质。

（2）理化指标　蔗糖≥8％，酸度（以乳酸计）0.2％～0.3％，铅（以 Pb 计）＜0.5mg/kg，砷（以 As 计）＜0.5mg/kg，铜（以 Cu 计）＜10mg/kg。

（3）微生物指标　大肠菌群≤6MPN/100mL，致病菌不得检出。

十、燕麦发酵饮料

1．生产工艺流程

燕麦→浸泡→蒸煮→摊晾→制曲→培养→糖化→打浆→巴氏杀菌→接种发酵→调配→均质→杀菌→包装→成品

2．操作要点

（1）燕麦浸泡　将燕麦去杂淘洗干净后，用足量的净水保持水面高于麦层约5cm 浸泡一整晚，浸泡一定要充分，浸泡后的燕麦吸水充足，以手指捻成粉浆为度。若燕麦浸不透，则蒸熟的燕麦粒坚硬，不利于糖化发酵和成品质量。

（2）蒸煮、摊晾（冷却）　将浸泡后的燕麦捞出沥水，放入高压容器在 121℃蒸煮 30min，将蒸好的燕麦立即打散冷却至 30℃左右。冷却的速度越快越好，冷却的时间过长会增加杂菌污染的机会和引起淀粉老化。

（3）制曲　将冷却好的燕麦放入干净消毒过的不锈钢容器中，按 0.1％～0.3％比例拌入米根霉。充分拌匀后，密封，置于 28℃的恒温条件下 1d，有利于米根霉的旺盛生长和产酶。

（4）糖化　在长好霉的燕麦中加入 4 倍量的经加热（100℃）灭菌后的冷却水，置于 42℃的恒温条件下糖化水解 1d。糖化时一定要密闭好，否则又酸又涩。

（5）打浆、巴氏杀菌　糖化好的燕麦与燕麦汁一起用豆浆机进行打浆、粉碎、均质、混合。打好浆后进行巴氏杀菌抑制燕麦的继续糖化。

（6）接种发酵　按1.5％的接种量，将啤酒酵母接入上述经巴氏杀菌并冷却的液体中，置于28℃的恒温培养箱内48h。

（7）调配、均质　发酵好的成品加入甜味剂、稳定剂等搅拌均匀后，用均质机在25MPa压力下进行均质。

（8）杀菌、包装　杀菌条件为80℃，30min。杀菌结束后经冷却即可包装。

3. 成品质量指标

（1）感官指标　外观色泽：乳白色，均匀一致，无沉淀分层现象，混合均匀；口感：口感清新、滑润，酸甜适口、黏度适中；香味：具有燕麦特有的风味和微醇清香，无异味；组织状态：组织细腻，无分层，无气泡，无杂质。

（2）理化指标　总糖度10％，氨基酸总量0.87g/L，pH值4.05～4.15，酒精含量（体积比，20℃）2.2％。

（3）微生物指标　菌落总数≤30CFU/mL，大肠菌群＜3MPN/100mL，致病菌未检出。

十一、燕麦香型牛蒡超微粉发酵乳

本产品是以燕麦、牛蒡为主要原料，经过超微粉碎添加到全脂复原乳中制成具有燕麦香味的一种超微粉发酵乳。

1. 生产工艺流程

全脂奶粉＋牛蒡超微粉、燕麦超微粉＋白砂糖＋净化水→混合→搅拌→过滤→均质→杀菌→冷却→接种→搅拌→分装→封盖→发酵→后熟→成品

2. 操作要点

（1）超微粉制备　牛蒡超微粉（≥325目）的制备：将牛蒡放于60℃电热鼓风干燥器烘干6h，至水分6％以下，经振动式药物粉碎机超低温粉碎20min，过325目筛得牛蒡超微粉。燕麦超微粉（≥325目）制备：将燕麦放于60℃电热鼓风干燥器热风干燥6h，至水分6％以下，经振动式药物粉碎机超低温粉碎15min，过325目筛得燕麦超微粉。

（2）物料混合、搅拌　将奶粉以1∶9的比例溶于45℃的净化水中制成原料乳，取少量原料乳加热溶解白砂糖，过滤，而后全部加入到原料乳中，和燕麦超微粉、牛蒡超微粉充分混合，放于60℃的水浴锅中加热，并高速搅拌至均匀。牛蒡超微粉和燕麦超微粉总添加量4g/100mL、白砂糖10g/100mL。

（3）均质、杀菌　将混合均匀的料液在水浴锅内预热至60℃，进行均质，均质压力22MPa。均质后的料液置于恒温水浴内进行杀菌，在90℃下，杀菌10min，杀菌过程中应不断搅拌料液，使整体温度均匀。

（4）冷却、接种　杀菌完毕后，取出，迅速冷却至45℃左右。直投式发酵剂

在使用前无需活化，直接接种于混合乳中，接种量 0.2g/100mL。搅拌均匀，将料液分装于 100mL 的无菌容器中。

（5）发酵、后熟　将接种后的料液放入 42℃的恒温条件下进行发酵，发酵时间为 4.5h，待酸度达到 90°T 时，取出，放于 0～4℃的冰箱冷藏 12～16h。

3. 成品质量指标

（1）感官指标　色泽乳白稍有浅灰色，组织状态均匀细腻，黏度适中，酸甜可口，有浓厚的麦香味、乳酸发酵味和牛蒡特有风味，风味独特，无异物。

（2）理化指标　蛋白质 2.48g/100g，脂肪 1.3g/100g，总酸 2.21g/kg，碳水化合物 15.0g/100g，灰分 0.55g/100g，水分 81.2g/100g，铅、镉、砷均未检出。

（3）微生物指标　乳酸菌 3.53×10^9 CFU/mL；大肠菌群、金黄色葡萄球菌、沙门菌、酵母菌、霉菌均未检出。

十二、燕麦生物乳

1. 生产工艺流程

燕麦→粉碎→浸泡→液化→灭酶→糖化→灭酶→过滤→去渣→调配→均质→灭菌冷却→接种→发酵→成品

2. 操作要点

（1）燕麦处理　选用新鲜的、无霉变的燕麦用粉碎机粉碎后过 250 目筛，然后与水以 1∶30 比例混合，在室温下浸泡 5～6h。

（2）液化、灭酶　在调浆燕麦液中加入 α-淀粉酶，酶用量为 150U/g（燕麦液），于 80℃、pH6.0 的条件下液化 30min。然后经煮沸进行灭酶。

（3）糖化、灭酶　在第一次灭酶后的燕麦液中加酶，并于 55℃、pH5.5 的条件下糖化 30min，其中酶用量为 80U/g（燕麦液），然后经煮沸进行灭酶。

（4）过滤　用高速离心机以 5000r/min 进行离心去渣，得醪液。

（5）调配　醪液∶脱脂奶粉量为 100∶8，在 60～65℃下搅拌均匀后进行均质。

（6）均质　第一次均质压力为 22MPa，第二次均质压力为 16MPa，两次均质温度均在 60～65℃。

（7）灭菌冷却　在 115℃的温度下高压灭菌 10min，冷却后进行接种。

（8）接种　接种量为 4%，其中鼠李糖乳杆菌∶双歧杆菌为 1∶1。如果接种量过大，则产酸过快，使成品风味欠佳。

（9）发酵　发酵时添加适量低聚木糖，在 38℃下厌氧培养 6h。

3. 成品质量指标

（1）感官指标　色乳白微黄，乳香，口感细腻，乳浊液。

（2）理化指标及微生物指标　还原糖 8.97%，β-葡聚糖 197mg/L，酸度 90°T，

活菌数 10^{11} CFU/mL。

十三、燕麦营养保健稠酒

本成品是以燕麦、黑米、糯米为酿酒主原料，粳米、山药为辅料，蜂蜜和桂花酱为调味剂，酒药和酿酒活性干酵母为糖化发酵剂酿造的一种营养保健稠酒。

1. 原料配方

燕麦∶黑米∶糯米∶粳米∶山药的配比量为 3∶1∶3∶2∶1，酒药用量0.05%，酿酒活性干酵母用量 0.04%，蜂蜜用量为总酒量的 0.02%，桂花酱用量为总酒量的 0.03%。

2. 生产工艺流程

燕麦→粗粉碎→蒸麦　山药浆　桂花酱、香醅酒、蜂蜜

黑米、糯米、粳米→精选→浸米→蒸米→淋饭→落缸→主发酵→加浆后发酵→磨浆→均质→调制→分装→杀菌→检验→成品

3. 操作要点

（1）燕麦粉碎与蒸麦预处理　用适量 40℃ 水均匀喷洒湿润燕麦，静置 1h，用30 目筛粉碎机粉碎后入蒸锅中蒸 30min，缓慢加入占燕麦总量 30% 的 60℃ 热水润麦备用。

（2）山药预处理　将山药洗净后去皮，切块，用磨浆机将山药磨成浆液备用。

（3）浸米与蒸米　浸米采用自来水流水浸米，糯米、粳米的浸水时间为 20～22h，黑米的浸水时间为 25～28h。浸米结束后随即转入蒸锅中，黑米的蒸煮时间为 55min，糯米、粳米的蒸煮时间为 35min，要求米粒透而不烂，疏松且具有弹性。蒸熟的米饭采用淋饭法降至室温，要求米饭温度内外一致。

（4）落缸、主发酵与加浆后发酵　将燕麦粉、米饭、山药浆按比例混合后转入瓦缸中，加入 0.05% 的酒药粉，搅拌均匀，搭窝，使之成喇叭形，表面撒适量酒药粉，加盖缸盖即进入糖化阶段。落缸 35～40h 后，糖化液中的糖分为10～32g/100mL，原料散发出轻微酒香时，随即接入已活化好的 0.04% 的酿酒干酵母，加 1 倍浆水，搅拌均匀，使其进入发酵阶段。发酵过程要求品温保持在22～28℃。6d 后，糟粕开始下沉，品温逐步下降，发酵醪酒度为 8°～10° 时，将其转入酒坛中，缓慢加入适量 45°～50° 优质香醅酒、桂花酱和蜂蜜，封口，进入后发酵。

（5）磨浆与均质　发酵结束后，发酵醪中含有部分米粒状或块状粗蛋白固形物，选用间隙粒度为 100～120 目胶体磨将其磨成浆液。为保证成品燕麦稠酒质量的稳定性，采用二次均质法处理浆液。二次均质的条件相同：均质温度 45～50℃，均质压力 18～20MPa。

（6）调制　在均质好的原酒中加入适量灭菌糖液和高纯度食用酒精，调整酒度为 4°～6°，总糖≥10g/100mL，随即灌装。在 105℃杀菌，即得燕麦营养保健稠酒。

4. 成品质量指标

（1）感官指标　酒色呈橙红色，均匀亮丽，酒体丰满协调，滋味酸甜适口，具有浓郁的麦香、米香和清雅的桂花香和蜜香。

（2）理化指标　酒度 4°～6°，糖度＞10g/100mL。

附：香醅酒的制备　将新鲜黄酒糟 30kg、麦曲 0.6kg 和适量酒尾混合，转入瓦缸中压实，表面喷洒少许 75%vol 高纯度食用酒精，以防止表层污染杂菌。最后用棉垫外加一层塑料薄膜封口，发酵 60d 而得香醅。把香醅转入到一定量的 45°～50°优质白酒中，密封浸泡 15d，经压榨、精滤即得香醅酒。

十四、燕麦保健酒

1. 生产工艺流程

　　　　　　　　　　水　麦曲、糖化酶　水、酵母　糁　蜂蜜、中草药浸汁
　　　　　　　　　　↓　　　↓　　　　　↓　　↑　　↓
燕麦→浸渍→蒸料→淋冷→拌曲入缸→糖化→发酵→压榨→原酒→调配→均质→包装→杀菌→成品

2. 操作要点

（1）中草药浸出汁的制备　选择无霉烂、无异味、无污染、杂质含量少的中草药，利用清水淘洗干净，晾干后碾压破碎，浸泡于稀释至 50°～60°的食用酒精中，三周左右过滤得澄清滤液，即为中草药浸出汁。

（2）原料清洗、浸渍　燕麦原料需多次进行清洗，然后浸泡于含碳酸钠 0.2%～0.3%的水中，水面高出麦层 10cm 左右。浸麦质量标准：用手碾之即破碎成粉状。

（3）蒸料、淋冷　浸泡好的燕麦用清水冲洗 2～3 次，放入蒸锅内，加适量的水，先预煮 5min 左右，再沥干水分，常压蒸 50～60min。蒸好的料要求熟而烂，疏松不糊，均匀一致。

出锅后立即用冷水进行冲淋降温，将温度降低至 30～33℃，静置 15min，使料温内外一致。

（4）拌曲入缸　以干燕麦计，拌入麦曲 0.6%～0.8%，5×10⁴U 的糖化酶0.1%，拌匀后入缸搭窝，在表面撒少许麦曲，缸口加盖，以保温。

（5）糖化发酵　在 30～32℃糖化 22～24h，锅内有淡黄色糖液，闻之有轻微醇

香,待糖液占锅体积约 1/3 时,冲入干麦量 1.5 倍左右的水,接入 0.3% 已经活化的活性干酵母,进行发酵。发酵期间主要控制温度,当温度上升至 33~34℃ 时,要开耙降温,以后每隔一定时间开耙一次,控制品温不超过 30~31℃。经 42~48h,发酵即结束。

(6)压榨、调配 将发酵好的酒醪进行压榨,得到原酒,然后调配入蜂蜜、中草药浸汁等。中草药浸汁液添加量为 3%。

(7)均质、包装、杀菌 经过压榨的酒液中还含有少量的淀粉、糊精、蛋白质等大分子物质,在成品贮存过程中易出现沉淀分层而影响酒的外观质量。可采取二次均质的方法使酒液充分乳化,两次均质的压力均为 20~25MPa,均质后立即进行灌装,然后置于 85~90℃ 的热水浴中杀菌 30min。杀菌结束后经过冷却即为成品,

3. 成品质量指标

(1)感官指标 呈淡黄色半透明,质地均一,酸甜适宜,具有独特淡雅的药香和蜜香。

(2)理化指标 酒度 8°~9°,糖度 9%~10%,总酸度 ≤0.5%。

(3)微生物指标 细菌总数 ≤100CFU/mL,大肠菌群 ≤3MPN/100mL,致病菌不得检出。

第四节·燕麦饮料

一、金针菇燕麦桑葚复合保健饮料

1. 生产工艺流程

① 金针菇→清洗→打浆取汁→纤维素酶酶解→煮沸→过滤

② 燕麦→清洗→烤箱焙烤→淀粉酶和糖化酶酶解→煮沸→过滤

③ 桑葚→挑选→浸泡→取汁→过滤

①+②+③→混配→调配→均质→杀菌→灌装

2. 操作要点

(1)金针菇汁制备 挑选没有褐变、腐烂和异味且色泽清白的新鲜金针菇,除去菌根,然后用自来水冲洗去除表面的污物。为防止金针菇褐变,按金针菇:水质量为 1:5 的比例,用含质量分数 0.2% 柠檬酸和质量分数 0.1% 维生素 C 的溶液在 95℃ 条件下烫漂 15min。随后,将金针菇剪切成 0.5cm 左右的小段,在煮沸条件下浸提 15min。浸提液和金针菇原料一起在打浆机中趁热打浆。打浆之后,向浆料液中加入纤维素酶,于 50~53℃ 下酶解 2h。酶解后升温到 100℃,煮沸 10min 用

于灭酶。然后用 200 目滤布过滤，获得金针菇汁备用。

（2）燕麦汁制备　将称好的燕麦仁放进烤箱，用底火 170℃、面火 150℃烘烤 15~20min，至燕麦变焦黄色，散发出香味。用高速组织捣碎机破碎成粉末，放进锥形瓶，倒入燕麦质量 7 倍的蒸馏水，放进恒温振荡水浴锅中振荡浸提 15min。将 α-淀粉酶与糖化酶一起加入锥形瓶，在 55℃摇床上酶解 2h。最后用 200 目滤布过滤，获得燕麦汁，冷藏备用。

（3）桑葚汁制备　将桑葚与水以质量比为 1∶8 的比例常温下浸泡 2h，然后将桑葚和浸泡过桑葚的水一起打浆。随后用 200 目滤布过滤，获得桑葚汁，冷藏备用。

（4）稳定剂溶解　稳定剂中加入适量的水，溶胀 2h 后，用超声波振溶，备用。

（5）调配　边搅拌边加入金针菇汁、燕麦汁、桑葚汁和其他各种辅料。燕麦汁、桑葚汁和金针菇汁用量比例为 4∶3∶3。其他原辅料用量：白砂糖 4%、柠檬酸 0.08%、黄原胶 0.10%、蔗糖脂肪酸酯 0.05%。

（6）均质　将调配好的原辅料搅拌均匀后，在胶体磨中磨细 2 次。随后采用高压均质机将物料在 60℃、25MPa 压力下均质 2 次。

（7）杀菌、灌装　采用超高温瞬时杀菌于 130℃下杀菌 4~6s。杀菌后经冷却灌装即为成品。

3. 成品质量指标

（1）感官指标　色泽：明亮的鲜紫色，色泽均匀稳定；风味：有金针菇、燕麦和桑葚 3 种原料特有的香气，而且风味浓郁协调；组织状态：整体浑浊度均匀，没有分层现象；口感：细腻且爽滑。

（2）理化指标　可溶性固形物≥8%，pH 值 5.5~6.0。

（3）微生物指标　细菌总数≤100CFU/mL，大肠菌群≤3MPN/mL，致病菌不得检出。

（4）其他指标　符合 GB 2760—2014《食品安全国家标准　食品添加剂使用标准》要求。

二、燕麦咖啡饮料

1. 生产工艺流程

生燕麦→蒸煮→打浆→纤维素酶酶解→稀释过滤→灭酶→调配→过胶体磨→均质→灌装→杀菌→冷却→成品

2. 操作要点

（1）挑选生燕麦　选择质地好、无虫洞、无霉变的生燕麦。

（2）蒸煮、打浆　生燕麦清洗干净后，蒸煮熟透，熟透标准为燕麦切开后中间没有白心；将蒸煮好的燕麦以料液比 1∶5 加水破壁 1min。

（3）纤维素酶酶解　纤维素酶酶解燕麦的条件为酶解温度 65℃、酶添加量 40U/g、酶解时间 60min。

（4）稀释过滤　对燕麦固液混合物进行稀释，料液比为 1∶1，后采用 4 层纱布过滤，得到燕麦浆。

（5）灭酶　燕麦浆在锅中煮沸 5min。

（6）咖啡液制备　咖啡豆粉碎过 80 目筛，咖啡粉与水（90℃）以质量比为 1∶10 混合浸提 10min，用 200 目滤布过滤后待用。

（7）调配　各种原料的配比为：燕麦浆与咖啡液体积比 5.3∶5，白砂糖 7.6%、乳粉 7.9%。在燕麦浆中加入咖啡液、乳粉、白砂糖进行调配，待乳粉、白砂糖溶解后，添加复合乳化稳定剂：黄原胶 0.15%、蔗糖脂肪酸酯 0.10%、微晶纤维素 0.25%、单甘酯 0.08%（调配中除燕麦浆与咖啡液配比按照体积比外，其他添加量都是通过质量比换算）。加热搅拌加快溶解，待基本溶解完全以后，煮沸。

（8）过胶体磨、均质　胶体磨细度参数 5μm。均质压力 20MPa、时间 10min，单次即可。

（9）灌装　均质后迅速进行灌装，分装到经灭菌处理的 200mL 玻璃瓶中，加盖但不旋紧，放入水浴中加热脱气，水沸腾以后把瓶盖旋紧，然后进行杀菌。

（10）杀菌、冷却　沸水杀菌 15min，冷却，储藏。

三、燕麦浓浆饮料

本产品是以生燕麦片为原料，再添加其他辅料制成的一种燕麦饮料。

1. 生产工艺流程

燕麦→清洗、除杂→沥干→烘烤→浸泡→打浆→过胶体磨→过滤→调配→均质→灌装→封口→灭菌→成品

2. 操作要点

（1）燕麦挑选、清洗　去除霉变、虫蛀的燕麦片以及杂质，并清洗干净、晾干。

（2）烘烤　将洗净、晾干的燕麦片于烘箱中进行烘烤，温度为 160℃，烘烤时间为 10min。

（3）浸泡　采用清水浸泡使其软化，浸泡时间为 8h。

（4）过胶体磨　通过胶体磨，使得燕麦籽粒破碎成浓浆，打浆的料水比为 1∶12。

（5）过滤　用筛网将上述得到的浓浆进行过滤，滤出燕麦渣。

（6）调配　将稳定剂、乳化剂、蔗糖等辅料分别溶解后，均匀混合加入到浆液

中，搅拌均匀，调节 pH 值至 6.8～7.2。复合稳定剂的复配组成：羧甲基纤维素钠 0.15%、黄原胶 0.07%、单甘酯 0.05%、蔗糖酯 0.07%；蔗糖用量为 2.0%。

（7）均质　第 1 次均质压力 15MPa，第 2 次均质压力 25MPa，温度 65～80℃。

（8）灌装、封口　采用 250g 四旋玻璃瓶包装，燕麦浓浆加热至 95℃灌装密封。

（9）灭菌　灭菌温度 121℃，灭菌时间 15min。

四、燕麦乳饮料（一）

1. 生产工艺流程

全脂奶粉、白砂糖、柠檬酸、复合稳定剂
↓

清理→烘烤→打粉→酶解→过滤→灭酶→燕麦汁→调配→均质→杀菌→冷却→成品

2. 操作要点

（1）清理、烘烤　精选新鲜、饱满、无伤害的优质燕麦粒，去杂质，在烤箱中 180℃烘烤 20min，注意翻动以免烤焦，直到燕麦呈光亮深黄色且带有特殊香味时停止。

（2）酶解、过滤　先利用粉碎机将燕麦粉碎，然后进行酶解。最佳的酶解工艺为料液比 1:15、α-淀粉酶的添加量 0.2%、酶解温度 70℃、酶解时间 1.5h。酶解过程中需搅拌，防止结成胶状物。酶解完成后过滤，在沸水浴 20min 条件下进行灭酶，过滤后得燕麦汁。

（3）调配　按照原辅料最佳比例进行调配并混合均匀。燕麦复合饮料配方：燕麦汁添加量 80%，全脂奶粉添加量 1.49%，白砂糖添加量 2.94%，柠檬酸添加量 0.14%，黄原胶 0.25% 和果胶 0.1%，其余为纯净水。

（4）均质　均质的工艺条件为：温度 50℃、压力 40MPa，共均质 2 次。

（5）杀菌　将上述均质后的饮料在 85℃的温度条件下杀菌 2min。杀菌后经冷却即为成品。

3. 成品质量指标

（1）感官指标　色泽：呈均匀一致的乳白色；组织状态：组织细腻，均匀一致，无分层；风味和口感：有特有的燕麦和牛乳香气，无异味，酸甜适口，滋味协调均匀。

（2）理化指标　β-葡聚糖 0.921mg/mL，蛋白质 2.46%，脂肪 0.54%。糖度 10.2°Bx，pH4.7。

（3）微生物指标　菌落总数符合 GB 7101—2015 规定。大肠菌群和致病菌均未检出。

五、燕麦乳饮料(二)

本产品是以生牛乳和酶解燕麦粉为原料，生产的一种符合消费者需求的酶解燕麦乳饮料。

1. 生产工艺流程

生牛乳/净化水→调配→定容→均质→杀菌→无菌灌装→成品

2. 操作要点

(1) 调配　生牛乳/净化水升温到 70～75℃，溶解复配稳定剂 15～20min，然后添加其他辅料，搅拌溶解均匀后定容。燕麦乳饮料配方为：生牛乳 30%、酶解燕麦粉 4.0%、白砂糖 5.0%、椰子油 1.0%。复配稳定剂成分为：微晶纤维素 0.3%、卡拉胶 0.013%、单甘油脂肪酸酯 0.10%、双甘油脂肪酸酯 0.10%、硬脂酰乳酸钠 0.06%。其余为净化水。

(2) 均质　将上述调配好的基料升温到 65～70℃，利用均质机进行均质处理，一级压力为 4～5MPa，二级压力为 20～25MPa。

(3) 杀菌　采用超高温瞬时杀菌，温度 (137±2)℃，时间 3～4s。

(4) 无菌灌装　将杀菌后的产品冷却至 25～30℃，进行无菌灌装即得成品。

六、燕麦乳饮料(三)

1. 生产工艺流程

燕麦→烘烤→浸泡→脱皮漂洗→打浆→过胶体磨→过滤→调配→高压均质→灌装→灭菌→检验→成品

2. 操作要点

(1) 烘烤、浸泡　将燕麦清理干净后，在烤箱中烤脆或在锅中炒香，注意及时翻动，以免烤焦。然后将燕麦在清水中浸泡 12h。

(2) 脱皮漂洗　将泡软的燕麦粒用 1% 氢氧化钠水溶液浸泡 5～10min，然后搓洗出燕麦细皮，再用清水洗净。

(3) 打浆　将温水与燕麦粒按比例 1:1 混合后，加入打浆机中打成浆液。

(4) 过胶体磨、过滤　用胶体磨将燕麦浆液进行循环磨浆，使其细度达到约 3μm。再用 200 目左右的滤网将燕麦浆液中的纤维、渣、皮等滤出。

(5) 调配　按一定的比例加入燕麦浆液、白砂糖、蛋白糖、羧甲基纤维素钠、单甘酯、蔗糖酯、乳味香精等，充分混合均匀。

(6) 高压均质　为了改善燕麦乳的口感和稳定性，需对其进行高压均质，均质条件为 70℃、70MPa。

（7）灌装　先将混合料预热至 80℃，以保证产品形成一定的真空度或避免高温灭菌时胀罐。然后根据需要采用玻璃瓶或塑料袋自动灌装机进行灌装，要求封罐严实，并保留一定的顶隙。

（8）灭菌　为了保证产品质量和较长的保质期，需采用高温高压灭菌，在 121℃、0.2MPa 条件下灭菌 15～20min。

（9）检验　抽样对产品的感官指标、理化指标及卫生指标进行检验。

3．成品质量指标

（1）感官指标　色泽：灰白色；口味和气味：口味纯正、柔和，有浓郁的燕麦香味，无异味；组织状态：组织细腻、均匀，允许有少量沉淀，无杂质。

（2）理化指标　蛋白质＞1％，总糖＞2.5％，铅（以 Pb 计）≤0.5mg/kg，砷（以 As 计）≤0.5mg/kg，铜（以 Cu 计）≤10mg/kg。

（3）微生物指标　细菌总数≤100CFU/mL，大肠菌群≤6MPN/100mL，致病菌不得检出。

七、酶法燕麦乳饮料

1．生产工艺流程

燕麦→清理→烘烤→浸泡→打浆→过胶体磨→酶解→调配→均质→灭菌→冷却→包装→成品

2．操作要点

（1）清理和烘烤　首先剔除燕麦中的砂石、杂质，然后将燕麦放入烤箱 180℃烘烤，注意需不时地翻动燕麦，以防烤焦，20min 后取出。此时燕麦应被烤成黄褐色，并有烘烤香味。

（2）浸泡　将烘烤过的燕麦放在清水中浸泡 10～12h，然后将泡软的燕麦用 1％的 NaOH 溶液浸泡 5～10min，搓洗去燕麦细皮，并用清水冲洗干净。

（3）打浆和过胶体磨　先用普通的打浆机打浆，然后过胶体磨。可有效提高得率，利于酶解。过胶体磨后，用 100 目的尼龙滤网过滤去渣。具体打浆时的料液比为 1∶15。

（4）酶解　酶解最佳条件：温度为 80℃、α-淀粉酶添加量为 0.05％（质量比）、时间为 50min。在酶解过程中，需要搅拌防止底部结成胶状物，同时以碘液显色试验来检测淀粉是否水解完全。

（5）调配　根据酶解液的可溶性固形物的含量进行调配，再向酶解液中添加不同种类、不同含量的各种辅料。具体配比是：添加 0.12％的黄原胶，6％的白砂糖，0.02％维生素 C，0.01％的食盐，0.01％三聚磷酸钠。

（6）均质　采用高压均质机两道均质，第 1 道均质采用 30MPa、50℃，第 2 道均质采用 50MPa、50℃。

（7）灭菌、包装　121℃高压灭菌 20min，耐热玻璃饮料样品瓶包装。

3. 成品质量指标

（1）感官指标　色泽：乳白色，色泽均匀一致；味道：香味纯正，口感饱满，具有燕麦特征性风味；组织形态：均匀稳定。

（2）理化指标　总固形物 8.0％±0.2％，pH 值 6.6±0.2，离心沉淀率 1.5％±0.2％，黏度 430mPa·s，蛋白质 0.62％，碳水化合物 4.55％，脂肪 0.43％。

（3）微生物指标　菌落总数≤100CFU/mL，大肠菌群≤10MPN/100mL，致病菌未检出。

八、燕麦风味麦香奶

本产品是以燕麦片、蛋黄粉和全脂奶粉等为原料制作的一种营养麦香风味奶。

1. 生产工艺流程

原辅料处理→调配→过滤→预热→均质→杀菌→冷却→调香→灌装→成品

2. 操作要点

（1）原辅料处理　将全脂奶粉与 45～50℃温水充分水合，静置 20min，使奶粉完全溶胀。乳化剂和蛋黄粉用热水溶解后，再过高剪切搅拌机进行充分乳化。用 45℃温水将燕麦片浸泡 15min，去除沉淀后过胶体磨，打成燕麦浆。

（2）调配、过滤、预热　将各物料充分混合并搅拌，经过滤，再预热至 60℃左右。具体各种原辅料的配比：全脂奶粉 9％、燕麦片 5％、蔗糖 2.5％、鸡蛋蛋黄粉 0.5％、复合乳化稳定剂 0.3％、盐 0.02％。

（3）均质　采用 2 次均质法。将调配好的混合料液在 55～60℃，压力分别为 10～12MPa 和 15～18MPa 的条件下进行 2 次均质。

（4）杀菌　采用超高温瞬时杀菌法（UHT）进行热处理，产品无蒸煮味，色泽好，营养损失也较小。

（5）调香、灌装　由于香精遇高温易挥发，因此将均质后的料液冷却到 20℃以下，再将香精缓慢喷入，同时搅拌均匀，香精为 0.05％麦奶香精和 0.01％香草香精。最后经灌装即为成品。

3. 成品质量指标

（1）感官指标　呈均匀一致的微黄色，具有乳固有的滋味和气味，无异味，麦香浓郁，无沉淀，无凝块，无黏稠现象。

（2）理化指标　总膳食纤维（TDF）＞3000mg/kg，脂肪≥2.5%，蛋白质≥2.3%。

（3）微生物指标　菌落总数＜$5.1×10^2$CFU/g，大肠菌群≤30MPN/100g，致病菌未检出。

九、燕麦核桃乳

1. 生产工艺流程

燕麦酶解浆＋核桃浆→混合→过胶体磨→调配→乳化→一次均质→二次均质→分装→杀菌→冷却→成品

2. 操作要点

（1）燕麦酶解浆制备　将燕麦粉与水按1∶4的质量比混合，在酶解罐中加入55℃热水，添加占燕麦质量0.45%的α-淀粉酶和0.15%的糖化酶，保持恒温，酶解25min，升温至90℃保持10min进行灭酶，冷却，150目纱布过滤，即得。

（2）核桃浆制备　取无异味、无霉变、果仁完整的核桃仁，用2%的NaOH溶液，在90℃下浸泡3min，用高压水冲洗并去除核桃仁衣。去衣核桃仁与水按质量比1∶4打浆，得到核桃浆，备用。

（3）混合、过胶体磨　将48.5%的燕麦酶解浆与26.0%的核桃浆混合后，用纯净水定容至3L，过120目胶体磨，循环3次。

（4）调配、乳化　向上述混合液中添加0.59%的复合乳化剂（单硬脂酸甘油酯、蔗糖脂肪酸酯质量比6∶4）和0.24%稳定剂（微晶纤维素）进行调配，利用乳化机使调配液乳化。

（5）均质　将上述混合液在25～30MPa压力下第1次均质10min，随后在35～40MPa第2次均质15min。

（6）分装、杀菌　均质后的饮料使用高温蒸煮袋进行分装，90℃热水下保持20min，冷却，成品。

3. 成品质量指标

（1）感官指标　口感：爽滑厚实，浓稠度适当，无任何颗粒刺激感，甜味适中；色泽：呈淡棕色，颜色均匀，有光泽；组织状态：状态均匀细腻，无絮状物或脂肪上浮；风味：具有燕麦与核桃特有香气，香气和谐浓郁，持续时间长。

（2）理化指标　蛋白质2.15g/100g，脂肪3.6g/100g，总膳食纤维0.7g/100g。

（3）微生物指标　菌落总数≤60CFU/g，致病菌未检出。

十、燕麦纤维乳饮料

1. 生产工艺流程

燕麦麸皮→膳食纤维提取液→调配→搅拌→均质→杀菌→成品

2. 操作要点

（1）膳食纤维提取液的制备　燕麦麸皮高温挤压膨化后，经过粉碎过筛、脱脂和过滤。滤渣烘干后，加水，加热搅拌糊化，加入耐高温淀粉酶进行酶解，再加入高效糖化酶酶解，离心分离后，将上清液用 200 目尼龙网过滤，作为基液备用。酶解条件为：pH 值 6.0、料液比 1∶8、酶用量 1∶150、酶解时间 60min。将酶解后的料液过 200 目滤网，得到的纤维浓缩基液中 β-葡聚糖含量为 0.9%～1.2%。

（2）调配　制备糖浆乳液，将低聚糖倒入夹层锅中，加水溶解，滤入调配缸中；将脱脂奶粉加纤维提取液搅拌，过胶体磨一次，加入调配缸中；再加入配制好的稳定剂（0.06% 瓜尔胶和 0.06% 海藻酸钠），将原料混合均匀。

（3）搅拌　将柠檬酸溶液（柠檬酸用量 0.15%）迅速加入糖浆乳液中，边加边搅拌。再添加食用香精，搅拌均匀。

（4）均质　为使胶体粒子变小，分散均匀，改进口感和增加饮料的稳定性，要进行均质处理，均质压力为 20～25MPa，预热温度为 95℃。

（5）杀菌　均质后的饮料采用高压灭菌锅杀菌，杀菌条件为 95℃、10min。产品经冷却后即为成品。

十一、燕麦营养冰激凌

1. 原料配方

麦芽糊精 5%、绵白糖 10%、CMC-Na 0.5%、燕麦粉 4%、全脂奶粉 10%、明胶 0.4%、单甘酯 0.4%，其余为纯净水。

2. 生产工艺流程

混合糖浆
↓
原辅材料预处理→混合调配→过滤→均质→杀菌→冷却→老化→凝冻→灌装→硬化→冷藏→成品

3. 操作要点

（1）原辅材料预处理　选择无虫蛀、无霉变、品质良好的燕麦，去除杂质，粉碎至燕麦粉可全部通过 0.125mm 孔径筛，备用。全脂奶粉与燕麦粉干粉混合均匀，加适量水溶解并过滤，得滤液备用；为防止结块，麦芽糊精在加水溶解的同时需不断搅拌；明胶加 8~10 倍冷水浸泡，待吸水溶胀后，加热溶解，边加热边搅拌，避免出现焦煳现象，过滤，得滤液备用。

（2）混合糖浆制备　按配方准确称取绵白糖、CMC-Na、单甘酯，干粉充分混匀后加适量水进行溶解，用胶体磨处理 2~3 次，防止有大的胶团存在而影响产品质量。然后将料液进行杀菌处理，边加热边搅拌，并用 0.125mm 网筛过滤，得滤液备用。

（3）混合调配　向过滤后的混合糖浆中边搅拌边依次加入溶解的全脂奶粉、燕麦粉、麦芽糊精、明胶等原辅料，充分搅拌，并混合均匀。

（4）均质　将混合料在 25MPa、40℃条件下进行均质处理。

（5）杀菌　将混合液加热至 75℃并在此条件下保温 30min，进行巴氏杀菌处理。

（6）老化　将均质后的混合料在 2~4℃条件下老化 8~10h。老化的目的是使物料中的游离水变成结合水，防止在凝冻时形成大的冰晶。

（7）凝冻、灌装　将老化成熟的混合料加入到冰激凌凝冻机料斗中，开动制冷及搅拌进行凝冻，当料液温度为 -11~-7℃时制成口感良好的燕麦冰激凌，即可灌装与包装。

（8）硬化、冷藏　将包装好的燕麦冰激凌送入低温冰柜，在 -27~-18℃条件下速冻，进行贮存或直接消费。

4. 成品质量指标

色泽纯正，外观均匀一致，不存在大气孔或不均匀蜂窝状，无冰晶。口感冰爽，细腻柔滑，具有燕麦特有的清香和奶粉的特征风味。

十二、燕麦营养乳

1. 生产工艺流程

燕麦→烘烤→浸泡→去皮→漂洗→打浆→胶体磨处理→过滤→调配→均质→预热→灌装→灭菌→冷却→质检→成品

2. 操作要点

（1）烘烤　将燕麦清理干净后，在烤箱中烤脆或在锅中炒香，注意及时翻动，以免烤焦。然后将燕麦在清水中浸泡约 12h。

（2）去皮、漂洗　将泡软的燕麦粒用 1.0% 的氢氧化钠水溶液浸泡 5~10min，然后搓洗出燕麦细皮，再用清水冲洗干净。

（3）打浆　将温水（约 50℃）与燕麦粒以 1∶1 的比例混合后，加入打浆机中打成浆液。

（4）胶体磨处理　利用胶体磨将燕麦浆液进行循环处理，使其细度达到约 $3\mu m$。

（5）过滤　将经过胶体磨处理的浆液送入过滤机中，使用 200 目左右的滤网将燕麦浆液中的纤维、渣、皮等滤出。

（6）调配　按燕麦与水（1∶15）～（1∶20）的比例混合，白砂糖的添加量为 6％、蛋白糖 2％、CMC（羧甲基纤维素）0.1％、单甘酯 0.2％、蔗糖酯 0.1％、乳味香精适量。将上述各种原辅料充分混合均匀。为了改善饮料的口感和增加蛋白质含量，在配料时也可添加适量的脱脂乳粉。

（7）均质　为了改善燕麦乳的口感和稳定性，需对其进行高压均质。均质的条件是：温度 70℃，压力为 30MPa。

（8）灌装　先将混合料预热至 80℃，以保证产品形成一定的真空度或避免高温灭菌时胀罐，然后根据需要采用玻璃瓶或塑料袋自动灌装机进行灌装，要求封罐严实，每罐净重误差在 ±3％，并保留一定的顶隙。

（9）灭菌　为了保证产品质量和较长的保质期，需采用高温高压灭菌，杀菌条件为温度 121℃、压力 0.2MPa、时间 15～20min。

（10）质检　抽样对产品的感官指标、理化指标及微生物指标进行检验，合格者即为成品。

3. 成品质量指标

（1）感官指标　色泽：灰白色，色泽均匀；香气与滋味：口味纯正、柔和，有浓郁的燕麦香味，无异味；组织状态：组织细腻、均匀，允许有少量沉淀，无杂质。

（2）理化指标　蛋白质＞1.0％，总糖＞2.5％，铅（以 Pb 计）≤0.5mg/kg、砷（以 As 计）≤0.5mg/kg，铜（以 Cu 计）≤10mg/kg。

（3）微生物指标　细菌总数≤100CFU/mL，大肠菌群≤6MPN/100mL，致病菌不得检出。

十三、燕麦露

1. 生产工艺流程

燕麦米→混油→微波吸油膨胀→打浆→酶解→过滤→均质→灌装→杀菌→冷却→成品

2. 操作要点

（1）混油　称取一定量脱壳后的燕麦米，与低芥酸菜籽油进行混合，低芥酸菜籽油的用量为 15g/100g(燕麦米)。

（2）微波吸油膨胀　燕麦粒在微波加热作用下吸收油脂并膨大。将混油后的燕麦粒平铺于可微波加热的容器内,平铺厚度为1cm,置于微波炉内加热,在微波火力100%的条件下,微波处理4min。

(3)打浆 微波吸油膨胀处理后的物料,每100g燕麦米加1000mL水进行打浆。

(4)酶解、过滤 采用双酶酶解工艺,淀粉酶和糖化酶1:2混合使用,料水比1:10,按照占燕麦米0.6%的比例添加酶,在60℃下酶解90min,酶解后的样品经80目筛过滤,弃去残渣。

(5)均质 采用高压均质机,在温度为60℃、压力为25MPa的条件下对酶解后的物料进行均质。

(6)灌装、杀菌 将上述均质后的饮料经灌装后进行杀菌处理,具体条件:温度121℃、时间5min。杀菌后经冷却即为成品饮料。

3．成品质量指标

色泽与组织状态:明亮,呈均一的乳白色、几乎无沉淀;香气:有纯正、浓郁的燕麦香气;滋味:醇和,有醇正的燕麦味。

十四、燕麦风味雪糕

1．原料配方

燕麦14%、奶粉5%、绵白糖13%、CMC-Na0.3%、单甘酯0.3%、糊精4%、明胶0.3%,其余为纯净水。

2．生产工艺流程

原辅料预处理→混合→调配→均质→杀菌→冷却→浇模→插签→冻结→脱模→包装

3．操作要点

(1)原辅料预处理 选择优质的熟制燕麦粉,将燕麦粉与水按质量比1:1混合后用破壁机处理成浆料备用。

(2)调配 雪糕的制作参照GB/T 31119—2014《冷冻饮品 雪糕》,以燕麦雪糕总质量为基准,分别将绵白糖、燕麦、奶粉、CMC-Na、单甘酯、糊精、明胶按照配方比例称量。明胶用水溶解,绵白糖、单甘酯、CMC-Na混匀,加适量水加热溶解,奶粉、糊精分别用适量水溶解,燕麦搅拌均匀,将所有料液混合在一起搅拌均匀,加水定容。

(3)均质 燕麦雪糕的均质条件要严格控制,温度在50~60℃,压力25MPa,均质后的雪糕料液十分细腻,口感也得到极大的改善。

(4)杀菌 将混合料液加热至95~98℃进行杀菌,杀菌时间为3~5min,边加热边搅拌,防止因受热不均而焦煳。

（5）浇模、插签　燕麦雪糕混合液经过一段时间的冷却后倒入模具，在浇模时应注意一边倒的同时一边搅拌，使模具中的燕麦雪糕混合液均匀分布，然后在冻结槽内慢慢放入模具，最后进行插签。需要注意在进行浇模前要对雪糕签和模具进行清洗和消毒。

（6）冻结、脱模、包装　在进行冻结工序时要严格控制冻结条件，雪糕冻结的时间在 2～4h，温度控制在 −25～−20℃。然后在冷冻盐水中慢慢放入雪糕器具进行冻结处理。冷冻处理后，经脱模和包装即为成品。

4. 成品质量指标

组织细腻，无冰晶，冻结紧固，色泽均一，呈现乳白色，燕麦味和乳香味浓淡适宜，口感上爽滑无油腻感。

第五节·燕麦面制品

一、速冻燕麦面条半成品

速冻燕麦面条半成品是将制作的鲜面条通过快速降温冻结并以低温来保存，这样使食品营养最大限度地保存下来，具有美味、方便、健康、卫生、营养、实惠的优点。

1. 原料配方

燕麦粉和小麦粉混合粉 100g（燕麦添加量为混合粉质量的 50%），其他原料用量（占混合粉比例）：加水量 60%、食盐 1%、鸡蛋清 10%。

2. 生产工艺流程

原辅料→选择与处理→和面→醒面→压片（搓面）→切条→包装→速冻→冻藏→成品

3. 操作要点

（1）原料选择与处理　将燕麦粉和小麦粉按配方比例称好混合搅拌均匀。

（2）原辅料添加　将鸡蛋清、食盐按配方称好备用。

（3）和面　将称量好的蛋清加入混合粉中搅拌均匀，再将称量好的食盐溶解在 80℃的热水中，最后将水倒入混合粉中和成面团。

（4）醒面　将面团用两层湿纱布盖好，在室温下放置 20min。

（5）压片（搓面）、切条　面团熟化后，将其压成 2mm 厚的薄片，然后切成 4mm 宽的条。或将面团搓成直径 4mm 的面条。

（6）包装　将切好的面条装在保鲜袋中密封。

（7）速冻　将包装好的面条快速放在－30℃下冷冻2h。

（8）冻藏　速冻后将面条置于－18℃条件下贮藏。

二、燕麦馒头

1. 原料配方

混合粉（燕麦粉10％和小麦粉90％），其他原料占混合粉的比例：复合菌粉0.4％、水60％、泡打粉1％。

2. 生产工艺流程

原料→和面→静置→成型→醒发→蒸制→冷却→成品

3. 操作要点

（1）和面　将面粉、燕麦粉、复合菌粉（酿酒酵母：植物乳杆菌＝2：1）、泡打粉按一定比例称取后混匀，加温水和面，边加水边搅拌。水的加入量与面粉吸水率即面粉种类有很大关系，一般以60％的加水量为宜。和面至面团无生粉、有面筋形成即可。

（2）静置　和好的面团盖一层湿布或保鲜膜，常温下放置10min左右，以利于面团面筋充分形成，并使膨松剂产生的气体充于其间。待静置结束后，对面团进行揉搓排气。

（3）成型　将面团分割成若干份50g的馒头坯，底部蘸上预留的面粉，防止发酵时粘在底部的托盘上。

（4）醒发　将成型后的面团放在温度25℃、相对湿度60％的醒发箱中，醒发2h。

（5）蒸制及冷却　将醒发好的馒头坯放入蒸笼，大火蒸制15min后关火，放置冷却。

三、燕麦大豆复合馒头

1. 原料配方

混合粉由大豆粉8％、燕麦粉8％、小麦粉84％组成，活性干酵母和水分别占混合粉的1％和60％。

2. 生产工艺流程

小麦粉、大豆粉、燕麦粉、活性干酵母→和面→揉面→发酵→成型→醒发→蒸制→冷却→成品

3. 操作要点

（1）大豆粉制备　将筛选好的大豆清洗干净、沥干后放进烘箱，于60℃下烘

干，取出后冷却至室温。冷却后，用旋风磨将大豆粉碎，并过 100 目筛，得到大豆粉备用。

（2）和面　运用一次发酵法，向一定量的活性干酵母中加入 38℃的温水，待酵母充分活化后，将已称好的混合粉加入，均匀搅拌后和成面团。

（3）揉面　将面团反复揉捏、挤压，待其不粘手、不粘盆、表面光滑均匀且富有弹性为止，整个过程在 3min 内完成。

（4）发酵　将揉好的面团放入容器中，送入温度 38℃、相对湿度 85% 的发酵箱中发酵 70min。

（5）成型　把发酵好的面团均分成质量相等的馒头坯，分别揉捏至面团中气体排出，成型使其表面光滑均匀。

（6）醒发　将馒头坯放入发酵箱中，在温度为 38℃、相对湿度 85% 的条件下醒发 20min。

（7）蒸制　蒸锅中加入一定量的水进行加热，待水煮沸后，将醒发好的馒头放入蒸屉中，蒸制 20min，关火 1min 后掀开锅盖，然后冷却至室温即可。

四、燕麦混粉馒头

1. 生产工艺流程

小麦粉、燕麦粉、活性干酵母→和面→揉面→发酵→成型→醒发→蒸制→冷却→成品

2. 操作要点

（1）和面　将燕麦粉以 25% 的比例与面粉混匀，加入占混粉质量 0.6% 的活性干酵母（提前将酵母制成悬浮液），然后倒入占混粉质量 56% 的水，倒入和面钵中，手工和面达到无生粉、面筋形成为止。

（2）揉面、发酵　取出和好的面团，在面案上手工揉搓成球状，置无盖瓷盆中，送入温度为 29～30℃、相对湿度 80%～85% 的发酵箱中，发酵 2.5h。

（3）成型、醒发、蒸制　发酵结束后，取出揉成光滑半球形。将揉好的面团放在铺有湿布的蒸屉上，送入发酵箱中醒发 15min 后，置沸水锅中蒸 40min，取出经冷却即为成品。

五、燕麦方便面

本产品是利用双螺杆挤压机采用非膨化挤压生产工艺生产的一种方便面。

1. 生产工艺流程

称料→预混合→加水混合→挤压→干燥→包装

2. 操作要点

（1）预混合　称取一定量的燕麦粉和小麦粉，其中燕麦粉添加量为 40%（燕麦粉占混合粉的质量比）。

（2）加水混合　在预混好的燕麦粉与小麦粉中，加入一定量的去离子水，用拌粉机充分拌匀，混粉水分含量为 40%。

（3）挤压　将混好的粉均匀加入挤压机内，挤压条件为：螺杆转速 210r/min，机筒温度Ⅱ区 90～95℃、Ⅲ区 110～115℃。

（4）干燥　将挤压的产品以 540W 微波干燥 30s，然后在 30℃热风干燥箱内干燥 2h，产品水分含量小于 10%，取出冷却包装。

六、燕麦鲜面条

1. 原料配方

按干物质质量计，燕麦粉 80%～87%，谷朊粉 15%～20%，食盐 1%～2%，温水 35%。

2. 生产工艺流程

原辅料称量→混合→和面→熟化→轧片→切条→鲜切面→冷藏

3. 操作要点

（1）原辅料称量　面粉应过筛去杂，精确称量，软化水硬度应在 5 度以下。

（2）混合和面　调粉是整个生产过程中的一个重要环节，掌握得好坏直接影响产品的质量。面粉均匀吸水，充分与面粉接触、混合，从而加快面粉的吸水速度，有利于面筋网络的形成，蛋白质充分吸水而形成高质量的面筋网络。加水量控制在 35%左右，调粉时间一般控制在 15min，面团温度为 28～30℃，采用中速搅拌。

（3）熟化　消除面团在搅拌过程中产生的内应力，使水分子最大限度地渗透到蛋白质胶体粒子的内部，进一步形成面筋的网络组织，熟化时间的长短关系到熟化的效果，熟化的时间越长，面筋网络形成得越好，熟化时间一般控制在 30～40min。

（4）轧片切条　轧出的面片厚薄均匀、平整光滑、无破边洞孔、色泽均匀一致并具有一定的韧性和强度，采用圆形面刀切条，面条直径大于 3mm。

（5）鲜切面冷藏　保鲜袋包装 2～4℃冷藏。

七、燕麦营养保健挂面

1. 原料配方

面粉 90%、燕麦粉 5%、枸杞、山药、红花适量，微量盐及碱。

2．生产工艺流程

原辅料→混合→和面→熟化→轧片→切条→挂条→自动上架→烘干→自动下架→自动切面→计量→包装→成品

3．操作要点

（1）营养液的制备

①枸杞营养液的制备。按配方用量称取干枸杞子→清洗→浸泡→按1∶3加水打浆→过滤除渣→加热（80℃左右，20min）消毒杀酶→枸杞提取液→备用

②红花营养液的制备。按配方用量称取红花→除杂→粉碎→按1∶5加水→煮沸（15min）→过滤除渣→红花提取液→备用

③山药营养液的制备。按配方用量称取新鲜山药→清洗→去皮→切碎→打浆→过滤→山药营养液→备用

（2）和面　将面粉加入和面机中，然后将各种营养液和辅料混合均匀后，加入和面机中，加水量控制在25％左右（含营养液）。搅拌至物料呈乳黄色为止，时间约为15min，和面机的转速以130r/min为宜。

（3）熟化　将上述和好的料坯由和面机中卸出，经自流管进入熟化机内进行熟化，时间为20min。

（4）轧片和切条　熟化后的料坯经过两对并列的初辊压成两片面片，然后两片面片由一对复合辊轧成一片面片。再经过3～5对压辊逐道压延到规定的厚度，轧片时要求面片的厚薄和色泽一样，平整光滑、不破边、无破洞和气泡，并应有足够的韧性和强度。头道轧出的面片厚度一般为6～8mm，末道轧出的面片厚度为0.8～1.0mm，面片达到规定的厚度后，直接导入压条机压成一定规格的湿面条。

（5）烘干　采用隧道式烘干法，将湿面条（含水量28％～30％）送入隧道式烘房进行烘干，烘房长55m，高度为2.7m、宽2.2m，按5个区段进行：第一，冷风定条区，空气温度20～25℃，相对湿度85％～95％，时间36min；第二，保湿出汗区，空气温度30～35℃，相对湿度80％～90％，时间54min；第三，升温蒸发区，空气温度35～40℃，相对湿度55％～65％，时间36min；第四，降温蒸发区，空气温度30～35℃，相对湿度60％～70％，时间20min；第五，冷却过渡区，空气温度17～20℃，时间34min；总烘干时间3h左右。

（6）切面、计量、包装　将由烘房出来的干挂面，切成长240mm的成品挂面，经过计量包装即为成品。

4．成品质量指标

（1）感官指标　色泽、气味正常，煮后不糊、不浑汤、口感不黏、不牙碜、柔软爽口，熟断条率不超过5％，不整齐度不超过15％，其中自然断条率不超过10％。

（2）理化指标　水分12.5％～14.5％，梅雨季节稍高，盐分一般不超过2％，

弯曲断条率<40％，砷（以 As 计）<0.5mg/kg，铅（以 Pb 计）<0.5mg/kg。

（3）微生物指标　细菌总数<750CFU/g，大肠菌群<30MPN/100g，致病菌不得检出。

八、燕麦玉米糕

1. 原料配方

燕麦与玉米总质量为 1kg，其中玉米与燕麦的比为 3∶1、白砂糖粉 225g、食用油 375g、水 150mL、卡拉胶 3.75g。

2. 生产工艺流程

玉米粒→清洗→烘干→粉碎→玉米粉→蒸煮

燕麦米→煮熟→烘干→粉碎→燕麦粉→炒制

白砂糖→粉碎→糖粉

食用油煎熟→熟油

→拌粉→过筛→入模成型→干

燥→成品

3. 操作要点

（1）原料处理　挑选无霉变、颗粒饱满的燕麦清洗干净，放于锅内加水煮至沸腾，保持 40min 左右，然后沥干置烘箱中在 60℃烘干备用；挑选无蛀虫、颗粒饱满的玉米清洗、直接沥干放入烘箱于 60℃烘干。将烘干的玉米和燕麦分别在粉碎机里粉碎，过 60 目筛，得较细的玉米粉和燕麦粉备用。

（2）玉米粉蒸煮　将事先粉碎好的玉米粉包在纱布中放在蒸格上，置于锅中大火蒸煮约 2h，蒸好的玉米粉再倒入 60 目的筛子里筛除被水汽润湿的较大颗粒。

（3）燕麦粉炒制　将熟燕麦粉倒入炒锅内，用中火加热，不断翻炒燕麦粉，当燕麦粉从白色逐渐变为浅黄色且出现了较强的香味时，即停止加热，利用锅内余温继续加热，同时不停地翻炒，防止燕麦粉焗锅。

（4）溶胶和粉　将定量的卡拉胶融入水中，再倒入处理好的燕麦粉、玉米粉和糖粉中，将原料混合均匀。

（5）煎油　将食用油倒入热锅中，用中火加热，当锅内开始有热气升起时停止，将油放凉备用。

（6）拌粉　将事先拌匀的混合粉倒入稍放凉的热油中，趁着余热将混合粉和热油搅拌均匀。

（7）入模成型　趁热将拌好的糕料放入模具内，填满后略按实，使模具里的糕料薄厚一致，刮去多余的浮糕料，放入 60℃烘箱中，干燥定型。

4. 成品质量指标

（1）感官指标　色泽：颜色鲜黄亮丽均匀；表现状态：质地结构细密且均匀，

形态完整且图案清晰；适口性：质地细密、质感适口；香味：玉米（燕麦）香气浓郁，有一定香味，无不良气味；口味：口味香浓、甜度适口。

（2）理化指标 总糖 11.32%，脂肪 23.15%，蛋白质 6.52%，符合 GB/T 20977—2007《糕点通则》的要求。

第六节 · 其他燕麦食品

一、国产裸燕麦米

河北省张家口市坝下农业科学研究所的杨才等经多年研究，反复试验，通过多种加工机械组合，研究出了裸燕麦米加工技术，下面对其进行简介。

1. 生产工艺流程

燕麦麦粒→清杂→去石→打毛→去荞→除壳→蒸煮烘干→冷却包装→成品

2. 操作要点

（1）清杂 用风力选机器和比重选机器组合清理。风力选由鼓风机和五层不同尺寸筛网组成，网筛可采用腰圆形筛，筛孔腰径 15~24mm，上下四层，筛径尺寸可根据当年收购麦粒大小而定，作用是除去特大杂（麦秆）、特小杂和沙土。比重选机器的作用是除去外形大小差不多但密度不同异杂物，例如密度小的空壳和瘪壳，同时能去掉一部分密度大的砂石和带壳裸燕麦。

（2）去石 根据麦粒与砂石密度等差异，把物料所含砂石全部除去。

（3）打毛 通过物料与物料和物料与设备间相互摩擦，将裸燕麦表皮绒毛打磨掉，同时打磨去一小部分麦粒表皮，使其表面清洁光亮。

（4）去荞 苦荞去除是很关键的步骤之一，它直接关系到产品质量，燕麦片产品中不能有苦荞。去荞机由一组"一小二大"三个窝眼滚筒机组成，小窝眼机收集苦荞，放过燕麦粒；大窝眼机收集燕麦粒放过大杂，从而达到分离燕麦粒和带壳燕麦粒的目的。

（5）除壳 国产裸燕麦由于人工杂交或自然野生杂交，会有部分退化麦粒产生，其中一部分会带壳。国内燕麦片加工厂在加工过程中没有脱壳工艺和设备，因此，这一小部分带壳麦粒的去除对于燕麦片加工厂非常麻烦。本工艺选用 3 型巴基机，承担燕麦粒主要去壳任务。巴基机工作原理是根据弹性分离法，利用净粒和带壳粒弹性、密度、摩擦系数等物性差异，供有助于具有最适宜反弹面的分离槽进行分离。配合前面设备部分去壳，本工艺生产的燕麦米含壳率可达到千分之五以下。

（6）蒸煮烘干 利用常压或低压高温办法进行蒸煮，蒸煮后燕麦粒进入履带烘干机，用热风把燕麦粒水分烘干到 10% 以下。蒸煮烘干可连续式也可间歇式，可以常温，也可用加压；蒸煮烘干目的是灭菌、杀虫和酶钝化。试验证明，蒸煮后麦粒保质期有很大提高，产品能发往我国南方及更远地区。蒸煮燕麦米还满足有机加工要求。

（7）冷却包装　通过自然空气风冷方法使蒸煮过的裸燕麦米水分含量和温度下降，以达到技术标准所规定指标；然后包装成 50kg 或 25kg 一袋成品燕麦米。

3. 成品质量指标

燕麦粒质量指标可见表 4-2。

表 4-2　燕麦粒质量指标对照表

项目名称	本工艺标准	英国燕麦粒标准	GB 13359 标准
水分/%	≤10	9～10	≤13.5
色泽气味	呈麦香	呈麦香	正常
含杂率/%	≤0.5	0.1～0.5	≤2.0
含壳率/%	≤0.1	0.1～0.5	—
不完善率/%	≤0.5	0.5～0.8	≤5.0
纯粮率/%	≥99	98～100	—
千粒重/g	≥21	25～27	—
容重/(g/L)	690	—	≥700（一级）
蛋白质/%	≥13.5	10～12	—
脂肪/%	≤9	6～9	—

二、燕麦麸皮面粉

本产品是将磨粉过筛后的燕麦麸皮粉添加到精制面粉中，生产出的一种膳食纤维含量高且更益于人们长期食用的燕麦麸皮面粉。

1. 生产工艺流程

燕麦麸皮除杂→粉碎→过筛→复配→包装→成品

2. 操作要点

（1）燕麦麸皮除杂　选购已经过清洗和粗略粉碎的燕麦麸皮，过 60 目筛除杂。

（2）粉碎　将除杂后的麸皮研磨 2 遍。

（3）过筛　选用精制粉的粗细度符合标准粉（GB 1355—2021），所以面粉粒度大部分小于 160μm。120 目分样筛对应的粒度为 124μm。将研磨后的麸粉过 120 目筛，保证麸粉粒度属于面粉级别，主要原因是：①避免与面粉混合时自动分级现象的发生，使混合粉更加均匀；②由于麸皮纤维含量高，麸粉粒度直接影响到混合面粉的口感。

（4）复配、包装　将麸粉与面粉按质量比 1∶9 进行混合。将待混合面粉装入包装袋进行包装即得成品。

三、紫薯燕麦速食杂粮粉

本产品是用紫薯、燕麦、小米、大豆和白砂糖制备的一种速食粉。

1. 生产工艺流程

原料预处理→烘干→粉碎→混合调配→挤压膨化→干燥→粉碎→过筛→包装→成品

2. 操作要点

（1）原料预处理　紫薯预处理：洗净去皮→破碎磨浆→过筛（60 目）；燕麦、小米与大豆预处理：应用精选机除去原料中的小石块、外壳等杂物，通过流动水清洗原料的灰尘、泥土等杂物。

（2）烘干　将预处理后的紫薯、燕麦、小米与大豆置于烘箱中干燥 1～2h，干燥温度设置为 50～60℃。

（3）粉碎　用高速粉碎机将烘干后的原料磨碎，磨碎后的粒径控制在 200～300μm，用 60 目筛筛分。

（4）混合调配　按照燕麦∶紫薯∶小米∶大豆∶白砂糖＝46∶24∶10∶5∶15 的比例将粉碎后的原料混合。根据原料水分，计算混合原料的水分，并添加适量水，通过粉碎机将原料与水充分混合。

（5）挤压膨化　将双螺杆挤压机的进料水分含量设置为 25％，螺杆转速设置为 100r/min，进料速率设置为 1r/s，末区温度设置为 130℃，对混合原料进行挤压膨化处理。

（6）干燥　挤压膨化后的产品置于烘箱内干燥处理，干燥温度设置为 40℃，干燥时间为 24h。

（7）粉碎、过筛　将干燥后的挤压膨化产品用粉碎机进行粉碎处理，过 80 目筛。

（8）包装　过筛后将产品置于 2450MHz 的微波杀菌机中杀菌 8min，按照每小袋 50g 的规格包装。

四、即食燕麦片

1. 生产工艺流程

裸燕麦→多道清理→碾皮增白→清洗甩干→灭酶热处理→切粒→汽蒸压片→干

燥和冷却→包装→成品

2. 操作要点

（1）多道清理　燕麦的清理过程与小麦相似，一般根据颗粒大小和密度的差异，经过多道清理，方能获得干净的燕麦，通常使用的设备有初清机、振动筛、去石机、除铁器、回转筛、比重筛等。在原料清理中，由于杂质和灰尘较多，应配置较完备的集尘系统。

（2）碾皮增白　从保健角度看，燕麦麸皮是燕麦的精华，因为大量的可溶性纤维和脂肪存在麸皮层内。碾皮的目的是增白和除去表层的灰尘，但不能像大米碾皮增白一样除皮过多。

（3）清洗甩干　使用壳燕麦，经脱壳后的净燕麦比较清洁，一般不需要进行清洗。使用裸燕麦，表皮较脏，即使去皮也必须清洗才能符合卫生要求。

（4）灭酶热处理　燕麦中含有多种酶，若不进行灭酶处理，燕麦中的脂肪就会在加工中被氧化，影响产品的品质和货架期。加热处理既可以灭酶，又可以使燕麦淀粉糊化和增加烘烤香味。进行热处理的温度不能低于90℃，此工序可用远红外线加热设备。也可使用滚筒烘烤设备，但温度较难控制。加热处理后的燕麦必须及时进入后工序加工或及时强制冷却，以防止燕麦中的油脂氧化，降低产品质量。

（5）切粒　燕麦片有整粒压片和切粒压片两种。切粒压片是通过转筒切粒机将燕麦粒切成 $1/3 \sim 1/2$ 大小的颗粒。切粒压片的燕麦片其片形整齐一致，并容易压成薄片而不成粉末。

（6）汽蒸压片　汽蒸的目的有 3 个：一是使燕麦进一步灭酶和灭菌，二是使淀粉充分糊化达到即食或速煮的要求，三是使燕麦调润变软易于压片。蒸煮调润后的燕麦通过双辊压片机压成薄片，片厚控制在 0.5mm 左右（厚了煮熟所需时间长，太薄产品易碎）。压片机的辊子直径稍大些较好，一般要大于 200mm。

（7）干燥和冷却　经压片后的燕麦片需要干燥，使水分降至 10％ 以下，以利于保存。燕麦片较薄，接触面积大，干燥时稍加热风，甚至只鼓冷风就可以达到干燥的目的。燕麦片干燥之后，包装之前要冷却至常温。

（8）包装　为提高燕麦片的保质期，一般采用镀铝薄膜、聚丙烯袋、聚酯袋和马口铁罐等气密性能较好的包装材料。

五、速食燕麦米粥

本产品是采用新鲜、干燥、无霉变裸粒或去壳燕麦和粳米为原料，以变性淀粉及各种粉末汤料为辅料生产而成。

1. 生产工艺流程

燕麦→去表皮→粗碎→加热膨化→冷却→切断→压制→干燥

大米→浸渍→蒸汽加热→冷却→膨化→切断→干燥→调和配料→包装→成品

2. 操作要点

(1) 大米浸渍、蒸汽加热 将大米用净水浸渍 1.5～2h，捞起沥干，15min 后送入蒸汽锅内用 117.6kPa 的蒸汽进行加热，时间为 7min，然后取出稍冷却。

(2) 膨化 将温热米粒送入挤压膨化成型机，通过高压加热，使米粒淀粉进一步 α 化。适宜的加热温度为 200℃±5℃，挤压膨化时间为 85s。通过挤压膨化，米条形成细微的孔隙。

(3) 切断 将膨化米条送入连续切断成型机中，切碎成直径为 2mm、长 3mm 左右的颗粒。

(4) 干燥 将膨化米粒送入连续式热风干燥箱中，在 110℃烘干 1h 左右，使颗粒含水量<6%，出箱冷却后盛装于密封容器中备用。

(5) 燕麦去表皮、粗碎 将燕麦（含水量<6%）用碾米机磨去表皮，要求出糠率控制在 3%～5%。然后将麦粒送入离心旋转式粉碎机中粉碎，粉碎后过 20 目筛，制得粗燕麦粉粒，向粗麦粉粒喷上适量的水雾，同时搅拌，使吸水均匀平衡。

(6) 膨化、切断 将粗燕麦粉直接通过挤压成型机，膨化温度为 200℃左右，时间 70s，挤出的麦粉条引入连续式切断成型机中，切成米粒大小的颗粒。

(7) 干燥 把膨化燕麦粉粒送入热风干燥箱中，在 110℃温度下烘至含水量 5%以下备用。

(8) 调和配料 按产品销售地区饮食习惯不同，将上述两种颗粒按一定比例混合。一般膨化米粒与麦粒的比例按 6：4 混合较宜。

(9) 包装 混合颗粒用聚乙烯袋或铝箔复合袋按 75～90g 不同净重密封包装。内配以不同的味型的粉末汤料（如葱花型、虾酱型、香菇型、甜味型等），汤料亦单独小袋密封包装。产品经过包装后即为成品。

六、燕麦内酯豆腐

1. 生产工艺流程

磨粉→组分溶解→煮浆→冷却→加凝固剂→填装→热凝固→冷却→成品

2. 操作要点

(1) 磨粉 使用高速剪切机将燕麦全麦颗粒切磨 2min。

（2）组分溶解　燕麦粉、大豆分离蛋白粉和水按 9∶10∶300 的比例进行溶解。

（3）煮浆　煮沸溶液 5min，过程中充分搅拌溶液，并用吹气法驱除产生的大量泡沫。

（4）冷却　将上述煮沸的浆液冷却至 30℃。

（5）加凝固剂　添加 D-葡萄糖酸-δ-内酯，添加比例为熟豆浆的 0.3%，添加时，先用少量水溶解凝固剂颗粒，之后浇入熟豆浆溶液，并充分搅匀。

（6）填装　使用耐热材料包装豆浆，每个包装容器装 100mL 豆浆。

（7）热凝固、冷却　将混合了凝固剂的豆浆连同包装容器一起放入 80℃恒温水浴热凝固 20min。再经冷却即为成品。

七、新型燕麦花生酱

1．原料配方

花生 60g、燕麦 15g、食盐 1g、白砂糖 6g、花生油 40g。

2．生产工艺流程

花生→精选→剥壳、清洗→烘烤→脱皮→粗磨→配料→精磨→成品

3．操作要点

（1）原料选择　选择成熟、饱满的花生，筛选并且去除未成熟、虫蛀及霉变的花生颗粒。

（2）花生清洗　将挑选得到的花生颗粒用自来水清洗 3～5 次，挑选与清洗是为了除去霉变的花生并尽可能除去杂质及异物，确保花生酱达到卫生标准。

（3）烘烤及脱皮　将清洗后的花生均匀分散在托盘上，置于烤箱中进行烘烤，烘烤温度为 150～155℃，烘烤时间为 50min。在烘烤过程中，每隔一段时间应该不断摇晃花生，目的是使花生烘烤均匀，避免烤焦。烘烤结束后，即可进行脱皮处理。将烘烤后的花生置于室温冷却，冷却后即可将花生的表皮去除，目的是避免将花生表皮带到酱体中，否则会使花生酱颜色变深，并且出现苦涩味，从而影响花生酱的外观及口感等指标。

（4）粗磨　为了使花生酱具有细腻的口感，一般使用多次磨碎法。将花生置于榨汁机中，选取"粗磨"功能，粗磨过程分为 3 次，每次 15～20s。

（5）配料　将燕麦和碾碎成粉末的白砂糖和食盐、花生油添加到经粗磨处理后的花生中，其中燕麦已经煮熟并且沥干，使得燕麦香味更为浓厚。

（6）精磨　在花生酱生产中，在保证产品质量的前提下，考虑到生产效率，一般使用两次磨碎的加工工艺，以先粗磨后精磨为宜。将已添加配料的花生碎放置于榨汁机中，选取"超细精磨"功能，精磨分为 3 次，每次 15～20s。

4. 成品质量指标

（1）感官指标　色泽油亮，呈黄棕色，色泽均匀一致，口感细腻，具有燕麦特有的香味和浓厚的花生香味，无任何异味。

（2）理化指标　蛋白质 48mg/g。

（3）微生物指标　细菌总数≤100CFU/g，大肠菌群≤85MPN/100g，致病菌未检出。

八、燕麦草莓复合即食果片

本产品是以燕麦粉、草莓为原料，白砂糖、果胶和柠檬酸为辅料加工制作而成。

1. 原料配方

燕麦粉 50g、草莓 100g、果胶 2g、白砂糖 40g、柠檬酸 0.5g。

2. 生产工艺流程

草莓预处理
↓

燕麦粉处理→混合→熬制→成型→烘烤→切片→成品

3. 操作要点

（1）草莓预处理　选用优质的草莓，去净杂物，用水反复清洗，除去果面的灰尘。然后将洗净的果实放入组织捣碎机，备用。

（2）燕麦粉处理　50g 燕麦粉加入 100mL 纯净水充分混合，放入锅中，加热 30min，使燕麦粉中的淀粉糊化。

（3）混合　将糊化的燕麦粉倒入组织捣碎机中与草莓一起打浆，充分混合均匀。

（4）熬制　将混合好的草莓燕麦粉复合浆再次放入锅中熬制，一方面对果片原料进行高温杀菌，另一方面调节原料浓度，便于果片成型，熬制过程中加入果胶、柠檬酸和白砂糖。

（5）成型、烘烤、切片　将做好的燕麦草莓复合原料直接在烤盘上进行压片，压成大致 2～3mm 厚的片状进行烘烤。烤箱底火和面火温度皆为 190℃，烘烤 20min。将烘烤好的果片进行切片，使其大小一致，形状美观。

九、燕麦营养脆片

1. 原料配方

燕麦粉 500g、小苏打 1.5g、食盐 10g、木糖醇 30g、水 700g。

2. 生产工艺流程

燕麦挑选→淘洗→灭酶→烘干→粉碎→过筛→调浆→摊片→微波干燥→冷却→切分→包装

3. 操作要点

（1）燕麦挑选、淘洗、灭酶　将燕麦剔除杂质，用清水淘洗后，加入高压蒸汽灭菌锅中进行灭酶处理，温度121℃，时间10min。

（2）烘干、粉碎、过筛　将高压灭酶处理后的燕麦摊平在烤盘中，放入烤箱，在105℃干燥4h，然后利用高速万能粉碎机进行粉碎，将粉碎燕麦过100目筛网，贮存备用。

（3）调浆　先将碳酸氢钠、木糖醇、食盐等配料用纯净水溶解，然后与燕麦粉混合调浆，料液比为1∶1.4。调制的燕麦浆液黏稠适当，易于摊片，表面平整。

（4）摊片、微波干燥　将调配好的燕麦浆在平底盘上摊置均匀，放入微波炉中进行加热干燥处理。选择微波输出功率为中高火，时间为120s。

（5）冷却、切分、包装　将干燥后的脆片切成菱形或长方形小块，采用真空包装即为成品。

4. 成品质量指标

该产品色泽微黄，无过焦颜色；具有燕麦香气，风味纯正；形态均匀完整，表面光滑，饱满；口感松脆，焦香味适中，香甜可口，回味悠长。

十、紫薯燕麦巧克力

1. 原料配方

紫薯细粉50％、代可可脂28％、白砂糖4％、燕麦片18％。

2. 生产工艺流程

燕麦片

↓

紫薯→削皮→清洗→烘干→精磨→加糖粉、代可可脂混合→精磨→搅拌→浇模成型→冷却硬化→脱模→包装→成品

3. 操作要点

（1）紫薯预处理　选用肉质饱满、无损伤、无虫蛀、无霉变或无变质的新鲜紫薯果实，削去外皮，将削皮后的紫薯用清水漂洗，除去泥土、污物和杂质，在105℃温度条件下烘干72h。

（2）第一次精磨　将烘干后的紫薯，放入精磨机，精磨3～4h，所得紫薯细粉粒径≤100μm。

（3）第二次精磨的准备　将白砂糖粉碎后，放入精磨机，精磨 20～30min，所得白砂糖细粉粒径≤80μm；固态的代可可脂在 50～60℃温度条件下，在巧克力熔化罐中加热搅拌 3h，使其完全熔化。

（4）第二次精磨　将紫薯细粉、熔化的代可可脂、白砂糖细粉按配比混合后，在 40～45℃温度条件下精磨 8～10h，得到紫薯巧克力初加工料浆。其间在精磨到 5h 时，加入适量的卵磷脂（乳化剂），使油脂紧紧地分布在糖的表面，增加了界面活性，使混合料浆变得稀薄而降低黏度，提高流散性。

（5）搅拌　将紫薯巧克力初加工料浆与作为巧克力骨料的燕麦片按比例配比，在 50℃温度条件下搅拌 3～5min，使燕麦片与紫薯巧克力初加工料浆充分结合，分散均匀，得到紫薯巧克力料浆。

（6）浇模成型　将紫薯巧克力料浆浇注入定量的巧克力模具内，让料浆填满巧克力模具，并使用刮刀去除掉模具外多余的料浆。

（7）冷却硬化、脱模、包装　将浇注好的巧克力模具放入制冷设备中，在 10～12℃温度条件下冷却 30min 后，使物料温度下降至代可可脂的熔点以下，使其变成固体的巧克力，从模型中脱落出来，而后挑选、贴标、包装入库。

4. 成品质量指标

（1）感官指标　具有巧克力产品应有的形态、色泽、香味和滋味，无异味，无正常视力可见外来杂质。

（2）理化指标　蛋白质≥8g/100g，脂肪≤40g/100g，碳水化合物≥60g/100g，钠≥100mg/100g，膳食纤维≥5g/100g。总乳固体（以干物质计）≥14％，代可可脂巧克力质量分数≥25％，细度≤35μm，干燥失重≤1.5％。

（3）卫生指标　致病菌（沙门菌、志贺菌、金黄色葡萄球菌）未检出，总砷（以 As 计）≤0.5mg/kg，铅（以 Pb 计）≤1.0mg/kg，铜（以 Cu 计）≤15mg/kg。

十一、燕麦膳食纤维咀嚼片

1. 原料配方

燕麦膳食纤维 35％、麦芽糖醇 25％、山梨糖醇 18％、低聚异麦芽糖 15％、乳酸钙 6.75％、柠檬酸 0.25％。

2. 生产工艺流程

（1）燕麦膳食纤维基料制备　原料预选→挤压膨化→冷却干燥→脱脂处理→超微粉碎→燕麦膳食纤维基料

（2）燕麦膳食纤维咀嚼片制备　麦芽糖醇、山梨糖醇、低聚异麦芽糖、乳酸钙、柠檬酸→粉碎→过筛→混合→制软材→加基料造粒→干燥→压片→灭菌→

包装

3．操作要点

（1）燕麦膳食纤维基料制备

① 原料预选　将从燕麦加工厂收购的燕麦麸经去杂、研磨后，用80目尼龙筛细筛分离，除去燕麦麸中的大部分淀粉，以提高膳食纤维相对含量。

② 挤压膨化　将预选好的原料在双螺杆挤压膨化机中膨化至熟，三段温度分别为70℃、130℃、150℃。

③ 冷却干燥　将膨化好的原料通过微波干燥机干燥，干燥温度为100℃左右，然后晾凉。

④ 脱脂处理　将冷却干燥后的原料在自制浸提装置中用混合石油醚作为溶剂，40℃浸提原料脂肪，然后用旋转浓缩器浓缩回收溶剂。

⑤ 超微粉碎　将脱脂处理后的原料投入超微粉碎机中粉碎至120目，即获得燕麦膳食纤维基料。

（2）燕麦膳食纤维咀嚼片制备

① 配料　预先将辅料（麦芽糖醇、山梨糖醇、低聚异麦芽糖、乳酸钙、柠檬酸）经粉碎机粉碎后，过100目筛，与经超微粉碎后的燕麦膳食纤维基料一起投入混合机中进行混合。

② 制软材　将物料在混合机中进行混合后，缓慢加入润湿剂，调整物料湿度，制成软材，软材的软硬度一般以手捏能成团、轻压则散为好。

③ 造粒与干燥　将制好的软材投入摇摆式颗粒机中进行造粒，过8目筛制粒。将湿粒置于65℃鼓风干燥箱中干燥，30min翻动一次，以加快干燥速度，干燥终点以颗粒水分降至3%～5%为宜。

④ 压片与灭菌　在干燥颗粒中加入其质量0.6%的硬脂酸镁作为润滑剂，混合均匀，送入压片机中压片。将压好的片剂在紫外线下照射20～30min进行灭菌，及时包装，即为成品。

4．成品质量指标

（1）感官指标　外观：双凸三角形，牙白色，色泽均匀一致，外表光滑平整，无裂片；滋味及口感：酸甜可口，具有燕麦麸特有的香味，无其他异味。

（2）理化指标　水分≤5%，铜（以 Cu 计）≤10mg/kg，铅（以 Pb 计）≤1mg/kg，砷（以 As 计）≤0.1mg/kg。

（3）微生物指标　细菌总数≤100CFU/g，大肠菌群≤30MPN/100g，致病菌不得检出。

（4）保质期　一、四季度 6 个月，二、三季度 4 个月，但梅雨季节只有 2 个月。

十二、稳定化燕麦麸

燕麦加工麦片、燕麦粉，皮层、胚一起剥落——燕麦麸。皮层与胚含有谷物种子部分精华。皮层与胚中的营养素除淀粉外，蛋白质、脂质、维生素、矿物质都远多于胚乳，而其种子所含的生物活性成分（包括纤维素）都蓄积在皮层与胚中。

以稳定化燕麦麸为原料，采用现代食品加工新技术，制取燕麦膳食纤维及其食品，可提高制品的食味、口感、有效成分的保有率和贮存性、食用方便性。下面介绍稳定化燕麦麸的制备方法。

1. 原料选用

应选用当年产的有机燕麦，至少是绿色燕麦，加工生产燕麦麸。加工原粮必须达到工序质量控制指标——入机净粮标准，以保证制取的燕麦膳食纤维的食用安全性、卫生性。为了进一步保证燕麦麸的食用安全、符合卫生要求，拟增加以下指标：含砂量≤0.3%，有害物质含量必须全部低于 GB 2715—2016 中的各项限值指标，油的酸价≤4mg(KOH)/g(油)，过氧化值<2.0%。

2. 稳定化处理

出机燕麦麸在最短时间内（最好 2h 以内），进行酶钝化处理，杀灭脂解酶、磷脂酶、过氧化物酶等，并杀死燕麦麸中可能存在的微生物、昆虫（含虫卵），藉以达到保鲜保质的目的。

稳定化处理的方式：采用挤压膨化机对燕麦麸进行挤压膨化。挤压温度130℃，处理时间 20s（通过调节膨化机的螺杆的转速来实现）。也可选用双螺杆膨化机。为确保膨化效果，事先通过"调质（干燥或增湿）"将入机燕麦麸水分控制在 15.0%±0.5%。挤压膨化后，膨化燕麦麸冷却至室温后，再用 WFJ 超微粉碎机粉碎成超细微粉粒体（300 目）。粉体置于带雾化喷液装置的 DLH-P 型多角变距锥形的混合机内，边搅拌，边喷洒维生素 E。维生素 E 的添加量 0.03%（以膨化糠麸的质量计），藉以减缓燕麦麸中油的酸价和过氧化值增值。即为稳定化食用燕麦麸——燕麦膳食纤维。

下面两种燕麦膳食纤维食品就是以稳定化食用燕麦麸为原料加工生产的。

十三、燕麦膳食纤维食品(一)

1. 原料配方

燕麦膳食纤维 50%、食用燕麦膨化粉 25%、低聚异麦芽糖粉 10%、蜂蜜 15%。

2．生产工艺流程

<pre>
            蜂蜜   低聚异麦芽糖
             ↓   ↓
基料→混合（一）→混合（二）→小包装→微波灭菌→集合包装→成品
</pre>

3．操作要点

（1）原料选用与制备

① 食用燕麦膨化粉　燕麦仁选用同上（本节十二、稳定化燕麦麸）。燕麦仁需经风选、重力分选、磁选等精选提纯。精选提纯后的燕麦仁应符合食用要求。卫生指标执行 GB 2715—2016《食品安全国家标准　粮食》。此外，还应符合下列要求：脂肪酸值（KOH）≤10mg/100g（干样），有害杂质（混入在食用燕麦仁中的碎瓷片、玻璃片及金属物等）不应检出，有碍卫生杂质（混入在食用燕麦仁中的虫粪、鼠粪等）不应检出，仓库害虫（混入在食用燕麦仁中的害虫，含活虫、虫卵和虫尸等）不得存在。

食用燕麦仁挤压膨化，再用 WFJ 超微粉碎机粉碎成超细微粉粒体（300目）——食用燕麦仁膨化粉（谷物膳食纤维与食用糙米膨化粉简称基料）。

② 蜂蜜　当年产的、符合 GB 14963—2011 标准要求的蜂蜜。一般选用紫云英蜜、菜花蜜等，如要加工具有某种功效特性的蜂蜜燕麦膳食纤维，可选用枇杷蜜、槐花蜜、枸杞蜜、柑橘蜜及五味子蜜等。

③ 低聚异麦芽糖　又称分枝低聚糖，选用低聚异麦芽糖 IMO-90。白色无定形粉末，甜味柔和，无异味，无正常视力可见杂质。IMO-90 异麦芽糖、潘糖、异麦芽三糖含量大于 45%，非发酵性糖含量大于 90%，用于适合糖尿病人食用的食品中，食用后不会引起血糖增加，也不会升高血中胰岛素水平。

（2）混合（一）　带雾化喷液装置的 DLH-P 型多角变距锥形混合机。按配方设定的配比将基料微粉体，置于混合机内，边混合边喷蜂蜜微细雾，混合 5～8min，加工成含基料与蜂蜜的在制品。

（3）混合（二）　将上述在制品留在混合机内，按配方设定配比加低聚异麦芽糖粉，再混合 5～8min。

（4）小包装　粉剂自动包装机 DXDF60/B 型。包装能力 40～60 袋/min。小包装：食品级塑料袋，每包 50g。

（5）微波灭菌　SK-WB-20 微波袋装食品杀菌机。主要技术指标：电源电压 380V±38V（50Hz），输出微波功率 20kW（可调节），微波频率 2450MHz±50MHz，传输速度 0～10m/min 变频调速（以灭菌时间 1～2min 调节传输速度），杀菌能力 350～400kg/h，控制方式为 PLC 自动控制。料层深度≤50mm。

（6）集合包装　铝箔封口机。铝箔包装袋，内放 10～20 个小包。

十四、燕麦膳食纤维食品(二)

1. 原料配方

燕麦膳食纤维 50％、食用燕麦膨化粉 25％、果蔬粉 10％、低聚果糖 15％。

2. 生产工艺流程

```
        低聚果糖          果蔬粉
          ↓               ↓
基料→混合（一）→混合（二）→小包装→微波灭菌→集合包装→成品
```

3. 操作要点

（1）原料选用与制备

① 果蔬粉　胡萝卜粉（最好黑萝卜粉）、番茄粉（最好黑番茄粉）、南瓜粉（最好金色、红棕色南瓜粉）、萝卜粉、百合粉、菠菜粉、芹菜（带叶粉）、木耳菜、豆瓣菜、食用仙人掌粉、食用芦荟粉、西兰花粉、紫叶甘蓝粉、木瓜粉、西番莲粉、火龙果粉、红薯粉（最好黑、紫红薯粉）、马铃薯（最好黑、紫马铃薯粉）及魔芋等薯类粉、核桃仁粉、栗子仁粉、杏仁粉、松子仁粉、莲子粉、榛子仁粉、葵花籽仁粉、桂圆粉，红枣粉、沙棘粉、苹果粉、橙子粉、橘子粉、山楂粉、桃子粉、柠檬粉、猕猴桃粉、椰子粉、香蕉粉、葡萄粉、草莓粉、树莓（红莓、黑莓、紫莓）粉及桑葚粉等。任选一种。

② 低聚果糖　高纯度低聚果糖（95％，干基）。

（2）混合（一）　带雾化喷液装置的 DLH-P 型多角变距锥形混合机。按配方设定的配比将基料微粉体，置于混合机内，边混合边喷低聚果糖微细雾，混合 5～8min，加工成基料与低聚果糖混合在制品。

（3）混合（二）　将上述在制品留在混合机内，按配方设定配比加果蔬粉，再混合 5～8min。

（4）小包装、微波灭菌、集合包装　同本节十三、燕麦膳食纤维食品（一）。

第五章

大麦加工技术

第一节 · 大麦概述

一、大麦的起源和生产

栽培大麦以大麦穗的式样，即穗部的籽粒行数，可分为六棱大麦和二棱大麦。六棱大麦籽粒小而整齐，多用以制造麦曲，有一种疏穗的六棱大麦在侧小花处重叠，被误认为四棱大麦，籽粒大小不匀，多用作饲料；二棱大麦籽粒大而饱满，淀粉含量高，供制麦芽和酿造啤酒。

普通栽培大麦为重要的饲料和酿造原料。栽培大麦由野生大麦进化而来。根据我国研究，青藏高原的野生大麦具有稳定的类型和很多变种类型，是二棱野生大麦经过栽培驯化向栽培种植过渡的中间产物，野生二棱大麦是栽培大麦的直接亲缘祖先。四川省西部的野生六棱大麦是栽培六棱大麦和栽培二棱大麦的祖先。

栽培大麦分为皮大麦（带壳）和裸大麦（无壳的）等类型，农业生产上所称的大麦是指皮大麦，裸大麦在不同地区有元麦、青稞、米大麦的俗称。我国的冬大麦主要分布在长江流域；裸大麦主要分布于青海、西藏、四川、甘肃等地；春大麦主要分布于东北、西北和山西、河北、陕西、甘肃等地的北部地区。

在世界各类作物中，大麦的总面积和总产量仅次于小麦、水稻、玉米居第四位，平均产量低于水稻、玉米居第三位。1985 年世界大麦总产量约 178000.4 万吨，中国的大麦面积和产量仅次于水稻、小麦、玉米和粟米（谷子）居第五位，20 世纪 80 年代初的总产量为 650 万～750 万吨。据国家统计局数据显示，2013—2018 年，我国大麦播种面积逐年下降，从 2013 年的 440.79 千公顷下降到 2018 年的 262.48 千公顷。2013—2018 年我国大麦产量也呈现出不断下降的趋势。但最近几年呈上升趋势，2018 年中国大麦产量为 95.65 万吨，2019 年大麦产量为

90.8万吨，2020年达到了203.6万吨，2021年为207.1万吨，2022年为206.8万吨。

二、大麦的生物学特性

大麦因其生物遗传特性不同，可分为带壳大麦、无壳大麦、蜡质大麦和非蜡质大麦四种。

(一) 带壳大麦

成熟时其颖果外黏附有外稃和内稃，即为带壳大麦。带壳大麦食用时，需通过摩擦或碾剥除去内、外稃，制成大麦粒（称珠麦）。在制粒时，大麦的糊粉层也随之被除去了。这样，就导致了集中于这些组织中的氨基酸和维生素等营养物质的大量损失。

(二) 无壳大麦

大麦在成熟脱粒时，其麦壳也随之脱掉，这种大麦即为无壳大麦。无壳大麦是食品工业的理想原料，因为不需要再进行碾剥脱壳，这样就使得在碾剥加工中容易损失的营养成分得以保留。

(三) 蜡质大麦和非蜡质大麦

蜡质大麦是相对于一般非蜡质大麦的一种大麦，其重要的遗传特性是具有蜡质淀粉，主要是支链淀粉（胶淀粉），是通过大麦隐性的蜡质胚乳特性而产生的。另外，蜡质大麦，特别是无壳型蜡质大麦的 β-葡聚糖和总膳食纤维含量比非蜡质大麦高。表5-1比较了非蜡质大麦和蜡质大麦的总膳食纤维（TDF）、可溶性膳食纤维（SDF）以及不溶性膳食纤维（IDF）的含量。非蜡质大麦的平均 TDF 为14.78%，蜡质型大麦的 TDF 为16.10%。非蜡质和蜡质大麦的 SDF 分别为5.36%和6.93%，可见二者具有明显的差别。

表5-1　无壳蜡质遗传基因对大麦纤维素含量的影响

项目	TDF		SDF		IDF	
	非蜡质大麦	蜡质大麦	非蜡质大麦	蜡质大麦	非蜡质大麦	蜡质大麦
含量/%	14.78	16.10	5.36	6.93	9.35	9.17

(四) 大麦的其他遗传特性

其他影响大麦营养质量的遗传特性为麦芒的长度、胚乳籽粒的饱满程度、β-葡聚糖的含量以及赖氨酸含量等。

三、大麦的营养价值

据分析，每 100g 大麦的营养成分为：粗蛋白 8g、脂肪 1.5g、可利用糖类 75g、粗纤维 0.5g、热量 1380.72kJ，矿物质钙 15mg、磷 200mg、铁 1.5mg、钠 4mg、钾 180mg，灰分 0.9g，维生素 B_1 0.09mg、维生素 B_2 0.03mg、维生素 B_6 0.25mg，水分 13g。品种不同其营养成分含量也有所不同。

（一）蛋白质和氨基酸

典型大麦的蛋白质含量为 8%～18%，平均为 13%。大约相当于小麦的蛋白质含量，一般高于其他谷物类的蛋白质含量。大麦蛋白质质量相对较高，普通大麦品种的蛋白质功效比值平均为 2.04。目前已培育出赖氨酸含量较高的大麦品种，其赖氨酸含量为 5.0～6.5g/100g，而一般大麦品种的赖氨酸含量为 3.0～3.5g/100g。这些赖氨酸含量较高的大麦可用于饲料工业，减少或取代饲料中所用的价格较贵的蛋白质添加物。同样，也可为人类食品提供蛋白质资源。

赖氨酸是人体正常代谢所必需的氨基酸，人体自身不能合成，它具有增强记忆、防止脑细胞衰老和阿尔茨海默病早发、增强机体抵抗力以及促进骨骼发育的功能。

（二）大麦油

大麦一般含有 2%～3%的脂肪，有些品种含有高达 7%的脂肪。大麦油中的脂肪酸主要为亚油酸（55%）、棕榈酸（21%）以及油酸（18%），其油脂主要分布于糊粉层和胚芽中，由于其相对集中于不同的生物组织中，因此，容易受大麦遗传变异性的影响。

（三）非皂化成分

大麦中的非皂化成分包括胡萝卜素、生育酚和异戊二烯类等，约占大麦油的 8%，这些成分均对健康有利。大麦中的生育酚和亚油酸具有抑制胆固醇的作用。

（四）矿物质和维生素

大麦的粗灰分含量为 2%～3%，其主要成分为磷、铁、钙和钾，还有少量的氯、镁、硫、钠以及许多微量元素。

大麦籽粒中各部位矿物质浓度不同，胚芽和糊粉层中的矿物质含量比胚乳中高。像大多数谷物一样，大麦中的植酸可与其他矿物质结合，特别是铁、锌、镁及钙，而且这种结合是不可逆的。因此，当谷物类作为主要膳食成分时，会使人体缺乏这些矿物质。

大麦还含有很好的 B 族维生素源，特别是维生素 B_1、维生素 B_2 和维生素 B_5 以及维生素 B_6。大麦中的烟酸含量也很高，这些维生素中有一部分是与蛋白质结合在一起的，但可通过碱处理获得。大麦中还含有少量的生物素和叶酸。除维生素 E 外，脂溶性维生素含量很少，如前所述，维生素 E 主要存在于胚芽中。

（五）碳水化合物

大麦的碳水化合物约占大麦籽粒的 80%，并且是可获得能源。淀粉是碳水化合物的主要成分，其含量与总膳食纤维或非淀粉多糖类的含量成反比。总淀粉的含量与大麦的遗传类型有关，且变化范围很广，在很大程度上受环境影响。大麦中还含有少量的游离蔗糖、麦芽糖以及棉籽糖（蜜三糖）等。

普通大麦中的淀粉主要是支链淀粉（74%～78%），其余为直链淀粉。蜡质淀粉几乎含有 100% 的支链淀粉；而高直链淀粉的大麦淀粉中只有 56% 的支链淀粉，其余为直链淀粉。

（六）膳食纤维

非淀粉多糖类和木质素被统称为总膳食纤维（TDF），通常认为它们是植物细胞壁的组成部分。大麦中的结构性多糖类主要包括纤维素、β-葡聚糖以及阿拉伯木聚糖，β-葡聚糖和阿拉伯木聚糖主要集中在糊粉层和胚乳细胞壁，可通过分离碾磨或气流分级而获得其浓缩成分。

大麦的总膳食纤维含量根据其遗传类型而变化。蜡质无壳大麦的 TDF 较高，主要是由于其 β-葡聚糖含量较高（可见表 5-1）。带壳大麦壳中含有高浓度的不溶性纤维。

大麦可溶性纤维是大麦粉水悬浮液黏度以及食用时的肠溶物黏度的决定因素。可溶性纤维的低胆固醇效应被认为部分地取决于这种黏性。这将有利于抑制膳食胆固醇和脂肪及其他营养物的吸收，同时对心血管病和糖尿病等有预防作用。据有关资料报道，大麦纤维的黏性提取物与可溶性纤维成分具有很高的相关性，特别是阿拉伯木聚糖。

（七）大麦与胆固醇

1. 全大麦

将大麦和小麦分别制成烘焙食品进行食用结构比较，发现大麦在 4 周或更短的时间内，就可降低血清胆固醇。因此，大麦可作为其他谷物的替代品。据报道，在临床试验中，将大麦麸加入面包、饼干等食品中，大麦食品平均 LDL-胆固醇比同样的小麦食品低 7%。

2. β-葡聚糖

从谷物中提取的 β-葡聚糖加入烘焙面包中饲喂小鼠，能降低其血清胆固醇。

用从无壳大麦中提取的富含 β-葡聚糖的成分饲喂小鸡，与用玉米饲喂小鸡相比，其血清胆固醇降低 36%。

3. 大麦油

据报道，用大麦油饲喂母猪，可明显降低其血清胆固醇 HMG-CON（羟甲基戊二酰辅酶 A）还原剂酶的活性。对胆固醇较低的小鸡分别饲喂大麦油、玉米油和人造黄油，10d 后小鸡的血清胆固醇含量分别为：饲喂大麦油的为 172mg/dL、饲喂玉米油的为 227mg/dL、饲喂人造黄油的为 262mg/dL。大麦油也已被证实可降低人类的胆固醇。

第二节 · 大麦焙烤食品

一、大麦苗咸面包

1. 原料配方

高筋面粉 450g、奶粉 20g、奶油 35g、大麦苗粉 30g、水 250g、盐 6g、酵母 5g、白砂糖 45g。

2. 生产工艺流程

高筋面粉、大麦苗粉及其他辅料

↓

准备原料→搅拌→第一次发酵→成型→第二次发酵→烘焙→冷却→成品

3. 操作要点

（1）搅拌　首先在容器中加入奶粉、大麦苗粉、高筋粉、白砂糖、酵母后进行搅拌，拌匀后，放入已装有一定量水的搅拌机中，转速为 300r/min，搅拌 3min。成团后，将转速调整为 600r/min 搅拌 8min 至面筋九成扩展，加入奶油、盐，再慢速 300r/min 搅拌 2min。

（2）第一次发酵　将搅拌好的面团在温度为 35℃、相对湿度为 75% 的条件下进行发酵，发酵时间为 60min。

（3）成型　为了方便分割，将发酵好的面团在分割成小面团之前需要搓成圆柱形，分割的规格为每个小面团 60g。将每个小面团外表搓圆，使其形成一层光滑表皮，完毕后静置 10min。

（4）第二次发酵　发酵条件与第一次相同，第二次发酵时间为 30min。

（5）烘焙　将面团置于烤箱中，面火 200℃、底火 190℃，烤制 35min，表面成金黄色。

（6）冷却　常温下冷却至室温即为成品。

二、大麦苗粉曲奇饼干

1. 原料配方

以总粉（低筋小麦粉 90％＋大麦苗粉 10％）100g 计，黄油 70％、绵白糖 35％、鸡蛋 25％、食盐和小苏打均为 0.4％。

2. 生产工艺流程

绵白糖　　蛋液　低筋小麦粉、大麦苗粉、小苏打、食盐

↓　　　　↓　　　↓

黄油→软化→搅拌→二次搅拌→混合→造型→焙烤→冷却→包装→成品

3. 操作要点

（1）称重　按照配方的比例准确称量各种原辅料。

（2）面团调制　将黄油软化后依次加入糖、蛋液进行打发，打至蓬松呈糊状，略微发白，然后与低筋小麦粉、大麦苗粉、小苏打、食盐混合粉搅拌均匀。

（3）造型　将做好的面团放入模具中进行造型，纹路清晰美观，外形完整干净。

（4）焙烤　将烤盘放入预热好的烤箱内，上、下火温度均为 150℃，烤制 12min，晾 5min，再放置烤箱内烤 10min，直到大麦苗粉曲奇饼干表面由深绿色变为黄绿色，具有浓郁的大麦苗粉香味，便可取出。

（5）冷却　将烤好的饼干放置通风处冷却。

（6）包装　曲奇饼干酥松，易受潮，采用具有防潮性的包装袋进行独立包装。常温避光保存即可。

4. 成品质量指标

大麦苗粉曲奇饼干的各项指标均符合 GB 7100—2015《食品安全国家标准　饼干》中曲奇饼干的规定。

三、火麻仁青稞膨化饼干

火麻仁为桑科植物大麻的干燥成熟种子，具有治疗体虚早衰、心阴不足、心悸不安、血虚津伤、肠燥便秘等功效。本产品是以火麻仁、青稞粉为主要原料，用火麻仁中的不饱和脂肪酸替代饼干加工中添加的油脂，研发出的一种新型休闲食品。

1. 原料配方

以中筋粉 100g 为基准，青稞粉 45％、火麻浆（火麻仁：水质量比 1：1.5）

35％、谷朊粉 1％、蔗糖 10％、可可粉 3％、魔芋精粉 10％、纯净水 60％。

2．生产工艺流程

原料预处理→称量→混合→面团调制→醒发→成型→膨化→冷却→包装→成品

3．操作要点

（1）原料预处理　将青稞洗净沥干，置于炒锅中以 800W 炒制 8min，冷却至室温后磨粉过孔径 250μm 筛后备用；火麻仁洗净沥干后与纯净水 1∶1.5 混合打浆后过滤备用。

（2）面团调制　将按配方称量好的中筋粉、青稞粉、谷朊粉、魔芋精粉、可可粉和蔗糖放于容器中；加入火麻仁浆及纯净水揉搓成团。

（3）醒发、成型　将调制好的面团在室温下醒发 10min，然后擀成面饼状置于自动压面机压面，压制为厚 5mm 的面皮后对折再次压面至 2.5mm 后出面；将面皮切成长 8~10cm，宽 1cm 的面块。

（4）膨化、冷却、包装　将面皮置于空气炸锅中，于 182℃条件下膨化 8min，待膨化后饼干冷却至室温，密封包装得成品。

4．成品质量指标

色泽：均匀浅褐色，有光泽；气味：带适宜烘焙香气和蔬菜清香；滋味和口味：咸甜兼备，口感协调，很脆不粘牙；组织形态：外形完整，光滑细腻，大小均匀饱满，内部无结块。

四、青稞饼干（一）

1．原料配方

青稞面粉为基准量（质量分数 100％）：水 28％、起酥油 25％、木糖醇 20％、泡打粉 1.0％、小苏打 1.6％、鸡蛋 10％、色拉油 4％。

2．生产工艺流程

原辅料预处理→面团调制→辊轧→成型→摆盘→烘烤→冷却→包装

3．操作要点

（1）原辅料预处理　按照配方准确称好各原料。按饼干生产的常规操作对各种原辅料进行处理。

（2）面团调制　按照先将水、蛋、糖、油混匀乳化，最后加面粉的顺序投料。然后将各种原辅料充分混合均匀。

（3）辊轧、成型　用压面机压片，调整压辊两端的距离，压制使面片厚 2.5~3mm。用有花纹的印模手工压模成型（用力均匀）。

（4）摆盘、烘烤　将成型的饼干坯放入烤盘中，送入烤箱进行烘烤。上火为

170～190℃，下火为 170～200℃。当饼干已成型且边缘呈微黄色时（大约12min），将烤盘拿出，给饼干刷上一层油，帮助其上色，并将烤盘掉头，防止烤箱温度不匀对饼干造成不利影响，继续烘烤 1～2min，当饼干表面呈棕黄色时即可出炉。

（5）冷却、包装 饼干烘烤完毕后，采用自然冷却法进行冷却。冷却后经包装即为成品。

五、青稞饼干(二)

1. 原料配方

以低筋小麦粉质量为基准，绵白糖 40%、起酥油 40%、小苏打 1.0%、泡打粉 1%、单甘酯 0.5%、食盐 0.2%、鸡蛋 8%、青稞粉 9%。

2. 生产工艺流程

原辅料预处理→面团调制→静置→辊压成型→烘烤→冷却→包装→成品

3. 操作要点

（1）青稞粉制备 取一定量的青稞，将其清洗，然后置于烘箱中，在 80℃的条件下进行烘干处理，然后用粉碎机粉碎至粒度达 140μm 以下，备用。

（2）原辅料预处理 调拌起酥油、鸡蛋液，低筋小麦粉过筛，将小苏打、绵白糖、青稞粉分别称量备用。

（3）面团调制 将低筋小麦粉与青稞粉充分混合均匀，再将小苏打、绵白糖加入面粉中混合均匀，之后加入已经调拌好的鸡蛋液、起酥油，并将其与面粉充分混合均匀，最后放入搅拌机中进行搅拌直至均匀。

（4）静置 将调制好的面团静置 15～20min。

（5）辊压成型 将已经混合均匀的面粉辊压 10～13min，调制成面团状。并用模具根据个人喜好制作饼干。要注意成型的形状要薄厚、大小均匀，不宜过厚或过薄，过大或过小，最后将成型后的饼干整齐地放入烤盘中等待烘烤。

（6）烘烤 在烤箱中放入已经准备好的小块饼干，烘烤条件为上火 185℃、下火 210℃，烘烤 8min 左右。当饼干表面的色泽呈金黄色，并出现自然裂纹时，表明饼干已经烘烤成熟，此时可以取出烤盘。

（7）冷却、包装 烘烤结束后，将饼干取出经过冷却、包装即得成品。

六、青稞蜂蜜饼干

1. 原料配方

以青稞与面粉混合粉为基准（1∶1）：蜂蜜 22%、鸡蛋 45%、黄油 22%、小苏打 0.4%。

2. 生产工艺流程

面粉、青稞粉→过筛→混匀→面团调制→压面成型→烘烤→冷却→成品

3. 操作要点

（1）原料预处理　青稞粉（生粉）、低筋面粉过筛除杂，蜂蜜过滤除去杂质，黄油 60℃下软化处理。按配方比例将黄油、蜂蜜、蛋液置于容器中用打蛋器搅拌 5min。

（2）面团调制　经过预处理后的低筋面粉、青稞粉中加入黄油、蜂蜜、蛋液以及溶有小苏打的纯净水，待粉充分吸水后，搅拌 10min，调制成面团。

（3）压面成型　面团搅拌成型后，减少用手的揉捏，沿一个方向压至厚度 3～5mm，用模具压制成型后放入刷好油的烤盘上即可。

（4）烘烤　将成型后的饼坯置于预热的烤箱中，上火 185℃、下火 135℃，烘烤时间 10min。

（5）冷却　将烘烤好的饼干，冷却到 45℃左右即为成品。

七、大麦粉蛋糕

1. 原料配方

大麦粉 1000g、绵白糖 600g、鲜鸡蛋 1200g、蛋糕油 50g、膨松剂 20g、水 300mL、淀粉、香兰素和香精适量。

2. 生产工艺流程

鸡蛋、绵白糖、膨松剂、香兰素等→混合→打发→加大麦粉或面粉→调糊→入模→烘烤→脱模冷却→成品

3. 操作要点

（1）大麦粉制备　选用优质大麦并将原料中的土石块及其他杂质除去，将除杂后的原料放入干燥箱中进行干燥使水分达到 12%以下。利用磨粉机进行磨粉，然后用筛子筛粉，筛上物入磨粉机重复研磨，使出粉率达 60%左右。

（2）打发　将蛋液、绵白糖、膨松剂和香兰素等放入打蛋桶中，中速搅拌 5min，然后高速搅打，使糖全部溶化后，加入蛋糕油，并继续搅打 2～3min，同时分次慢慢加水，至蛋液体积增加至原体积的 3 倍左右即可。在打蛋过程中要掌握好时间和蛋液的温度，时间短会使蛋糕的比容小，松软度差；时间长，会出现蛋糊持泡能力下降和蛋糊下塌现象，使烤出的蛋糕表面出现凹陷。蛋液温度过低也会降低其持泡能力，一般不低于 20℃为宜。

（3）调糊与入模　将过筛后的大麦粉和面粉加入打蛋桶中，慢速搅拌，直至成为均匀的面糊，然后将调好的面糊迅速加入到预热和涂油的蛋糕模中，加入量以蛋糕模的2/3为宜。

（4）烘烤　将烤盘放入180℃的烤箱中，先开底火，当蛋糊体积胀满蛋糕模且边缘呈微黄色时（8～10min），打开面火，当温度升高到200℃左右时，关闭底火，继续烘烤，当表面呈深黄色时，即可出炉。烘烤时间一般为15～20min。

（5）脱模冷却　蛋糕出炉后迅速在蛋糕表面刷上少量熟花生油，经过冷却后迅速脱模即为成品。

4. 成品质量指标

形态：外形完整，表面略鼓，无塌陷及收缩现象；组织：松软，剖面蜂窝状小，气孔分布均匀，弹性稍差，较松软；色泽：表面金黄色，色泽均匀，剖面稍暗；口味：有蛋香味，甜度适中，口感良好。

八、青稞蛋糕

1. 原料配方（以青稞粉100%计）

水20%、蛋糕油2%、木糖醇40%、谷氨酰胺转氨酶0.04%、泡打粉1.0%、鸡蛋200%、盐1.0%、色拉油25%。

2. 生产工艺流程

原料处理→面团（糊）调制→入模→烘烤→冷却→脱模→成品

3. 操作要点

（1）原料处理　按基本配方称好原料，并将青稞粉和泡打粉充分混合。

（2）面团（糊）调制　将去壳鸡蛋倒入打蛋桶中，快速搅拌15min至蛋液体积膨胀到原来的2倍左右即可。将配好的粉、水、色拉油倒入蛋液中，慢速搅拌2min至均匀的面糊。

（3）入模　将上述调好的面糊立即注入经预热和涂油的蛋糕模具中，加入量以蛋糕模的2/3为宜。

（4）烘烤、冷却、脱模　设定烤箱的温度为上火170～190℃、下火170～200℃，蛋糕表面呈深黄色时即可出炉。经冷却、脱模即为成品。

4. 成品质量指标

表面呈金黄色，色泽均匀；其外形规范，隆起正常；内部组织较均匀，口感绵软香甜，带有青稞特有的清香味。

九、青稞马铃薯夹馅酥饼

1．原料配方

以青稞全粉和低筋粉混粉总重 1000g 为基准，低筋粉 90％、青稞全粉 10％、马铃薯泥 30％、黄油 55％、糖粉 30％、全蛋液 27％、奶粉 8％、食盐 1％。

2．生产工艺流程

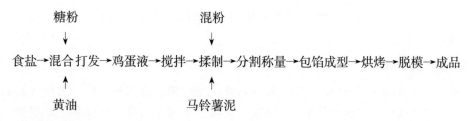

3．操作要点

(1) 马铃薯泥制作　首先挑选 2000g 无发芽、霉变的新鲜马铃薯，用水洗净后去皮切片，放入蒸锅中熟制 30min，碾压成泥，冷却备用。

(2) 酥皮制作　按原料配比称量黄油、糖粉、鸡蛋，顺时针混合揉制 1.5min，将蛋液分 3 次加入，同时顺时针揉制，每次 9g，时间间隔 30s。将低筋粉、马铃薯泥、青稞全粉、奶粉、食盐依次加入，混匀，使用层叠法揉面 4min，直至面团成型。

(3) 分割称量、包馅成型　将酥皮搓条，分割成 20g 的小面团，按压成皮，包入馅料（皮馅比例 6∶4），用铝合金模具（长×宽×高＝49mm×37.5mm×16mm）按压成型。

(4) 烘烤、脱模　成型的产品连同模具一同放入烤箱进行烘烤，烘烤时上火温度为 180℃、下火温度为 140℃，烘烤 10min 后取出翻面继续烘烤 5min 取出。取出后马上脱模，冷却后即为成品。

十、青稞桃酥

1．原料配方

以青稞粉和低筋粉（青稞粉 63.5％、低筋粉 36.5％）总重计，色拉油 60％、鸡蛋 15％、糖粉 58.7％、海藻糖 12％、酥油 16.5％、吉士粉 18％、臭粉 2％、小苏打 0.1％、泡打粉 1.5％、白芝麻和杏仁适量。

2．生产工艺流程

(1) 青稞预处理　青稞→除杂→烘干→粉碎→过筛→备用

（2）青稞桃酥生产工艺　配料→原辅料预混乳化→面团调制→分剂→制坯成型→烘烤→冷却→包装→成品

3. 操作要点

（1）原料预处理　挑选浅棕色、无霉变的青稞粒。粉碎后，将其过筛并储存在干燥的环境中备用。

（2）原辅料预混乳化　将糖粉、海藻糖、鸡蛋、酥油、色拉油加入搅拌机混合，用球形钢丝搅拌桨中速搅拌 5min 至均匀乳白色，体积膨大为原来的 1.5 倍为止。

（3）面团调制　将青稞粉、低筋粉、吉士粉、泡打粉、臭粉、小苏打，混匀过 0.178mm 筛孔后加入搅拌机，使用钩状搅拌桨低速搅拌 1min 至形成均匀面团，注意时间不可过长，以免面团生筋。

（4）分剂　将打好的面团搓条，分摘成 40g 大小均匀面坯，搓圆。

（5）制坯成型　用手指在每个面坯中央压一小孔，撒少量白芝麻、杏仁，轻压后摆盘。

（6）烘烤　将面坯放入上火温度 170℃、下火温度 160℃的烤箱中烤制 25min，使产品上色均匀后出炉。

（7）冷却　刚出炉的产品易碎裂，应充分冷却 2h 后进行包装，产品经包装后即为成品。

第三节 · 大麦发酵食品

一、大麦啤酒饮料

本产品是以大麦为原料，采用上面发酵法生产的一种啤酒饮料。

1. 生产工艺流程

大麦→粉碎→糖化→过滤→煮沸→冷却→接种→发酵→成品

2. 操作要点

（1）粉碎　利用对辊粉碎机粉碎大麦，适当调整辊间距，要求麦皮破而不碎，胚乳尽可能碎。

（2）糖化　保证料水比为 1∶3.5。充分搅拌，调整醪液 pH 值为 5.7～6.0。连续搅拌下加入占大麦质量 0.2% 的 Ondea Pro® 酶。糖化温度变化见图 5-1。

下料温度为 45℃，保温 20min，有利于酶的浸出；升温至 50℃，保温 40min，有利于蛋白酶的作用；升温至 54℃，保温 30min，有利于蛋白酶的作用，可以确

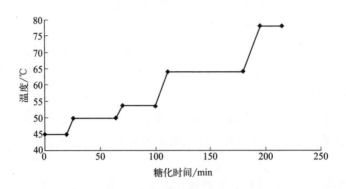

图 5-1　100％大麦啤酒饮料糖化工艺曲线图

保游离氨基酸在适宜的范围；升温至 64℃，保温 70min，有利于 β-淀粉酶的作用，提高麦汁中麦芽糖的含量；升温至 78℃，保温 20min，有利于少量 α-淀粉酶的作用。

（3）过滤　采用常规的回流时间和过滤速度；正常水量洗糟。

（4）煮沸　混合麦汁浓度控制为 9.5°P，煮沸 90min 后糖度约为 10.0°P。添加适量的酒花。

（5）冷却、接种　将煮沸后的混合麦汁冷却为 16℃，接种上面发酵酵母 W303-1A。

（6）发酵　16℃发酵，约 2d 降糖至 4.0°P 左右，封罐。封罐后每天检测双乙酰含量，直至降到 0.1mg/L。开始降温，首先降至 4℃，维持 24h 后，再降至 0～1℃。经 7～8d 即为成品啤酒饮料。

二、大麦姜汁啤酒

姜汁啤酒是以大麦糖浆为主要原料，添加一定量的姜汁酿造而成。以大麦和 10％的麦芽为原料，在各种外加酶制剂的作用下，经过糖化将大麦中的淀粉分解为较小的糊精、低聚糖、麦芽糖和葡萄糖等低分子糖类，将不溶性蛋白质降解为低分子肽和氨基酸。由于所得大麦汁的固形物大部分为以麦芽糖为主的碳水化合物，故称为大麦糖浆。为了便于包装与运输，常将其真空浓缩为固形物占 70％～75％的浓缩大麦糖浆。

1．生产工艺流程

鲜姜→浸泡→清洗→切片→热烫→冷却→捣碎→榨汁→过滤→姜汁

浓缩大麦糖浆→加入姜汁→加热稀释→冷却→前发酵→加入甜味剂→后发酵→过滤→灌装→杀菌→成品

2．操作要点

（1）姜汁的制备　选用新鲜、成熟、无霉变的生姜，去除分叉夹缝中的泥沙，在水中浸泡 30min 后，用清水漂洗干净；切片后，再用水冲洗一次，在 1∶2 的沸水中热烫 3min，冷却，用组织捣碎机捣碎，榨汁，过滤，即得生姜汁。

（2）姜汁啤酒的生产　先将稀释水加热到 80℃ 左右，边搅拌边加入浓缩大麦糖浆、生姜汁、甜味剂。稀释水的量应根据浓缩大麦糖浆的固形物含量初步计算，控制稀释后麦芽汁的浓度为 10％～11％。生姜汁的加入量约为麦芽汁的 3％，加入时会产生少量沉淀。

可供选择的甜味剂种类很多，有蔗糖、淀粉糖浆、各种非发酵性糖类，加入量应根据所选择甜味剂种类和甜度来确定。如蔗糖等可发酵性糖，于后发酵时加入比较便于控制啤酒的甜度，加入时应先从发酵罐中取小样进行小试，以确定是否加入甜味剂及其适宜的加入量。加入量不宜过多，否则会使啤酒不爽口。

发酵采用葡萄糖下面发酵啤酒酵母，其前发酵温度控制在 7～8℃，后发酵温度控制在 0～2℃，发酵过程中定时检查发酵液的酒度。

发酵结束后的过滤、灌装、杀菌均按普通啤酒生产的工艺进行。

3．成品质量指标

（1）感官指标　外观：淡黄色，清澈透明，无沉淀及悬浮物；泡沫：洁白细腻，持续 3min 以上；风味：有明显姜香味，微甜爽口，无其他异味。

（2）理化指标　原麦芽汁浓度 10.55％，酒度 2.8％vol，色度（EBC 单位）7.5，二氧化碳≥0.30％，双乙酰＜0.2mg/L。

（3）卫生指标　符合发酵酒卫生标准 GB 2758。

三、青稞白酒

在此以互助青稞酒为例介绍青稞白酒的生产。互助青稞酒以优质青稞、豌豆和古井水为原料，在青海省互助土族自治县地域范围内利用其自然微生物按互助青稞酒传统工艺酿造而成。互助青稞酒大曲以优质青稞、豌豆为原料，按传统工艺制成两种糖化发酵剂，冬春季节制得中低温曲"槐瓤曲"，夏秋季节制得中高温曲"白霜满天星曲"。将贮存三个月以上的两种大曲按比例混合使用。酿造工艺为"清蒸清烧四次清"，其大楂、二楂发酵周期为 25d，三楂、回糟各 15d，从原粮投入到最后丢糟合计 80d，整个发酵遵循"养大楂、保二楂、挤三楂、追回糟"的原则。达到发酵周期的酒醅经蒸馏、量质摘酒，按纯正、醇甜、爽净三个典型体分级贮存，基酒酒龄不少于 1.5 年，调味酒酒龄不少于 3 年。基酒经过分析、尝评、勾兑、调味、陈酿、检测品评合格后包装出厂。

1. 生产工艺流程

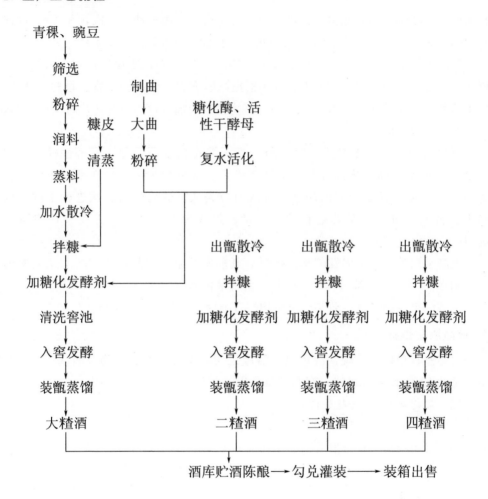

2. 操作要点

（1）原料筛选　青稞、豌豆在粉碎前必须筛选、除尘、除杂。所用辅料均经清蒸后方可使用，以便排除辅料中的邪杂味，保证产品质量。

（2）粉碎　青稞、豌豆按照 7∶3 的混合比例采用辊式粉碎机进行粉碎，粉碎后通过 12 目筛孔的细粉不超过 15％，整粒粮不超过 0.5％。大曲选用中温青稞豌豆混合曲，粉碎后细粉能通过 0.3mm（60 目）筛孔的不得高于 20％。

（3）润料　青稞粉碎后，在蒸煮前要进行润料，以便蒸煮糊化，要求加 45％～55％ 的水进行润料，要润透，不淋浆，手搓不黏为好，润料时间为 16～18h。

（4）蒸料　将堆积润好的原料进行清蒸，避免原料中的邪杂味带入酒中，保证酒质清香纯正。蒸煮采用锅炉蒸汽，蒸料前在甑箅上撒一层糠皮，然后开大汽门，将润好的原料均匀装甑，要求做到"轻""匀""散"，装料完毕后在甑顶放一层糠皮，待圆汽后，在原料表面均匀洒入原料量10％左右的水做闷头浆，然后加大蒸汽量，蒸煮50min，做到原料熟而不黏、内无生心，有粮醅清香，无邪杂味。

（5）加水散冷　原料出甑前先将通风晾床清理干净，蒸煮后的原料出甑时立即采用打茬机均匀摊开，然后将原料放在通风晾床上均匀洒入少量水，开动鼓风机，进行降温和排酸，并使原料均匀松散，散冷后的料温要比入窖前的温度高2～3℃，具体按季节气温掌握。

（6）拌糠　在原料散冷的同时，按配方要求，加入清蒸后的糠皮继续搅拌散冷。待装甑蒸馏得到大楂酒后出甑散冷继续进行第二次拌糠，如此循环分别进行四次拌糠发酵得到四楂酒。

（7）加糖化发酵剂　等原料散冷到要求的温度后，关闭鼓风机，按配方要求，分别加入大曲粉、复水活化好的糖化酶、活性干酵母。准确控制加曲温度，夏秋季为18～22℃，冬春季为23～28℃，然后继续翻拌均匀。

（8）入窖发酵

① 大楂、二楂入窖：酒醅入窖前清除发酵窖池内的杂物，并用清水将窖池清洗干净，清洗水用管抽出至沉淀池，大楂入窖酸度控制在0.1～0.6，二楂0.7～2.0；温度：大楂、二楂夏秋季控制在16～21℃，冬春季适当提高3～5℃；大楂、二楂水分控制在45％±5％。酒醅全部入窖后，将酒醅表面踩平拍光，用无毒塑料布压紧封严，盖好麻袋及木板封窖，防止漏气、烧糟等现象，并保持窖池清洁卫生，以免影响酒的品质。

② 三楂、四楂入窖：三楂、四楂的入窖酸度控制在0.8～2.1，入窖温度夏秋季18～23℃，冬春季适当提高3～5℃，水分三楂、四楂在50％±5％，除不用清洗窖池外，其他操作方法均和大楂、二楂的入窖方法相同。四次发酵过程产生的黄水及时由管道抽排至沉淀池。

（9）装甑蒸馏　蒸馏前清理甑锅，将发酵好的酒醅出窖，放入酒甑蒸馏，盖上甑盖，与连接龙的一头相连，连接龙的另一端与冷凝器相连，打开蒸汽阀门，保持1个大气压状态，温度达到100℃，蒸馏出酒。蒸馏过程产生的底锅水排至沉淀池，出的酒"掐头去尾留中间"，中间酒储存，头酒和酒尾用于调酒（如图5-2所示）。

（10）贮酒陈酿　采用陶坛贮酒，首先量质定级，根据入库酒质量等级分别装坛。陶坛用无毒塑料布密封，上面再加泥头。贮存期间严加检查，发现渗漏及时换坛。陶坛贮酒一定时间后将酒转入不锈钢罐，计量入库酒度，将酒的特点、等级、酒度、质量、罐号、日期等填好卡片贴在罐上，及时密封，定期品尝复查。

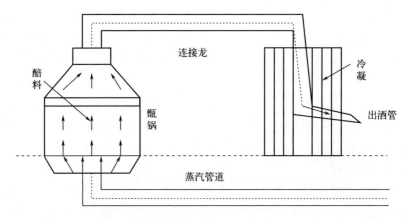

图 5-2　甑锅蒸馏出酒

（11）勾兑灌装　陈酿好的酒是半成品，也称为原酒。根据市场需要对原酒进行勾兑处理，即从酒甑（俗称蒸锅）中蒸馏出的是原酒，酒度一般在 60°至 70°之间，通过加纯水"降度"调制成口感适合、度数适合的低度酒，或将各种酒互相掺和勾兑。再次经过检验、品评，根据品评结果进行微调，最后经检验合格的成品酒送至包装车间。检验合格的酒瓶采用过滤处理的纯水清洗烘干后，在灌装生产线装入经检测合格的成品酒，经封盖、灯检、烘干、喷码、贴标，抽检合格后装箱入库。

3．成品质量指标

（1）感官指标　见表 5-2。

表 5-2　互助青稞酒感官指标

项目	酒度≥50％vol	酒度 40％vol～49％vol	酒度≤39％vol
色泽	无色（或微黄）清亮透明,无悬浮物,无沉淀		
香气	清雅纯正,怡悦馥合		
口味	绵甜爽净 醇甜丰满 香味谐调 回味怡畅	绵甜柔顺 醇和爽净 香味谐调 余味绵长	绵甜柔和 香味谐调 余味爽净
风格	具有青稞酒清雅的独特风格		

（2）理化指标　见表 5-3。

表 5-3　互助青稞酒理化指标

项目	指标要求		
酒度/(％vol)	≥50	40～49	≤39
总酸（以乙酸计）/(g/L)	≥0.50	≥0.40	≥0.30

项目	指标要求		
总酯（以乙酸乙酯计）/(g/L)	≥2.00	≥1.60	≥1.20
乙酸乙酯/(g/L)	≥1.00	≥0.80	≥0.60
固形物/%	≤0.60		

注：酒度允许公差±1%vol。

（3）卫生指标　见表5-4。

表5-4　互助青稞酒卫生指标

项目	指标	
	粮谷类	其他
甲醇[①]/(g/L)	0.6	2.0
氰化物[①]（以 HCN 计）/(mg/L)	8.0	—

①甲醇、氰化物指标均按100%酒度折算。

四、青稞清酒

青稞清酒以青藏高原品质优良的青稞为原料加工生产，依照"一次酒母，适时添曲，分次喂饭，高浓配料，多边发酵"的生产工艺，获得具有独特风韵的青稞清酒。清酒发酵的特点是：分批投料，边糖化，边发酵。一般分3～4批逐步投料，使糖化、发酵相平衡。青稞清酒的酿造工艺在酩馏酒和甜醅的酿造基础上，借鉴了清酒和喂饭黄酒的酿造工艺，形成了自有的特色工艺。

1. 生产工艺流程

青稞→淘洗→浸麦（10～15℃，60～180min）→发芽（3～5d）→干燥→辊轧粉碎→水合器喷水（40～45℃）→初蒸饭（65℃，60min）→中间喷水（40～45℃）→连续蒸饭（100℃）→后道风冷（20～25℃）→入罐初投（加水，加蒸麦，加麦曲、酒母）→通汽翻匀（12～14℃）→二投（加水，加蒸麦，加麦曲）→通汽翻匀（9～10℃）→三投（加水，加蒸麦，加麦曲）→通汽翻匀（7～8℃）→四投（加水，加蒸麦）→通汽翻匀（7～8℃）→发酵（8～15℃，20d）→压滤（去糟）→澄清→检定→过滤→杀菌（63～64℃，2～3min）→进罐密封→陈酿（12个月）→脱色→精滤→勾兑→杀菌（84～86℃）→灌瓶→压盖→贴标→打码→检验→装箱

2. 操作要点

（1）原料预处理　酿造清酒的原料蛋白质含量应低于6%，因此可以采用发芽技术将青稞进行预处理，从而降低原料中的蛋白质含量。

（2）淘洗、浸麦、粉碎　将青稞在水中清洗后，浸泡60～180min，将水沥干，

让青稞在15.5℃下保持5d发芽。逐渐升高温度，将绿麦芽烘干，除去发芽过程中长出的小根茎，用成对的辊粉碎麦芽，轧开种仁。

（3）初蒸饭 通过给料管将轧碎的麦粒送入蒸饭操作釜中，通过水合器，向麦粒喷洒热水，避免麦粒有干燥区，在65℃保温60min，完成初蒸饭操作。

（4）投料 通过中间喷水（40～45℃），连续蒸饭（100℃）和后道风冷（20～25℃）操作，完成蒸麦过程。按照表5-5的青稞清酒投料配比方案进行多边投料。

表5-5 青稞清酒投料配比方案　　　　　　　　　　　　　单位：kg

项目	酒母	初投	二投	三投	四投	合计
总麦	80	135	265	445	75	1000
蒸麦	55	100	200	370	75	800
麦曲	25	35	65	75	—	200
酒药	0.3	—	—	—	—	0.3
制醪水	80	220	400	600	100	1400

（5）发酵 青稞清酒发酵，酒母一次性投入，青稞及麦曲分次投入。入罐发酵48h后，进行初投，此后，每隔48h投料1次，按表5-5投料量进行。初期发酵温度控制在23～25℃，总体发酵温度较低，二投控制发酵温度为9～10℃，平均温度9.5℃，三投和四投控制发酵温度为7～8℃，平均温度7.5℃。然后进入后发酵阶段，控制温度在8～15℃，平均温度为12℃，发酵20d。

（6）后处理 发酵完成后进入后处理阶段，青稞清酒发酵醪经压滤（去糟）、澄清后，还需过滤及63～64℃杀菌，进罐密封，并陈酿约1年。清酒加热后与活性炭混合，再用空心纤维超滤器过滤，通过过滤，除去渣滓和活性炭。勾兑后，加热至84～86℃，趁热灌瓶，完成压盖、贴标、打码、检验等工序，装箱后获得成品。

3. 成品质量指标

（1）感官指标 口感：口味纯正，绵柔爽口，酸甜适度，酒度适宜；滋味：酒体丰满，风味独特；香气：具有青稞甜醇香和醇香；色泽：清澈透明，淡黄色。

（2）理化指标 酒度15.8%vol，固形物2.4%，总酸0.26g/mL，残糖1.4g/mL，氨基酸0.032g/mL。

五、黑大麦乳酸菌饮料

1. 生产工艺流程

　　　　　　α-淀粉酶、水　糖化酶

　　　　　　　　↓　　　　↓

黑大麦→精选→磨碎→液化→糖化→过滤→杀菌→接种→发酵→过滤→调配→

灌装→澄清→杀菌→冷却→成品

2．操作要点

（1）磨碎　将经过除杂的黑大麦，用粉碎机磨碎，最好使其粒度足够小，要求达到 60 目以上，一般来说，粒度越小，越有利于淀粉颗粒糊化及水解。另外，也可避免饮料在贮存过程中由糊精引起的浑浊现象。

（2）液化　为缩短糊化及液化的时间，采用外加酶制剂液化法。即将磨碎后的黑大麦粉过 60 目筛后向其中加入 50℃ 的热水，黑大麦粉和水的比例为 1：5。在 15min 内升温到 70℃，加入溶解的 α-淀粉酶（用量为每 100g 粉加入 α-淀粉酶 0.1g），在 70℃ 保温液化 20min，在 15min 内升温到 90℃，加入 α-淀粉酶（每 100g 粉加入 0.2g），保温 5min 后迅速升温至 100℃，煮沸 15min 即可。最后用标准碘液检验，不变色即为液化终止。由于使用的 BF8765α-淀粉酶为中温淀粉酶，在 80℃ 时很快钝化，所以分两次添加，效果较好。

（3）糖化　采用外加酶制剂法进行糖化。在液化后迅速冷却到 50℃，调节液化汁液的 pH（糖化酶作用的最适 pH 为 4.3～5.6，这个范围内糖化酶能最快发挥作用）。然后加入糖化酶（一般每 100g 黑大麦粉加入糖化酶 0.4g）。在 60℃ 左右的恒温条件下糖化 3h，使最终还原糖的含量为 12% 左右，固形物含量为 18%。最后采用 115℃、15min 进行杀菌。

（4）菌种的驯化　主要过程如下：斜面原种→纯牛奶 100mL→牛乳麦汁（牛乳：麦汁＝9：1）混合液 100mL→牛乳麦汁（牛乳：麦汁＝7：3）混合液 100mL→牛乳麦汁（牛乳：麦汁＝5：5）混合液 100mL→牛乳麦汁（牛乳：麦汁＝3：7）混合液 100mL→牛乳麦汁（牛乳：麦汁＝1：9）混合液 100mL→纯麦汁 100mL。

菌种驯化过程中应严格控制杀菌条件为 115℃、15min，在 37℃ 的温度条件下培养 8h，使乳酸菌个数达到 10^8CFU/mL。

（5）发酵　糖化生成的发酵性糖多为葡萄糖和果糖。经过驯化的乳酸菌能在其中很好地生长，乳酸菌的接种量为 3%～5%，应控制发酵温度为 36～38℃，以保证乳酸菌繁殖后保加利亚乳杆菌和嗜热链球菌的比例为 1：1，发酵时间为 8～9h。

（6）过滤　乳酸菌饮料在贮藏过程中容易产生浑浊和沉淀，因此，对刚发酵过的饮料在进行灌装杀菌前需进行澄清处理。引起沉淀的成分一般是蛋白质和多酚类物质，故采用硅藻土作为助滤剂进行过滤即可除去，实验证明，硅藻土的用量为 0.3%。

（7）调配　为了改善乳酸菌饮料的口味，调整糖酸比，使之适合大多数人的口味，需加入糖和酸味剂。实验证明，糖的用量为 6%。酸味剂用柠檬酸和酒石酸的效果最好，酸甜柔和协调，产品清凉爽口，产品的 pH 值以调节到 3.9～4.1 为宜。

（8）灌装与杀菌　将经过上述处理后的饮料，用灌装机装入可以进行杀菌的玻璃瓶中,然后在沸水中保持 10min 进行杀菌处理。杀菌后的饮料经过冷却即为成品。

六、红枣大麦保健醋

本产品是以红枣和大麦为主要原料,麦芽粉先经过糊化、糖化制备麦芽汁与红枣浸提汁复合后,经过酒精发酵、醋酸发酵后加料密封陈酿,最后经调配制备的一种新型复合醋。

1. 生产工艺流程

红枣→清洗→干制→加水煮制→酶解
↓
大麦→粗选→浸麦→催芽→发芽→干燥→粉碎→糊化→糖化→混合调整糖度→接种→酒精发酵→醋酸发酵→后熟陈酿→过滤→澄清→灭菌→装瓶→检验→成品

2. 操作要点

(1)红枣汁制备 新鲜红枣经过挑选、清洗,50～70℃热风干燥 6h,制成水分 40%～55%半干红枣备用。半干枣加水浸泡在 90℃预煮 15min,破碎脱核,之后加入占红枣质量 0.3%的果胶酶,在 45℃下浸提 3h,酶解期间每隔 1h 搅拌 1～2min,浸提后过滤,灭菌处理后得到红枣汁。

(2)麦芽汁制备 大麦先经过发芽制成麦芽,干燥后的麦芽再经 6～8 周贮藏,然后用粉碎机粉碎,加入糖化锅与水混合浸渍一段时间,使麦芽粉吸水膨胀,加热至 45℃、pH 调节至 5.4～5.6(磷酸调节),然后加入麦芽质量 0.004%～0.006%的葡聚糖酶保温 20～30min,再加热至 55℃,添加麦芽质量 0.04%的蛋白酶,保温 40min 后加热至 65℃,保温 40～60min,糖化至碘反应完全,再升温至 78～80℃保温 10～15min,静置后过滤。收集滤液并添加 0.002%～0.01%的啤酒花,加热至 102～107℃保温 20～35min,再加入 0.3%的卡拉胶,继续保温 10～20min,冷却至室温得到麦芽汁。在操作中要注意使酶溶出恢复活力,再将麦芽醪液逐步加热升温。

(3)红枣麦芽汁复合 调整红枣汁可溶性固形物质量含量为 14%～18%,调节发酵用的麦芽汁的糖度为 12～16°Bx,按照红枣汁与麦芽汁＝2∶1 的体积比将两者混匀。

(4)酒精发酵 制备酵母活化液:按酵母菌∶水∶蔗糖＝1∶25∶5 的比例,在 30℃活化 60min。酒精发酵最佳条件:温度 30℃、糖度 16%、葡萄酒酵母接种量 6%、啤酒酵母接种量 2%,复合醋酒精发酵时间为 4d。

(5)醋酸发酵 醋酸菌种子液的制备:将醋酸菌按 10%的接种量接入 200mL 酒度为 4%(体积比)的枣汁酒精发酵液中,4 层纱布封口,32℃、160r/min 摇床振荡培养 24h。醋酸发酵最佳条件：温度 36℃、醋酸菌酒度 8％vol、接种量 10％，发酵时间为 10d。

（6）后熟陈酿　醋酸发酵结束后，取发酵醋加入红枣汁 5％、食盐 2％、蜂蜜 1％，然后密封放置室温后熟陈酿 10～15d。

（7）过滤、澄清、灭菌、装瓶　经过硅藻土（2％）澄清、瞬时灭菌（125℃保持 1min）后，冷却后装瓶，再经检验合格即为成品。

3．成品质量指标

红棕色、深琥珀色、清澈透明，无肉眼可见外来杂质，组织细腻，无沉淀，无悬浮物，具有浓郁的大枣香味和纯正的醋香，无不良刺激性气味。

七、青稞酸奶

1．生产工艺流程

准备鲜牛奶→160 目青稞粉→加稳定剂混合→调配（加蔗糖）→均质→杀菌→冷却→接种→发酵→冷藏

2．操作要点

（1）混合调配　在纯牛奶中加入青稞粉、稳定剂（适量）、蔗糖混合均匀。青稞粉用量为 2％，蔗糖用量 6％。

（2）均质　将混合调配好的牛奶放进乳化机中 1min，转速为 5500r/min。

（3）杀菌、冷却　采用巴氏杀菌法，杀菌后将牛奶冷却至 42℃左右。

（4）接种　将发酵剂按 2.5％的比例与上述混合物均匀搅拌。

（5）发酵　将上述混合物放到 42℃酸奶机中发酵，发酵时间为 8h。

（6）冷藏　发酵结束后取出冷却至室温，并在冰箱中冷藏 12h。

3．成品质量指标

气味：具有酸奶和青稞特有香气；色泽：呈均匀的淡黄色；口感：口感细腻，酸甜适中；组织状态：质地均匀紧密，凝固性好，无分层等不良现象；没有乳清析出。

八、毛木耳青稞生物技术乳

1．生产工艺流程

毛木耳菌种采集→斜面菌种→液体种子→发酵种子

↓

青稞粉→晒干、过筛→液化→糖化→杀菌、冷却→接种→发酵→过滤→调配→均质→杀菌→成品

2. 操作要点

（1）毛木耳母种　采用组织分离制备毛木耳母种。

（2）液体种子、发酵种子培养基配置　配方：马铃薯 20%、葡萄糖 2%、豆粉 1%，其余为水，pH 值自然。配制好的液体发酵培养基每 300mL 三角瓶装 100mL 培养液，封口后于 121～126℃灭菌 25min。

（3）液体种子、发酵种子制备　将制备好的液体种子培养基冷却、接种后，于 25℃、180r/min 振荡培养。

（4）液化　5% 的青稞浆液，用 8% 的 Na_2CO_3 调整使 pH 维系在 6.5±0.1，并溶以 $CaCl_2$ 和等量的液化酶 0.02%，混匀，恒温水浴 85℃、10min，然后高温灭活。

（5）糖化　液化好后冷却至 60℃，用 8% 的柠檬酸调节 pH 至 4.5±0.1，加入 0.075% 的糖化酶，55℃糖化 10min 后灭活 5min。冷却、备用。

（6）杀菌、接种、发酵　糖化好后配制发酵液，并将发酵培养基于 0.14MPa 条件下杀菌 25min，冷却、接种。接种量为 4%，发酵温度为 24℃，发酵时间为 6d。

（7）过滤、调配、均质及杀菌　发酵好后将发酵液过滤，然后根据口感评价加入适量的白砂糖、乳酸进行调配。将调配好的混合液用均质机于 55℃二级均质，然后在 80℃杀菌 15min。杀菌后经冷却即为成品。

3. 成品质量指标

（1）感官指标　色泽：色泽均一，乳白色；香味：具有青稞的乳香和菌特有的淡香；滋味：酸甜适中，口感细腻；组织状态：组织状态均一，流动性好。

（2）理化指标　可溶性固形物（折光仪计）10°Bx，总酸（以柠檬酸计）<1%。

（3）微生物指标　大肠菌群≤65MPN/100g，致病菌不得检出。

第四节 · 大麦饮料

一、大麦茶

1. 生产工艺流程

原料选择→焙炒→浸提→调配→灌装封口→杀菌→冷却→成品

2. 操作要点

（1）原料选择　选用颗粒饱满、无霉变、无虫害的大麦为原料。

（2）焙炒　香味和色泽是大麦茶的两个重要风味特点，而香味和色泽取决于大麦的焙炒程度。当炒至大麦有强烈的大麦香味和表面出现焦化时出锅，此时大麦已产生香味和着色能力。

（3）浸提　将焙炒后的大麦与12倍大麦重的清水，加热煮沸20min，滤出渣子，再加入8倍于大麦重的清水进行第二次煮制浸提，将两次所得浸提汁混合后再过滤一次待用。

（4）调配　将大麦浸提汁送入调配罐，按照一定的比例称取白砂糖，将其配成浓度为50%的糖液，经过过滤后加入调配罐中搅拌均匀，迅速加热煮沸，最后加入适量柠檬酸溶液及香料等搅拌均匀。

（5）灌装封口　调配好的大麦茶立即趁热进行灌装，灌装后立即加盖密封。

（6）杀菌、冷却　封口后的大麦茶，放到高压灭菌锅中进行杀菌，杀菌公式为：$10'-15'-20'/118℃$。

3. 成品质量指标

色泽：黄褐色；组织形态：均匀浑浊，无杂质；滋味与气味：具有大麦焙炒后应有的焦香味，无异味。

二、大麦保健茶

本产品是采用 α-淀粉酶和糖化酶的协同酶解作用制备大麦保健茶，不仅能够充分保留大麦中对人体健康有益的营养成分，而且使其稳定性更好、吸收更容易、口感更佳，饮用更方便。

1. 生产工艺流程

大麦→烘焙→粉碎过筛→双酶水解→高温灭酶→冷却→离心→灌装杀菌→产品

2. 操作要点

（1）烘焙　大麦去杂、洗净、晾干，在200℃烘箱中烘烤15min，将大麦烤至黄褐色并且伴有浓郁的大麦香气。

（2）粉碎过筛　将烘焙好的大麦粉碎，破碎度控制在60目。

（3）双酶水解　按照1:8的料水比加入一定量的水，搅拌均匀后，在沸水浴中糊化20min，冷却后即为浸提液，调pH值为5.5，加入 α-淀粉酶和糖化酶进行水解。具体水解条件：α-淀粉酶为4U/g，糖化酶为6U/g，酶促反应温度为40℃，时间为40min。

（4）高温灭酶　将酶促反应液于沸水中放置5min以终止酶促反应。

（5）冷却　室温放置60min进行冷却。

（6）离心　在1200～1500r/min条件下离心5～10min。

（7）灌装杀菌　采用250mL玻璃瓶，灌装温度80～85℃。121℃条件下杀菌3min。

三、发芽大麦茶

本产品是以藏青稞为原料，经过发芽、烘干、粉碎、造粒、烘烤等工序制成的一种具有麦香味的发芽大麦茶。

1. 生产工艺流程

大麦→除杂、浸泡→恒温发芽机发芽→烘干→粉碎→过筛→发芽大麦粉→加白砂糖→沸水调配→造粒成型→烘烤→冷却→成品

2. 操作要点

(1) 大麦发芽　先将大麦除杂，然后浸泡，时间为 10h。取出在 25℃下发芽。在发芽的过程中，定时换水和保持空气流通，总的发芽时间为 3d。

(2) 烘干、粉碎、过筛　将以上发芽大麦置于烘箱内干燥，温度保持在 30～40℃。烘干后进行粉碎，用 100 目筛筛分，备用。

(3) 沸水调配　取 100g 发芽大麦粉，加入白砂糖，并用沸水混匀，白砂糖添加量 2%、沸水添加量为 40mL/100g，放入压面机充分搅拌。

(4) 造粒成型　用压面机及其细孔塞和小刀手工造粒，粒度以 5～6mm 为宜，然后用筛子筛除粉尘。

(5) 烘烤、冷却　将做成的发芽大麦茶放入洁净的盘子，先低温 70℃烘烤 6h，后在 170℃的温度下进行烘烤，烘烤时间为 25min。烘烤结束后经冷却即为成品。

四、大麦茶饮料

1. 生产工艺流程

原料→烘焙→破碎→浸提→过滤→调配→灌装→杀菌→冷却→成品

2. 操作要点

(1) 大麦的处理及烘焙　选用颗粒饱满、无霉变、无虫害的大麦，除去其中的杂质，用清水洗净、晾干。采用 320℃±5℃ 的温度进行烘焙，当大麦表面呈现茶褐色并具有浓郁的大麦焦香味时，停止烘焙，时间约 30min。

(2) 破碎　将上述烘焙的大麦用粉碎机将其进行破碎，破碎后要求其颗粒能通过 40 目筛。

(3) 浸提　采用二次浸提，浸提温度为 70℃左右，使用 H-168 活性炭净水器处理过的水，大麦和水的比例为 1:15，浸提时间为 15min。

(4) 过滤　上述浸提后的料液，先经过粗滤，再用板框式过滤器进行精滤。

(5) 调配　向上述精滤后的料液中加入一定比例的糖及酸味剂等，充分混合均

匀。为防止饮料中有效成分的氧化，调配时可加入 0.1% 的脱氢抗坏血酸。

（6）灌装　将调配好的饮料利用灌装机进行灌装，采用 250mL 玻璃瓶，灌装量为 230mL±5mL，灌装温度控制在 85℃。

（7）杀菌　将灌装后的饮料送入高压灭菌锅中，在 121℃ 的温度下进行杀菌，时间为 5min。然后经过冷却即为成品饮料。

3. 成品质量指标

（1）感官指标　色泽：红棕色；口味及气味：具有大麦经烘焙后的特有焦香味，无异味；组织状态：清澈透明，无悬浮物质存在，无沉淀。

（2）理化指标　砷（以 As 计）<0.5mg/L，铅（以 Pb 计）<1.0mg/L，铜（以 Cu 计）<1.0mg/L。

（3）微生物指标　细菌总数<100CFU/mL，大肠菌群<5MPN/100mL，致病菌不得检出。

五、颗粒型金大麦茶

颗粒型金大麦茶的主要原材料是大麦，在制作过程中加入了金银花、蜂蜜、荞麦仁等配方材料，有效地提升了大麦茶的口感和药效。

1. 生产工艺流程

预处理→材料选择→处理工序→烘炒→初步分离→低温烘干→完全分离→粉碎→合料搅拌→制粒→低温烘焙→杀菌→包装

2. 操作要点

（1）金银花鲜花准备与预处理　在金银花开花季节，选择产地达到有机产品产地标准的金银花鲜花，人工采摘时间为每天的 07:00～14:00，花期为 3～6d，将采摘的金银花鲜花，进行 1～2h 的摊青处理后，备用。

（2）材料选择和处理工序　先进行带壳大麦、荞麦的选料，选择粒大饱满的带壳大麦、荞麦，使用农药残留速测仪，根据中国农药残留限量标准或欧盟的农药残留限量标准对带壳大麦、荞麦进行农药残留检测，经检测合格后，备用。再清洗选料，使用清水对经过选料后的带壳大麦、荞麦清洗 0.5～0.7h；清洗后还需将带壳大麦、荞麦在 15～20℃ 的温度下浸泡 3～4h；最后对浸泡过的带壳大麦、荞麦进行表面干化处理，使用强劲吹风机，风干 2～3h，使得带壳大麦、荞麦的含水量≤7%。

（3）烘炒　将表面干化后的带壳大麦、荞麦，置于可调温炒制设备中，首先，在匀速翻动的前提下，于 90～100℃ 下炒制；其次，当听到带壳大麦、荞麦开花的噼啪响声时，加快翻炒的速度，同时将温度降到 60～80℃；最后，至带壳大麦、荞麦开花噼啪响声稀疏时，在保持当前翻炒速度的同时，将温度提升到 90～

100℃，继续翻炒 12~30min。

（4）初步分离　将经过炒干后的带壳大麦、荞麦使用凉水均匀喷雾 0.5~0.7h，使带壳大麦、荞麦迅速膨胀，直至带壳大麦、荞麦外表的麦壳与麦仁呈现分离状态。

（5）低温烘干　将初步分离后的带壳大麦、荞麦置于烘干设备，保持温度60~70℃，至含水量≤3%时停止。

（6）完全分离　使用离心机将经过烘干处理后的带壳大麦、荞麦离心处理 1~2h，利用离心力将带壳大麦、荞麦的麦壳与麦仁完全分离，离心脱壳工序完成后，筛选出表面带大麦麸的大麦仁与荞麦仁。

（7）粉碎　将完全分离后得到的大麦仁与荞麦仁，以及处理后的金银花，分批送入粉碎机，使用100目筛网进行粉碎。

（8）合料搅拌　首先，将粉碎好的原料与蜂蜜按配比进行合料，制备成混合料，其次，将混合料与水按 3：1 的比例混合，使用搅拌机搅拌，搅拌时间为20~30min。

（9）制粒　将处理后的混合料，使用旋转制粒机制粒，颗粒的大小为0.1~5mm。

（10）低温烘焙　将制粒处理后的颗粒，在 10~15℃ 的低温下进行烘焙，直至含水量≤2%。

（11）杀菌、包装　对所有干燥好待打包的物料使用辐射杀菌。将干燥、杀菌好的物料装入自动造包机器中，一次成型装入食品过滤包中，检验、包装即可。

六、黑木耳麦芽汁饮料

1. 生产工艺流程

麦芽→粉碎→糖化→过滤→煮沸→过滤→麦芽汁
　　　　　　　　　　　　　　　　　　　↓
黑木耳→浸泡→清洗→粉碎→浸提→离心→过滤→黑木耳汁→混合调配→过滤→均质→脱气→杀菌→灌装→灭菌→冷却→成品

2. 操作要点

（1）黑木耳汁制备

① 选料　选择形状美观、大小均匀、无病虫害、颜色尽量深的干木耳为原料。

② 浸泡、清洗　用适量的温水浸泡约 1h，待黑木耳充分吸水膨胀后，去除其根部以及附着在其表面的木屑等杂质，将其清洗干净。

③ 粉碎　将清洗干净的黑木耳用粉碎机粉碎。

④ 浸提、过滤　以固液比 1：60 加入蒸馏水，在 70℃ 恒温条件下浸提 3h，然

后用四层纱布过滤；滤渣再以固液比1∶20加入蒸馏水，在70℃下浸提2h，合并滤液。滤液经离心机以4000r/min离心5min后趁热过滤，制得黑木耳汁。

（2）麦芽汁制备

① 选料　挑选籽粒饱满、无虫蛀、无霉变的大麦芽作为原料。

② 粉碎　一般粗细比例控制在1∶2.5左右，此时酶作用较强烈，浸出物含量高。

③ 糖化　粉碎的麦芽加入4倍的水，放入65℃恒温条件下自行糖化4～5h，至糖化完全。

④ 过滤　糖化液经过过滤，测定其糖度。

⑤ 煮沸　在滤液中加入少量单宁，并在常压下煮沸1.5～2h，煮沸可以破坏麦芽汁中的酶，使蛋白质发生沉淀，同时也对麦芽汁进行杀菌。

⑥ 过滤　煮沸之后，迅速冷却，过滤，取得麦芽汁。

（3）混合调配　按原汁含量100%计，将黑木耳汁和麦芽汁按1∶5的比例混合，将白砂糖（8%）、柠檬酸（0.10%）、复合稳定剂（0.25%）分别用水溶解后加入，调匀后进行过滤。

（4）均质　混合均匀的料液送入均质机中，温度50～60℃，压力控制在30～40MPa进行均质处理。

（5）脱气　料液均质后用真空脱气机对混合后的饮料进行脱气，脱去不良气味。

（6）杀菌、灌装、灭菌、冷却　采用超高温瞬时杀菌，温度135℃，时间5s。杀菌结束后趁热进行灌装，灌装完成的产品封盖后再进行高温灭菌，温度121℃、时间20min，再经自然冷却即为成品。

3．成品质量指标

（1）感官指标　色泽：具有本品应有的色泽；滋味与气味：具有本品特有的滋味和气味，无异味；组织状态：呈均匀澄清液体，长期放置允许有少量沉淀或絮状物；杂质：无肉眼可见的外来杂质。

（2）理化指标　可溶性固形物16.5%，总酸15.0%。

（3）微生物指标　菌落总数≤92CFU/mL，大肠菌群≤4MPN/100mL，霉菌≤2CFU/mL，酵母菌≤3CFU/mL，致病菌无。

七、青稞苗饮品

1．原料配方（以1000mL青稞苗汁计）

果葡糖浆2.00%、木糖醇3.00%、蜂蜜0.30%、乙基麦芽酚0.10%、柠檬酸0.04%、甘氨酸0.01%、食盐0.02%。

2．生产工艺流程

预处理→打浆→提取→澄清→调配→冷藏、过滤→杀菌、灌装→成品

3．操作要点

（1）预处理　新鲜青稞苗尽快剔除黄叶、杂物，用清水洗净，然后用1％～2％ H_2O_2 溶液浸泡5min，清水淋洗干净，沥干备用。

（2）打浆　将一定量的青稞苗切成1～2cm的小段，混合2倍量的水，于胶体磨中打浆。

（3）提取　将处理好的青稞苗浆与纯化水（水量与处理前青稞苗质量比为3∶1）混合，一并加入双层玻璃反应釜提取，100μm袋式过滤器过滤；滤渣中再加入纯化水（加水量与处理前青稞苗质量比为4∶1），置于双层玻璃反应釜中提取，100μm袋式过滤器过滤；滤渣弃去，滤液与上一次滤液合并，加入0.40g/L D-异抗坏血酸钠、1.00g/L山梨酸钾，搅拌均匀，即得青稞苗汁。提取最佳时间2h，提取最佳温度90℃。

（4）澄清　选用絮凝剂为壳聚糖溶液，絮凝剂用量1.5％，絮凝温度50℃，絮凝时间40min。

（5）调配　青稞苗汁口感发苦，需调配后饮用。具体各种原料调配的比例按配方进行。

（6）冷藏、过滤　将调配好的青稞苗饮品在5～10℃下冷藏12h，取出，经0.1μm的滤芯过滤器过滤，得到琥珀色清亮青稞苗饮品。

（7）杀菌、灌装　上述青稞苗饮品经瞬时高温杀菌机杀菌，杀菌温度139℃，杀菌时间4s，灌装温度40℃。

八、芸豆青稞复合蛋白饮料

1．生产工艺流程

青稞→清洗→浸泡→打浆→过滤→煮沸→青稞汁

芸豆→清洗→浸泡→去皮→打浆→过滤→煮沸→豆浆→混合→调配→均质→灌装→杀菌→冷却→成品

2．操作要点

（1）挑选和清洗　挑选颗粒饱满、无变质、无破裂的大白芸豆和青稞籽，除去砂砾、碎石等杂物，并放置于流动的水中清洗。

（2）浸泡和去皮　将芸豆和青稞分别在室温下浸泡24h，芸豆皮变软后，随即去皮，然后用清水冲洗，滤水后备用。

（3）打浆和过滤　将芸豆和青稞分别与水按照1∶4的料液比进行打浆，用

100 目的纱布过滤，煮沸后备用。

（4）调配和均质 将芸豆豆浆和青稞汁按照 1:1 的比例均匀混合，然后依次加入 5%白砂糖、0.2%蔗糖酯、0.15%卡拉胶，混合后加热至 65℃，以 2500r/min 的条件均质一定时间。

（5）灌装和杀菌 将制备好的复合蛋白饮料装入已灭菌完毕的玻璃罐中，放置于 100℃沸水中蒸煮 30min，进行杀菌处理。

3．成品质量指标

（1）感官指标 色泽：芸豆青稞复合蛋白饮料呈均匀的灰白色；滋味：具有芸豆和青稞特有的浓郁香味，口感爽滑；组织形态：质地均匀，无沉淀，无分层。

（2）理化指标 可溶性固形物≥10%，蛋白质≥1.5%，脂肪≥0.6%。

（3）微生物指标 菌落总数≤100CFU/mL，大肠菌群≤3MPN/100mL，致病菌无。

第五节·其他大麦食品

一、双歧大麦速食粥

双歧大麦速食粥是以大麦为主要原料，配以双歧因子等辅料，以挤压膨化工艺加工而成。它充分保留了大麦的营养保健价值，并改善了大麦的不良口味，食用方便，为消费者提供了一种很好的大麦速食食品。

1．生产工艺流程

原料→粉碎→调整→挤压膨化→烘干→粉碎→调配→包装→成品

2．操作要点

（1）原料 选择无霉变的新鲜大麦，去杂质，去皮。为改善产品外观及口感，原料中添加 10%左右的大米粉。

（2）粉碎 为了适应挤压膨化设备的要求，大麦、大米都要粉碎至 60 目左右。

（3）调整 将大麦粉、大米粉按比例混合搅拌均匀，测其水分含量，为保证膨化时有足够的汽化含水量，最终调整水分含量为 14%，搅拌时间为 5~10min，使物料着水均匀。为改善产品的即时冲调性，在物料中加入适量的卵磷脂，以提高产品冲溶性。

（4）挤压膨化 选用双螺杆挤压膨化机，设定好工艺参数，将大麦等原料进行膨化处理，使物料在高温高压状态下挤压、膨化，物料的蛋白质、淀粉发生降解，完成熟化过程。试验证明理想的工艺参数为：物料水分为 14%，膨化温度Ⅰ区 130℃、Ⅱ区 140℃、Ⅲ区 150℃，螺杆转速为 120r/min。

（5）后处理　膨化后产品水分含量在8%左右，通过进一步烘干处理，可使水分降低至5%以下，以利于长期保存，干燥后的产品应及时进行粉碎，细度80目以上。

（6）调配　膨化后的米粉为原味大麦产品，略带焗香味，无甜味，通过添加10%～15%的双歧因子（低聚异麦芽糖等低聚糖）来改善产品的口味。

（7）包装　将上述调配好的产品应立即进行称重，并进行包装、密封，防止产品吸潮。经过包装的产品即为成品。

二、竹叶大麦泡腾片

1. 原料配方

竹叶大麦粉19.1%、蛋白糖8.9%、柠檬酸28%、碳酸氢钠40%、聚乙烯吡咯烷酮2%、聚乙二醇6000 2%。

2. 生产工艺流程

碳酸氢钠＋甜味剂＋竹叶大麦粉→混合→制成碱粒→干燥

↓

酸性崩解剂＋甜味剂＋竹叶大麦粉→混合→制成酸粒→干燥→混合→压片

3. 操作要点

（1）原料验收　挑选新鲜、无霉烂、无病虫害的竹叶和大麦粉作原料。

（2）混合　按照配方，向甜味剂蛋白糖、酸性崩解剂柠檬酸、碳酸氢钠中分别加入适量水使之充分溶解。将上述物料投入鼓风干燥箱，约30min取出至搅拌器中。开动搅拌器，充分搅拌使物料完全调配均匀，再将精确称量的竹叶大麦粉放进搅拌器中与其混合均匀。

（3）制粒、干燥　粉碎后的柠檬酸、$NaHCO_3$分别与甜味剂、竹叶大麦粉混合成酸粒、碱粒，酸碱粒分别用含2%聚乙烯吡咯烷酮的70%乙醇溶液制粒。用20目、30目筛整粒，取两筛间颗粒于50℃下鼓风干燥至含水量＜3%。

（4）压片　取上述干燥的酸、碱颗粒与适量聚乙二醇6000混合均匀，入压片机压片。

4. 成品质量指标

（1）感官指标　色泽为棕褐色；片型为双平面圆形，表面光滑，外形整齐；香气和滋味为稍有竹叶大麦的香气，酸甜适口，口感柔和；硬度适中。投入温水中3min内产生大量二氧化碳将片剂崩解成小颗粒，5min内完全溶解；溶解后的溶液色泽棕黄，分布均匀，有竹叶特殊的香气，入口清甜，润滑不带刺激性。

（2）理化指标　水分≤2.0%，pH≤4.9，溶解分散时间≤180s，吸湿性≤115%，食品添加剂符合 GB 2760 的规定。

（3）微生物指标　菌落总数≤1000CFU/g，大肠菌群≤40MPN/100g，致病菌不得检出。

三、大麦芽营养原麦片

1．原料配方

面粉（标准粉）80%，大麦芽粉 20%。

2．生产工艺流程

原辅料→混合→搅拌→胶体磨细磨→滚筒式压片机→制片→冷却→粉碎造粒→原麦片

3．操作要点

（1）原辅料处理及混合　将发芽大麦利用粉碎机磨成粉状，过 80 目筛，得到大麦芽粉。然后将大麦芽粉和面粉按配方规定的比例准确称量后充分混合均匀。大麦芽粉的添加量不能过多，主要是因为大麦芽粉中的还原糖含量高，添加越多，在挤压时美拉德反应越强烈，麦片的色泽越深。同时，大麦芽粉中的蛋白质含量小于小麦粉，添加过多导致麦片的营养下降，起不到补充营养的作用。另外，大麦芽粉中缺乏面筋蛋白，添加过多导致麦片的成型性差。

（2）搅拌　加入原料质量 30% 的清水，放入搅拌锅中搅拌 20min，直至搅至无团块，搅拌好的浆料应具有一定的黏稠性和较好的流动性。

（3）胶体磨细磨　将上述搅拌好的物料泵入胶体磨中进行磨浆。

（4）制片　将蒸汽缓慢通入滚筒式压片机，待压辊表面的温度升高至预定温度（140℃）时，即可上浆，要求涂布均匀，成片厚度为 1～2mm。应说明的是，挤压的温度不能过高或过低，原因是大麦经过发芽后，其中还原糖含量高，在过高的温度下挤压，美拉德反应较为强烈，而且形成一些苦味物质，而挤压温度过低，美拉德反应较弱，使产品的色泽较浅。

（5）粉碎造粒　从压片机上下来的原片马上进入造粒机中进行造粒，粒度以 5～6mm 为宜，然后用筛子筛除粉尘即得原麦片。

四、发芽大麦山楂营养咀嚼片

1．原料配方

主料发芽大麦粉和山楂粉比例为 6∶4，辅料配比为：低聚异麦芽糖 15g/100g、木糖醇 10g/100g、乳酸钙 6g/100g、β-环状糊精 5.5g/100g。

2. 生产工艺流程

山楂→清洗→切片→烘干→粉碎、过筛→山楂粉

发芽大麦→清洗、浸泡→熟化→干燥→粉碎、过筛→发芽大麦粉→混合＋低聚异麦芽糖、木糖醇、乳酸钙、β-环状糊精→过筛→造粒→干燥→压片→成品

3. 操作要点

（1）发芽大麦粉制备　将发芽大麦在 20℃下浸泡 60min。将浸泡好的发芽大麦蒸汽熟化 6min，在 80℃下干燥 150min，在干燥过程中每隔 15min 将物料翻动 1次，直到水分降到 5％左右。干燥后的发芽大麦用粉碎机进行粉碎，为使产品口感更佳，将粉碎后的大麦粉过 80 目筛，筛下物备用。

（2）山楂粉制备　将山楂清洗干净，切成厚度均匀的片状，在 70℃下烘干 6h，在干燥过程中每隔 15min 将物料翻动 1 次。将干燥后的山楂进行粉碎，过 80 目筛，筛下物备用。

（3）混合、过筛　将制备好的发芽大麦粉和山楂粉以 6：4 的比例混匀，加入低聚异麦芽糖、木糖醇、乳酸钙、β-环状糊精后过 80 目筛，筛下物备用。

（4）造粒　将混合粉用 65.87％乙醇润湿，制成软材。润湿剂加入量以软材用手捏成团后可分散为准，将制好的软材过 20 目筛后制成颗粒。

（5）干燥　造粒后进行干燥，将湿粒置于 71.86℃下干燥 26.21min，每隔 15min 翻动下层颗粒，使物料尽量受热均匀，控制干燥后的颗粒水分为 3％～5％。

（6）压片　称取干燥后的颗粒 0.5g，控制在 4kN 的压力下进行压片，使颗粒的厚度均匀。

4. 成品质量指标

（1）感官指标　色泽：均匀一致；组织形态：状态均匀，片形完整；适口性：质地细腻，软硬适中；风味：香气浓郁，无异味，酸味适中。

（2）理化指标　片重 0.50g±0.05g，水分≤5.0％，营养指标总酸 3.21％，总糖≤38％，总膳食纤维 6.96％。

五、青稞全麦片

1. 生产工艺流程

原料→清理去杂→脱壳→清洗→煮麦→润麦→烘麦→切粒→蒸麦→压片→干燥→筛分→灭菌包装→成品

2. 操作要点

（1）清理去杂　通过清理，除去青稞中的有机杂质和无机杂质，筛选出符合生产要求的青稞。利用清理筛和吸风机除去较轻的杂物，然后利用振动去石机分离石子和重质颗粒，再利用袋孔分离机除去草籽和异种谷物，最后利用圆筒分级机分离得到净青稞。

（2）脱壳　用脱壳机、谷糙分离机和圆筒分级机等，从籽粒上除去颖壳，并分离出脱壳的净青稞粒。

（3）水热处理　该工序是青稞全麦片的关键工序，因为青稞不同于其他的麦粒，籽粒较硬，控制好麦粒的水分和熟化度，才能达到麦片的完整性和即食性，主要包括煮麦、润麦、烘麦。然后用烘干机除去部分水分，并使籽粒冷却，所得即为青稞米。具体操作如下：青稞麦粒在常温下预煮 20min，散热 10min 后，再高压（蒸汽压力 392kPa）、90℃蒸 30min，产品的熟化度可以满足即食青稞全麦片的要求。

（4）切粒　该工序为了能使压片均匀，一般要对青稞籽粒进行切粒，籽粒两端切割后，再经各种筛分机，分筛出正常粒。

（5）蒸麦、压片　为使产品有较好的消化率，对青稞破碎进行糊化，以改变产品的组织和外形。压片之前对籽粒进行加湿、加热，使物料含水量达 20%，再在 100℃的条件下处理 30min。将糊化后的青稞麦粒喂入双辊压片机，形成均匀的青稞片，压片机滚轴间距 0.3mm。

（6）干燥　经制片后的全麦片质轻易碎，故不宜采用振动、气流等干燥方式。为了避免交叉污染宜采用热传导干燥（如微波干燥，采用中高功率，干燥 25～30s），既尽可能地防止对流引起的空气交叉污染，又能更好地在全麦片表面着色，进一步增强全麦片的香味。经干燥使麦片含水量降至 11%，再通过摇动筛分级除去团块和细粒，即可进行包装。

（7）灭菌包装　由于在整个生产过程中不可避免地会产生一些局部的产品污染，在产品进行包装前应进行灭菌处理，更好地保证产品卫生要求。包装一般采用气密性能较好的包装材料，如镀铝薄膜、聚丙烯袋、聚酯袋或马口铁罐等。

六、大麦苗筋饼

筋饼是北方内陆地区经常烹制的传统面食，其口感柔软又筋道，常卷着肉制品一起食用，老少皆宜。本产品是将大麦苗添加到筋饼中，在传统工艺制作基础之上，结合现代面点标准化生产工艺要求生产的一种面制品。

1. 原料配方

高筋面粉 450g、水 260g、大麦苗粉 80g、精盐 3g、西凤酒 10g、蛋清 20g。

2．生产工艺流程

大麦苗粉

↓

高筋面粉→和面→推面→醒面→搓条下剂→擀饼→蒸熟→包装→成品

3．操作要点

（1）大麦苗处理　将大麦苗放入破壁料理机，中速研磨 15min，成粉末状。

（2）和面　将高筋面粉和大麦苗粉放入搅拌机，加入盐和蛋清，调低速，缓缓倒入清水和西凤酒，直至把面粉完全混合均匀，继续搅拌 10min，带面起筋。

（3）推面　和好后在面案上不停推、揉、压反复 20 次，使面粉得到均匀的水化作用。推、揉、压后撒少量面粉把面揉成光滑面团。

（4）醒面　面团用保鲜膜封好，放入醒发箱中醒发 1h，要求醒发温度为 27℃，湿度为 80％。

（5）搓条下剂　将面团搓条，然后切割成 40g 筋饼面团，揉圆，依次排开，在面团上罩层保鲜膜，再醒 20min，备用。

（6）擀饼　将面团刷少许油，用反复式压面机，压成约 30cm×10cm×0.1cm 的长形饼。

（7）蒸熟　将成型的饼皮放入蒸柜，蒸 50s 成熟。

（8）包装　将饼对折成条形，放入真空袋，抽真空，冷藏储存，食用时开封即可。

七、高膳食纤维青稞馒头

1．生产工艺流程

酵母于 37℃条件活化

↓适量水

原料粉混匀→和面→面团发酵→成型→醒发→汽蒸→冷却→成品

2．操作要点

（1）和面　用适量的温水（37℃）将酵母活化 5min，倒入混合粉中，中速搅拌 5～10min 至面团表面光滑，不粘手，面团内不含生粉为宜。面粉和青稞粉之比为 4∶1。青稞粉最适筛粉孔径为 180μm。

（2）面团发酵　将和好的面团置于相对湿度为 80％、温度为 38℃的醒发箱中，发酵 1.5h，至面团体积膨大，内部呈蜂窝状组织结构均匀。

（3）成型　将发酵好的面团分割搓圆，手工揉成大小均匀、表面光滑、形状相同的馒头坯，放入屉中。

（4）醒发　将馒头坯再次置于醒发箱内，在和面团发酵相同条件下醒发 15min。

（5）汽蒸及冷却　沸水蒸制屉内醒发好的馒头坯 20min，取出馒头，自然条件下冷却即可。

3. 成品质量指标

（1）感官指标　杂粮自然色，表皮光滑，无褶皱、塌陷，纵剖面气孔小而均匀，有嚼劲，无生感、不粘牙，具有馒头的香味，无异味。

（2）理化指标　膳食纤维 2.68g/100g，葡聚糖 0.25g/100g，蛋白质 10.87g/100g，脂肪 1.32g/100g，碳水化合物 43.27g/100g。

八、普洱茶风味青稞茶

1. 生产工艺流程

普洱茶→调配
↓
青稞→淘洗→干燥→翻炒→粉碎→浸泡→干燥→烘烤→装袋→成品

2. 操作要点

（1）青稞淘洗　用清水对青稞进行淘洗，淘去其中的不饱满的青稞颗粒、空壳以及其他杂物，筛去青稞中所含的泥沙。

（2）干燥　将淘洗后的青稞放至恒温鼓风干燥机中，40～50℃下干燥至表面无自由水分即可。

（3）翻炒　将干燥完成的青稞用电磁炉在 1500W 功率下快速翻炒，直至 80% 的青稞白色内芯外露，外皮呈金黄色时即可。

（4）粉碎　将翻炒完成的青稞磨碎，一粒青稞大约磨碎至 3～5 份，磨碎后将过细的青稞碎渣筛去。

（5）调配茶汤　普洱茶与水的料液比为 3g/100mL，泡制温度为 100℃，泡制时间为 10min，得到所需茶汤。

（6）浸泡　将粉碎好的青稞颗粒用调配好的茶汤进行浸泡。青稞与茶汤料液比 6.5g/100mL，浸泡时间 15min。

（7）干燥　将浸泡完成的青稞滤去茶汤后，放入恒温鼓风干燥箱中以 40～50℃ 干燥至表面无自由水分。

（8）烘烤　将干燥好的青稞放入托盘中，铺平后放入烤炉，在 207℃ 的条件下进行烘烤，烘烤时间为 10.6min。

（9）装袋　将烤好的青稞以 3g/袋、4g/袋、5g/袋、6g/袋、7g/袋 的比例分别装袋。装袋后即为成品。

九、青稞全麦免煮面

1. 生产工艺流程

原料筛选→淋洗→青稞籽粒爆裂→粉碎→加水混合→熟化成型→定量切断→常温老化→烘干→冷却→包装

2. 操作要点

（1）原料筛选 除去原料中的沙子等杂质，选择颗粒饱满的籽粒。

（2）淋洗 取筛选好的青稞籽粒，用清水淋洗10min。

（3）青稞籽粒爆裂 采用全密闭高温热风焙烤机对青稞进行半爆裂熟化。条件为：温度260℃、水分含量12%、膨化压力0.3MPa，炒制时间为15min。

（4）粉碎 通过粉碎机对青稞籽粒进行粉碎，使青稞面达到100目。

（5）加水混合 将青稞面粉、精盐、水（3%）放入和面机内均匀搅拌。

（6）熟化成型 将拌好的面粉通过提升机进入自动喂料机，送到主机进行一级熟化，此时主机温度为60℃，电机的转速为700r/min；经过一级熟化的青稞面靠重力进入单螺杆挤压机内，进行二级成型，此时主机温度为30℃，压力为0.5MPa，电机的转速为700r/min。

（7）定量切断 将成型的面条进行定量（长度为40cm）切断。

（8）常温老化 将切好的面条，于30℃悬挂6～8h进行老化。

（9）烘干 干燥温度70℃，时间2h。烘干后经冷却至室温进行包装即为成品。

3. 成品质量指标

色泽：面条呈褐色、光亮；口感：牙咬断面条时所需的力适中；气味：青稞麦香味较浓，无异味；爽滑度：口感爽滑；耐泡性：面条浸泡后达到食用状态时，有良好弹性和韧性。

参考文献

[1] 杜连启. 谷物杂粮食品加工技术 [M]. 北京：化学工业出版社，2004.

[2] 杜连启. 粥羹糊类食品加工技术 [M]. 北京：化学工业出版社，2017.

[3] 杜连启，郭朔. 粮食饮料生产技术 [M]. 北京：化学工业出版社，2015.

[4] 李世颖. 等级小米的加工 [J]. 农产品加工，2009（6）：34-35.

[5] 梁玮. 绿色食品小米加工生产的研究 [J]. 粮油加工，2006（3）：64-65，68.

[6] 卫天业，冯耐红，侯东辉，等. 营养强化小米的研发及其制备技术 [J]. 农产品加工，2010（8）：68，71.

[7] 赵功玲，路见锋，孙艳玲. 大豆小米复合乳的工艺研究 [J]. 食品研究与开发，2006（6）：87-88，91.

[8] 张秀媛，何扩，史忠林，等. 小米大豆饮料的研制 [J]. 中国乳品工业，2011（12）：44-46.

[9] 李根，杨志，马寅斐，等. 小米谷物饮料制作工艺研究 [J]. 中国果菜，2020（6）：58-61，17.

[10] 于洋，余世锋，王存堂，等. 小米黑芝麻和黑木耳复合饮料的研制 [J]. 食品研究与开发，2020（18）：119-123.

[11] 李慧，常景玲，丁璐. 小米奶饮料的研制 [J]. 中国酿造，2006（10）：77-79.

[12] 黄斌. 小米汽奶的研究与开发 [J]. 食品工程，2015（2）：11-12.

[13] 高洁，吉荣荣，辛泓均，等. 小米酸浆果乳饮料的研制 [J]. 食品工业，2019（5）：139-143.

[14] 王亚杰，栾庆，王团结，等. 保健型小米甜酒酿的研制 [J]. 现代食品，2019（8）：103-106.

[15] 李静，谭海刚，王莹. 发酵型小米奶的研制 [J]. 食品工程，2008（1）：33-34，61.

[16] 潘洁琼，张宇，满都拉，等. 固态法小米醋酿造工艺的研究 [J]. 中国酿造，2020（7）：212-216.

[17] 刘洋，温慧颖，王然. 红茶小米复合型发酵乳的研制 [J]. 中国酿造，2019（10）：184-187.

[18] 李杰，许彬，罗建成，等. 红小米黄酒酿造工艺研究及体外抗氧化活性评价 [J]. 中国酿造，2021（7）：123-128.

[19] 朱俊玲，陈瑶，梁凯，等. 小米悬浮醪糟的制作研究 [J]. 中国调味品，2021（1）：95-100.

[20] 李安，刘小雨，张惟广. 小米黄酒酿造工艺的研制及优化 [J]. 食品研究与开发，2020（5）：150-157.

[21] 赵巧丽，苑振宇，赵芳，等. 小米红曲酒的开发与研究 [J]. 邯郸职业技术学院学报，2013（4）：37-40.

[22] 郭红珍，陈苗苗. 小米酸奶加工工艺的研究 [J]. 中国粮油学报，2007（2）：117-119.

[23] 王菲菲. 小米红枣酸奶的研制 [J]. 农业工程，2014（5）：64-65，69.

[24] 郭成宇，孙梅君. 绿豆-小米酸乳的研制 [J]. 食品与发酵工业，2004（1）：145-147.

[25] 赵瑞华，谢佳艺，田茜. 陕北风味香菇小米发酵醋的酿造工艺研究 [J]. 食品研究与开发，2019（12）：6-10.

[26] 高晓丽，王晋. 小米发酵茶制作工艺研究 [J]. 粮食与油脂，2021（6）：124-127.

[27] 赵功玲，娄天军，莫宏涛，等. 豆渣小米蛋糕研制 [J]. 食品科技，2004（12）：28-30.

[28] 赖锦晖，叶健恒，赵世民，等. 小米饼干的制作及影响因素的研究 [J]. 食品科技，2017（4）：143-150.

[29] 卢健鸣. 新型保健小米食品的研制 [J]. 农产品加工，2006（1）：32-33.

[30] 赵功玲，方军伟，邓清伟. 豆渣小米纤维饼干的研制 [J]. 食品工业，2004（6）：31-32.

[31] 李月，张一凡，李樟萍，等. 红小米酒糟曲奇饼干的研制 [J]. 农业科技与装备，2019（9）：49-51.

[32] 徐向波，胡茂芬，贾洪锋，等. 小米黄油曲奇饼干的研制 [J]. 粮食与油脂，2018（6）：44-47.

[33] 姚垚，王明爽，刘芳辰，等. 小米豆渣低糖纤维饼干工艺条件的优化 [J]. 农产品加工，2020（2）：47-49.

[34] 程玉珍.小米酥脆饼干［J］.农产品加工，2012（2）：29.

[35] 张红，王春芳，王谭.小米杂粮酥性饼干的研制［J］.南方农机，2017（19）：29-32.

[36] 杨利玲，杜娟，李艳，等.小米燕麦粗杂粮面包的研制［J］.粮食与油脂，2017（9）：49-52.

[37] 周占富.小米山药桃酥的加工工艺研究［J］.粮食与油脂，2017（12）：58-61.

[38] 黄姝洁，吴妍雯.小米挂面的研制［J］.食品工业，2010（1）：71-72.

[39] 姜龙波，张喜文，李萍，等.小米豇豆营养挂面的研制［J］.食品工业科技，2014（10）：297-302.

[40] 李樟萍，张一凡，高育哲，等.小米酒糟鲜湿面条工艺条件研究［J］.农业科技与装备，2019（5）：41-43.

[41] 鞠国泉，彭辉，吕惠丽，等.南瓜小米营养粥的研制［J］.农产品加工，2007（3）：14-15.

[42] 董淑炎.小米休闲食品的制作［J］.农产品加工，2011（11）：24-25.

[43] 陈可.小米甜沫粉的加工［J］.农产品加工，2012（11）：22.

[44] 任建军，徐亚平.小米方便米饭加工工艺研究［J］.食品研究与开发，2008（2）：95-97.

[45] 宋莲军，赵秋艳，耿瑞玲，等.小米馒头配方的优化研究［J］.湖南农业科学，2011（7）：95-98.

[46] 孙延修，孙佳凡.一种无糖小米南瓜营养即食糊工艺的优化［J］.食品工业，2020（1）：5-7.

[47] 邵娟娟，张青，吴昊，等.小米全粉复配高筋面粉制作婴儿面片［J］.食品工业，2020（1）：51-54.

[48] 刘静.薏米的营养及其在食品中的开发应用研究［J］.现代食品，2016（9）：1-2.

[49] 吴晓菊.百香果薏米酸乳的生产工艺［J］.食品安全导刊，2020（33）：128.

[50] 王艺锦，陈澄，潘俊丽，等.菠菜薏米保健面包的研制［J］.天津农业科学，2013（6）：11-14.

[51] 陈雪珍.超微红豆薏米戚风蛋糕的研制［J］.轻纺工业与技术，2021（4）：15-17.

[52] 岳春，李靖英，李进英，等.大豆薏米复合饮料的研制［J］.饮料工业，2014（2）：19-23.

[53] 赵丽红，刘岩，何余堂.薏米保健面酱的加工技术研究［J］.中国酿造，2012（2）：187-189.

[54] 李树立，李娜，张光一.虫草薏米糊的工艺研究［J］.食品工业科技，2007（5）：183-185.

[55] 李家磊，王崑仑，任传英，等.大麦芽酶解薏米饮料的工艺研究［J］.食品工业，2017（8）：72-75.

[56] 黄卫文，王俊，李安平，等.发酵型薏米酸豆奶的研制［J］.食品与机械，2009（4）：121-123.

[57] 李美龄，张景凯，罗成.Viili薏米酸奶的研究工艺［J］.食品工业，2014（7）：110-112.

[58] 杨联芝，张剑，韩孔艳，等.黑豆薏米燕麦即食粉的研制［J］.粮食与饲料工业，2015（7）：22-24.

[59] 马栎.红豆薏米蛋糕加工工艺研究［J］.现代面粉工业，2018（6）：20-23.

[60] 马川兰，郭志芳.红豆薏米复合保健酸奶的工艺研究［J］.中国食物与营养，2014（8）：61-63.

[61] 张铕渔，蔺毅峰.红枣薏米蒲公英复合饮料的研制［J］.农产品加工，2016（10）：1-3，7.

[62] 马先红，吕思齐，陈翔宇，等.花生薏米保健饮料的研制［J］.食品科技，2015（10）：102-105.

[63] 刘丽萍，刘岩.苦瓜薏米保健面包的研制［J］.粮油加工，2010（3）：82-84.

[64] 康继民.苦荞薏米保健面包的研制［J］.吉林农业，2012（10）：62-63.

[65] 刘根梅，蒋耀聪.薏米蛋糕的配方优化研究［J］.安徽农业科学，2018（1）：165-168.

[66] 苏琳，赵雅娟.薏米蛋糕的研制［J］.食品科技，2014（4）：151-154.

[67] 左映平，陈梅艳，黄沛华，等.薏米发酵型饼干生产工艺研究［J］.粮食与油脂，2021（4）：137-140.

[68] 徐森，大智.薏米曲奇饼干的工艺研究［J］.粮食与油脂，2018（9）：77-80.

[69] 张涛，张娟，肖春玲，等.紫薯薏米无糖曲奇饼干的工艺研究［J］.农产品加工，2019（6）：36-40.

[70] 李桐徽，韩冬梅.薏米山药曲奇饼干的研制［J］.现代农业研究，2018（8）：102-104，108.

[71] 卫晓英，张冬梅，袁磊，等.酶法辅助发酵型红豆薏米酸乳饮料的工艺研究［J］.中国乳品工业，2020（1）：61-63.

[72] 金锋.薏米酸奶加工工艺研究［J］.农业科技与装备，2012（3）：58-60.

[73] 黄艳，尤燕如，张见明，等.薏米银耳复合酸奶的工艺研究［J］.武夷学院学报，2017（6）：15-21.

[74] 李素芬，贾庄德.薏米牛乳混合基料发酵酸奶的研制［J］.食品研究与开发，2008（2）：67-70.

[75] 付荣霞，高桂彬，崔艳，等．山药薏米芡实褐色酸奶生产工艺研究 [J]．中国食物与营养，2019（8）：53-56.

[76] 任鳃珂，魏林，吴天祥，等．薏米沙棘醋口服液发酵工艺优化 [J]．现代食品，2021（4）：130-134.

[77] 李兰，郑浩．薏米红曲酒的酿造 [J]．酿酒，2014（6）：93-96.

[78] 吴素萍．薏米醪糟酒的工艺条件研究 [J]．粮食与饲料工业，2010（2）：26-28，37.

[79] 魏登，王柳．营养保健型香菇薏米烹调醋的开发 [J]．中国调味品，2017（12）：131-133，137.

[80] 李存芝，黄雪松，胡长鹰，等．酶解薏米饮料的研制 [J]．粮油加工，2011（5）：124-127.

[81] 董娜，潘俊丽，撒楠，等．猕猴桃薏米保健饮品的研制 [J]．安徽农业科学，2012（32）：15886-15887.

[82] 贾娟，郭志芳．薏米红枣玫瑰花复合保健饮料的工艺研制 [J]．食品与发酵，2014（4）：103-106.

[83] 邓志勇，吴桂容，潘肖娜．薏米胡萝卜复合饮料工艺的研究 [J]．安徽农业科学，2015（7）：313-315.

[84] 肖志勇．速溶薏米粉的制备及其特性研究 [J]．保鲜与加工，2019（3）：84-89.

[85] 高贵涛．速溶薏米粉加工简法 [J]．农村百事通，2013（18）：32.

[86] 潘俊丽，岳玉莲，撒楠，等．薏米果冻的研制 [J]．天津农业科学，2011（5）：130-132.

[87] 郭徐静，杨琳，李晨阳，等．薏米红豆沙的研制 [J]．农产品加工，2018（1）：4-6.

[88] 范铮，孙培龙，赵培城．荞麦苡仁绿豆营养保健粥的研制 [J]．农产品加工（学刊），2005（2）：37-39.

[89] 寇兴凯，徐同成，宗爱珍，等．高粱的营养价值以及应用现状 [J]．安徽农业科学，2015（21）：271-273.

[90] 寿伟国．高粱传统酿酒技术 [J]．现代农业科技，2015（6）：273-274.

[91] 熊飞．山区农村纯高粱大曲酒酿造技术（上）[J]．科学种养，2018（1）：19-20.

[92] 熊飞．山区农村纯高粱大曲酒酿造技术（下）[J]．科学种养，2018（2）：17-18.

[93] 凌生才．糯高粱小曲白酒生产工艺操作 [J]．酿酒科技，2009（1）：126-128.

[94] 张美莉．用糯高粱与小麦酿制小曲白酒 [J]．农产品加工，2010（4）：16-17.

[95] 任婷月，李永强，王军燕，等．甜高粱糖浆酒发酵工艺的研究 [J]．酿酒，2019（3）：47-50.

[96] 林灼华．高粱生产威士忌技术研究 [J]．现代食品，2018（16）：159-161.

[97] 朱凤娇，陈叶福，王希彬，等．上面发酵高粱啤酒的工艺研究 [J]．现代食品科技，2017（9）：210-215.

[98] 何于飞．葡萄高粱混合发酵生产食醋的研究 [J]．中国酿造，2014（8）：163-167.

[99] 高阳，谢立娜．高粱生料酿酒工艺探讨 [J]．科技与企业，2015（18）：172.

[100] 赵红年，赵芳，林汲，等．葛根高粱复合酿造山西老陈醋的工艺优化 [J]．中国调味品，2020（6）：134-138.

[101] 温贺，石丽娟，朱琴，等．搅拌型高粱酸奶加工工艺初探 [J]．山西农业大学学报（自然科学版），2018（2）：71-76.

[102] 尤香玲，周航，徐向波．高粱粉海绵蛋糕的研制 [J]．农产品加工，2019（8）：5-7.

[103] 石太渊，姜福林，张华，等．高粱乌米蛋糕研制 [J]．食品工业科技，2005（11）：113-114.

[104] 于淼，孙大为，石太渊，等．高粱乌米面包的研制 [J]．食品研究与开发，2014（12）：33-35.

[105] 朱华，石太渊，李莉峰，等．高粱乌米营养饼干的工艺研究 [J]．保鲜与加工，2009（2）：54-56.

[106] 朱俊玲，杨婉琳，柳青山．高粱馒头生产工艺的研究 [J]．山西农业大学学报（自然科学版），2019（3）：43-49.

[107] 高士杰，李继洪，刘勤来，等．高粱的食品与饮品 [J]．现代农业科技，2012（22）：279-280.

[108] 石太渊，于淼．高粱乌米的营养功能与加工利用研究 [J]．农业科技与装备，2018（8）：68-69.

[109] 徐向波，周航．高粱粉软欧面包的研制 [J]．美食研究，2020（1）：46-50.

[110] 李莉峰，王小鹤，石太渊，等．高粱乌米挂面制作工艺 [J]．农村新技术，2011 (18)：32-33.

[111] 朱俊玲，闫巧珍，牛成，等．高粱茶制作工艺 [J]．食品工业，2020 (2)：93-97.

[112] 张锐，石太渊，于天颖，等．高粱乌米饮料研制 [J]．保鲜与加工，2008 (5)：42-44.

[113] 岳忠孝，张瑞栋，杨成元，等．响应面法优化高粱沙琪玛配方工艺研究 [J]．食品研究与开发，2021 (5)：94-100.

[114] 王岩．玉米高粱速冻馒头的研制 [J]．食品科技，2010 (6)：185-187.

[115] 冯艺飞，李文钊，王未，等．响应面法优化高粱混粉馒头的制作工艺 [J]．食品科技，2018 (1)：150-156.

[116] 寇兴凯，徐同成，宗爱珍，等．高粱冷鲜面的研制 [J]．粮油食品科技，2015 (5)：11-16.

[117] 徐雪娣，关倩倩，李宁，等．适合糖尿病患者食用的高粱山药馒头研发 [J]．粮油食品科技，2017 (6)：5-9.

[118] 徐雪娣，祁瑜婷，李宁，等．高粱山药冷冻面团馒头的研制 [J]．粮食与饲料工业，2018 (1)：17-24.

[119] 皇甫红芳，苏占明，李刚．燕麦的营养成分与保健功效 [J]．现代农业科技，2016 (19)：275-276.

[120] 高红梅，陈涛，李雪，等．高钙燕麦粉面包的研制 [J]．四川旅游学院学报，2019 (2)：29-34.

[121] 王树林，刘晖，周青平，等．裸燕麦面包配方和工艺研究 [J]．食品工业科技，2007 (2)：179-181.

[122] 郭芳．发芽燕麦面包的研制 [J]．粮食与油脂，2021 (5)：101-103, 110.

[123] 梁文珍．燕麦系列保健食品的开发研究 [J]．辽宁农业职业技术学院学报，2017 (6)：6-7.

[124] 师文添．魔芋燕麦面包的研制 [J]．食品研究与开发，2015 (19)：102-105.

[125] 邱向梅，燕燕．燕麦面包制作的工艺研究 [J]．粮食与饲料工业，2007 (12)：21-22.

[126] 莎娜．莜麦面包配方及加工工艺研究 [J]．广东农业科学，2011 (20)：87-88, 99.

[127] 刘丽娜．燕麦蛋白面包的研制及配方优化 [J]．粮食与油脂，2020 (3)：37-39.

[128] 柳安．燕麦饼干的制作 [J]．新农村，2015 (4)：40.

[129] 李萌，李锦旺，宋凤燕，等．燕麦饼干的研制 [J]．粮食与油脂，2018 (11)：55-58.

[130] 张丽，宋丽军，谭梅，等．核桃燕麦酥性饼干的研制 [J]．粮油加工，2014 (9)：60-63.

[131] 李程程．黑木耳燕麦饼干的研制 [J]．文山学院学报，2014 (3)：27-30.

[132] 赵瑞华，贺晓龙，刘月芹．金针菇燕麦饼干的加工工艺及品质分析 [J]．粮食与油脂，2021 (10)：59-63.

[133] 孟婷婷，梁霞，刘超，等．马铃薯-燕麦全粉混合粉酥性饼干的优化 [J]．粮食与油脂，2021 (8)：125-128.

[134] 盛冠文，杨巍巍，王鹏，等．蔓越莓燕麦饼干的研制 [J]．农产品加工，2019 (8)：15-17, 21.

[135] 郭团玉．牛奶伴侣燕麦饼干的生产工艺研究 [J]．宁德师专学报（自然科学版），2006 (1)：81-82.

[136] 乌兰，迟全勃，赵海艳．香葱味燕麦曲奇的研制 [J]．价值工程，2013 (35)：293-294.

[137] 张博坤，孙丽雪，周爽，等．小麦胚芽燕麦营养韧性饼干的研制 [J]．粮油加工，2015 (9)：43-47.

[138] 张晓华，张晓雯，郑晶晶，等．燕麦奇亚籽膳食纤维饼干的研制 [J]．粮食与油脂，2021 (4)：133-136.

[139] 陈振家，李玉娥，雷振海，等．燕麦苏打饼干的研制 [J]．农产品加工（学刊），2011 (12)：50-52.

[140] 莎娜，王国泽，游新勇，等．莜麦曲奇饼干加工工艺研究 [J]．粮食与油脂，2014 (10)：47-49.

[141] 杨薇红，童斌，曹淼，等．紫薯燕麦粉配方优化研究 [J]．农产品加工，2017 (10)：43-45.

[142] 王树林，朱顺莲，颜红波，等．裸燕麦蛋糕配方及加工工艺研究 [J]．食品研究与开发，2007 (1)：106-110.

[143] 杨利玲，徐兵，马瑞霞．麦芽糖醇燕麦戚风蛋糕工艺研究 [J]．粮食与油脂，2020 (5)：59-63.

[144] 刘安军，王玥晗，郑捷，等．燕麦微波蛋糕制作工艺及配方研究 [J]．现代食品科技，2010 (10)：

1121-1123.

[145] 邓敏. 燕麦麸皮桃酥的加工工艺及货架期预测 [J]. 保鲜与加工, 2020 (3)：107-111.

[146] 康继民. 燕麦桃酥的制作 [J]. 农产品加工, 2006 (1)：30.

[147] 刘淑英, 李桂霞, 李苹苹. 基于模糊综合评判法的燕麦饼皮月饼的研制 [J]. 安徽农业科学, 2011 (27)：16992～16994.

[148] 陈亚蓝, 侯贺丽, 张华华, 等. 凝固型椰果燕麦酸奶的工艺研究 [J]. 中国乳业, 2020 (6)：75-79.

[149] 相炎红, 王垚, 张伟杰. 苹果燕麦酸奶的工艺研究 [J]. 中国乳品工业, 2011 (4)：60-62.

[150] 肖付刚, 刘巧红, 吴凡. 燕麦粉凝固型酸奶的研制 [J]. 食品研究与开发, 2013 (5)：38-40.

[151] 杨洋, 高航, 段艳珠. 燕麦蜂蜜复合山羊酸奶的研制 [J]. 粮食科技与经济, 2014 (5)：67-69.

[152] 于楠楠, 张文莉, 戴晓娟, 等. 燕麦红茶酸奶加工工艺的研究 [J]. 中国食品添加剂, 2019 (12)：125-129.

[153] 井瑞洁, 刘学俊, 岳凤丽, 等. 麦香型牛蒡超微粉发酵乳的研制 [J]. 食品工业, 2018 (10)：115-119.

[154] 申瑞玲, 董吉林, 程珊珊. 燕麦 β-葡聚糖酸奶的研制 [J]. 粮油加工, 2007 (11)：123-125.

[155] 白娜, 尚世辉, 郝麒麟, 等. 燕麦活性乳酸菌饮料研制 [J]. 农业工程, 2018 (1)：68-70.

[156] 刘瑞山, 韩甜甜. 燕麦乳酸菌饮料的研制 [J]. 食品科技, 2014 (4)：88-91.

[157] 韦公远. 燕麦充气发酵饮料的加工 [J]. 饮料工业, 2011 (6)：38-39.

[158] 贾建波. 燕麦生物乳的实用加工技术 [J]. 中国农村科技, 2004 (6)：31-32.

[159] 毛颖超. 燕麦发酵饮料的研制 [J]. 山东食品发酵, 2011 (2)：15-19.

[160] 李魁, 毛利厂. 燕麦营养保健稠酒的研究 [J]. 中国酿造, 2008 (16)：96-98.

[161] 李琴, 于有伟, 张雷. 金针菇燕麦桑葚复合保健饮料的研制 [J]. 农产品加工, 2021 (2)：6-8.

[162] 樊莹润, 孙宇, 李榕川, 等. 响应面设计优化燕麦咖啡饮料工艺配方 [J]. 食品研究与开发, 2021 (22)：131-135.

[163] 唐雪燕, 樊振江, 毕韬韬, 等. 燕麦浓浆饮料加工工艺的研究 [J]. 农产品加工 (学刊), 2014 (1)：37-39, 43.

[164] 杨洋, 高航, 李中柱. 燕麦乳饮料的研制 [J]. 中国乳业, 2014 (9)：66-69.

[165] 于长春. 加工燕麦营养乳十步骤 [J]. 农村新技术, 2015 (3)：57.

[166] 邵虎. 燕麦风味麦香奶的制作及稳定性研究 [J]. 中国酿造, 2008 (24)：97-99.

[167] 谭属琼, 谢勇武. 新型燕麦花生酱的研制 [J]. 中国调味品, 2017 (3)：81-84.

[168] 赵冬, 孙卉, 罗宝剑, 等. 燕麦核桃乳的研制 [J]. 食品工业科技, 2020 (18)：187-191.

[169] 栗红瑜, 杨春, 王海平. 燕麦纤维乳饮料 [J]. 农产品加工, 2005 (9)：36-37.

[170] 宋宇鸣. 正交试验优化燕麦营养冰淇淋工艺 [J]. 粮食与油脂, 2018 (9)：47-50.

[171] 孟泽铃, 甘洪, 李秀芬. 基于微波吸油膨胀处理的燕麦露加工工艺研究 [J]. 饮料工业, 2021 (4)：42-46.

[172] 王晓烨. 燕麦风味雪糕工艺优化 [J]. 粮食与油脂, 2021 (1)：79-82.

[173] 赵爱萍. 速冻燕麦面条半成品的研制 [J]. 农业开发与装备, 2016 (11)：77-78.

[174] 黄承芳, 曹珂珂, 李虹, 等. 燕麦馒头制作工艺的优化 [J]. 安徽农学通报, 2020 (24)：144-146.

[175] 李逸鹤, 马栎, 纪雅烨. 燕麦大豆复合馒头的研究 [J]. 粮食与油脂, 2017 (10)：71-74.

[176] 冯艳芸, 巨亚杰. 燕麦混粉馒头加工工艺 [J]. 农产品加工, 2014 (8)：48-49.

[177] 陈季旺, 张瑞忠, 余小兵, 等. 燕麦方便面的非膨化挤压生产技术 [J]. 食品科学, 2010 (8)：20-23.

[178] 贾云峰, 杨保伦, 于勇, 等. 燕麦鲜面条加工方法 [J]. 农家参谋, 2017 (34)：344.

[179] 周望, 谯维, 张美霞. 燕麦玉米糕的加工工艺研究 [J]. 现代食品, 2017 (12)：72-77.

[180] 杨才，席文宇，罗勇庆．国产裸燕麦米加工工艺流程与方法［J］．粮食与油脂，2005（1）：38-39.

[181] 董吉林，申瑞玲，程珊珊．燕麦麸皮面粉的研制［J］．农产品加工（学刊），2009（1）：41-43.

[182] 赵燕燕，莫振宝，李雪．中老年紫薯燕麦速食杂粮粉加工工艺研究［J］．现代食品，2020（23）：119-122，125.

[183] 江中晴，江连洲，肖志刚，等．响应面法优化燕麦内酯豆腐生产工艺［J］．食品工业科技，2010（9）：211-215.

[184] 张佳妮，于有伟，王雨露．燕麦草莓复合即食果片的配方工艺研究［J］．农产品加工，2015（3）：34-36.

[185] 杜亚军．燕麦膳食纤维咀嚼片的工艺研究［J］．粮油食品科技，2006（5）：37-38.

[186] 曾萍旺，刘彤，刘长琦，等．紫薯燕麦巧克力生产工艺的探索与研究［J］．山东化工，2018（2）：40-41，47.

[187] 金增辉．燕麦膳食纤维素及其食品的开发［J］．粮食加工，2020（6）：57-61.

[188] 赵红岩．α-淀粉酶和糖化酶协同作用生产大麦保健茶工艺［J］．中国酿造，2014（9）：102-104.

[189] 于千佳．即食燕麦片的加工工艺［J］．科学种养，2012（1）：55.

[190] 张端莉，桂余，刘雄．发芽大麦茶制备工艺及茶汤营养特性研究［J］．食品工业科技，2014（17）：252-257.

[191] 宋洁，王飞．颗粒型金大麦茶的制备工艺及创新［J］．南方农业，2017（14）：123-124.

[192] 陈元涛，段黎昊，张炜，等．青稞苗饮品研制［J］．食品研究与开发，2012（5）：63-65.

[193] 杜亚飞，陶瑞霄，刘晨阳，等．芸豆青稞复合蛋白饮料的研制［J］．饮料工业，2020（5）：29-32.

[194] 吴丽娜，游玥菲，赵英英，等．竹叶大麦泡腾片固体饮料的研制［J］．饮料工业，2012（5）：39-42.

[195] 朱明光，崔云前，朱维岳，等．不同发酵方法生产100％大麦啤酒饮料的研究［J］．现代食品科技，2014（10）：231-236.

[196] 刘二军．互助青稞酒酿造工艺与产品标准研究［J］．中国标准化，2018（12）：104-110.

[197] 许牡丹，杨艳艳，王俊华，等．红枣大麦复合发酵生产新型保健醋［J］．中国食品添加剂，2011（12）：200-204.

[198] 于翠翠，张文会．青稞酸奶加工工艺初探［J］．西藏农业科技，2018（4）：11-14.

[199] 叶飞．毛木耳青稞生物技术乳的研制［J］．中国食用菌，2012（6）：49-51.

[200] 章迁，钟志惠，李马驹．大麦苗咸面包配方优化研究［J］．粮食科技与经济，2020（2）：110-114.

[201] 卢伟，孙程熠，常翔宇，等．大麦苗粉曲奇饼干配方优化及其质量检测［J］．包装与食品机械，2019（2）：19-23.

[202] 张雨薇，丁捷，王艺华，等．火麻仁青稞膨化饼干配方及关键工艺优化［J］．粮食与油脂，2020（4）：76-80.

[203] 刘新红，杨希娟，党斌，等．青稞饼干加工配方的优化研究［J］．食品工业，2013（12）：86-89.

[204] 徐莉莉，银晓．青稞饼干配方的优化［J］．粮食与油脂，2021（2）：30-32，70.

[205] 普布多吉，孟胜亚，于翠翠，等．青稞蜂蜜饼干工艺优化［J］．现代食品，2020（23）：103-106.

[206] 刘新红，杨希娟，党斌，等．青稞蛋糕加工配方的优化研究［J］．食品工业，2013（11）：123-126.

[207] 赖攀，丁捷，陈云川，等．基于主成分分析法优化青稞马铃薯夹馅酥饼的加工工艺［J］．保鲜与加工，2020（4）：128-134.

[208] 卢芸，周莹，施淑文，等．响应面法优化青稞桃酥配方工艺［J］．美食研究，2019（1）：58-62.

[209] 杨天意，吴鹏，许志诚，等．发芽大麦山楂营养咀嚼片制备工艺优化与质量评价［J］．食品工业，2018（6）：95-100.

[210] 孟晶岩，刘森，栗红瑜，等．青稞全麦片生产工艺研究［J］．农产品加工，2014（12）：33-35.

[211] 章迁，钟志惠．大麦苗筋饼配方优化研究［J］．四川旅游学院学报，2018（4）：17-20.

[212] 胡云峰，王晓彬，路敏.高膳食纤维青稞馒头的研究 [J].粮食与油脂，2019 (5)：43-47.

[213] 卢志超，杨士花，吴越中，等.普洱茶风味的青稞茶配方研制 [J].中国食物与营养，2018 (3)：21-26.

[214] 孟晶岩，刘森，安鸣，等.青稞全麦免煮面加工技术研究 [J].食品与机械，2014 (6)：178-180，186.

[215] 高银璐，王英臣.黑木耳麦芽汁饮料的研制 [J].农业与技术，2016 (15)：171-175.

[216] 孙小凡，郑焕芹，徐雪晶，等.薏米紫薯复合营养饼干的研制 [J].粮食与油脂，2022 (3)：137-139，154.

[217] 林志荣，朱智强.玉米薏米复合饮料的制备及其稳定性研究 [J].中国果菜，2022 (6)：20-25.

[218] 彭新志，王和飞，涂武祥，等.糯高粱米粘豆包的工艺研究 [J].农产品加工，2022 (6)：61-64.

[219] 刘璐萍，曲容墁，徐恒，等.响应面法优化核桃燕麦枣糕加工工艺 [J].发酵科技通讯，2022 (1)：6-10.